普通高等教育土建学科专业"十二五"规划教材
全国高职高专教育土建类专业教学指导委员会规划推荐教材

市政工程测量

(第二版)

(市政工程技术专业适用)

本教材编审委员会组织编写

王云江　主编

李爱华　主审

中国建筑工业出版社

图书在版编目(CIP)数据

市政工程测量(市政工程技术专业适用)/王云江主编. —2版. —北京：中国建筑工业出版社，2012.5

普通高等教育土建学科专业"十二五"规划教材. 全国高职高专教育土建类专业教学指导委员会规划推荐教材

ISBN 978-7-112-14372-6

Ⅰ.①市… Ⅱ.①王… Ⅲ.①市政工程-工程测量-高等职业教育-教材 Ⅳ.①TU198

中国版本图书馆 CIP 数据核字(2012)第 107979 号

普通高等教育土建学科专业"十二五"规划教材
全国高职高专教育土建类专业教学指导委员会规划推荐教材

市政工程测量
（第二版）

（市政工程技术专业适用）

本教材编审委员会组织编写

王云江 主编

李爱华 主审

*

中国建筑工业出版社出版、发行(北京西郊百万庄)
各地新华书店、建筑书店经销
北京天成排版公司制版
北京建筑工业印刷厂印刷

*

开本：787×1092 毫米 1/16 印张：18 字数：400 千字
2012 年 11 月第二版 2012 年 11 月第七次印刷
定价：35.00 元(赠送课件)
ISBN 978-7-112-14372-6
(22442)

版权所有 翻印必究
如有印装质量问题，可寄本社退换
(邮政编码 100037)

本书根据高职高专市政工程测量课程的教学大纲编写。全书由十三章组成，内容包括：绪论，水准测量，角度测量，距离测量与直线定向，测量误差的基本知识，全站仪及 GPS 应用，小地区控制测量，大比例尺地形图的测绘与应用，施工测量的基本工作，道路工程测量，管道工程测量，桥梁工程测量，工程变形监测。每章附有思考题与习题。本书深入浅出，注重测量的基本技能及其在市政工程中实用性，并反映当代测量学科的新技术。

本书适用于市政工程、给水排水工程以及道路与桥梁工程等专业的高职高专院校和成人教育教学使用，也可供从事以上专业的技术人员参考。

为便于教师教学和学生学习，作者特制作了配套课件，如有需求，可发邮件至 cabpbeijing@126.com 索取。

* * *

责任编辑：朱首明　王美玲
责任设计：何一明
责任校对：王誉欣　刘　钰

本套教材第二版编审委员会名单

主 任 委 员：贺俊杰

副主任委员：张朝晖　范柳先

委　　　员：（按姓氏笔画为序）

马精凭	王　芳	王云江	王陵茜	邓爱华
白建国	边喜龙	匡希龙	刘映翀	米彦蓉
李　峰	李　辉	李伙穆	李爱华	杨玉衡
杨时秀	邱琴忠	张　力	张宝军	张银会
林文剑	罗向荣	罗明远	周美新	相会强
姜远文	姚昱晨	袁建新	郭良娟	韩培江
谭翠萍				

本套教材第一版编审委员会名单

主 任 委 员：李 辉

副主任委员：陈思平 戴安全

委　　　员：（按姓氏笔画为序）

　　　　　　王 芳　王云江　王陵茜　白建国　边喜龙

　　　　　　刘映翀　米彦蓉　李爱华　杨玉衡　杨时秀

　　　　　　谷 峡　张 力　张宝军　陈思仿　陈静芳

　　　　　　范柳先　林文剑　罗向荣　周美新　姜远文

　　　　　　姚昱晨　袁 萍　袁建新　郭卫琳

第二版序言

2010年4月住房和城乡建设部受教育部(教高厅函[2004]5号)委托,住房和城乡建设部(建人函[2010]70号)组建了新一届全国高职高专教育土建类专业教学指导委员会市政工程类专业分指导委员会,它是住房和城乡建设部聘任和管理的专家机构。其主要职责是在住房和城乡建设部、教育部、全国高职高专教育土建类专业教学指导委员会的领导下,研究高职高专市政工程类专业的教学和人才培养方案,按照以能力为本位的教学指导思想,围绕市政工程类专业的就业领域、就业岗位群组织制定并及时修订各专业培养目标、专业教育标准、专业培养方案、专业教学基本要求、实训基地建设标准等重要教学文件,以指导全国高职高专院校规范市政工程类专业办学,达到专业基本标准要求;研究市政工程类专业建设、教材建设,组织教材编审工作;组织开展教育教学改革研究,构建理论与实践紧密结合的教学体系,构筑校企合作、工学结合的人才培养模式,进一步促进高职高专院校市政工程类专业办出特色,全面提高高等职业教育质量,提升服务建设行业的能力。

市政工程类专业分指导委员会成立以来,在住房和城乡建设部人事司和全国高职高专教育土建类专业教学指导委员会的领导下,在专业建设上取得了多项成果;市政工程类专业分指导委员会在对"市政工程技术专业"、"给水排水工程技术专业"职业岗位(群)调研的基础上,制定了"市政工程技术专业"专业教学基本要求和"给水排水工程技术专业"专业教学基本要求;其次制定了"市政工程技术专业"和"给水排水工程技术专业"两个专业校内实训及校内实训基地建设导则;并根据"市政工程技术专业"、"给水排水工程技术专业"两个专业的专业教学基本要求,校内实训及校内实训基地建设导则,组织了"市政工程技术专业"、"给水排水工程技术专业"理论教材和实训教材编审工作。

在教材编审过程中,坚持了以就业为导向,走产学研结合发展道路的办学方针,以提高质量为核心,以增强专业特色为重点,创新教材体系,深化教育教学改革,围绕国家行业建设规划,系统培养高端技能型人才,为我国建设行业发展提供人才支撑和智力支持。

本套教材的编写坚持贯彻以素质为基础,以能力为本位,以实用为主导的指导思路,毕业的学生具备本专业必需的文化基础、专业理论知识和专业技能,能胜任市政工程类专业设计、施工、监理、运行及物业设施管理的高端技能型人才,全国高职高专教育土建类教学指导委员会市政工程类专业分指导委员会在总结近几年教育教学改革与实践的基础上,通过开发新课程,更新课程内容,增加实训教材,构建了新的课程体系。充分体现了其先进性、创新性、适用性,反映了国内外最新技术和研究成果,突出高等职业教育的特点。

"市政工程技术"、"给水排水工程技术"两个专业教材的编写工作得到了教育部、住房和城乡建设部人事司的支持,在全国高职高专教育土建类专业教学指导委员会的领导下,市政工程类专业分指导委员会聘请全国各高职院校本专业多年从事"市政工程技术"、"给水排水工程技术"专业教学、研究、设计、施工的副教授以上的专家担任主编和主审,同时吸收工程一线具有丰富实践经验的工程技术人员及优秀中青年教师参加编写。该系列教材的出版凝聚了全国各高职高专院校"市政工程技术"、"给水排水工程技术"两个专业同行的心血,也是他们多年来教学工作的结晶。值此教材出版之际,全国高职高专教育土建类教学指导委员会市政工程类专业分指导委员会谨向全体主编、主审及参编人员致以崇高的敬意。对大力支持这套教材出版的中国建筑工业出版社表示衷心的感谢,向在编写、审稿、出版过程中给予关心和帮助的单位和同仁致以诚挚的谢意。深信本套教材的使用将会受到高职高专院校和从事本专业工程技术人员的欢迎,必将推动市政工程类专业的建设和发展。

全国高职高专教育土建类专业教学指导委员会
市政工程类专业分指导委员会

第一版序言

近年来，随着国家经济建设的迅速发展，市政工程建设已进入专业化的时代，而且市政工程建设发展规模不断扩大，建设速度不断加快，复杂性增加，因此，需要大批市政工程建设管理和技术人才。针对这一现状，近年来，不少高职高专院校开办市政工程技术专业，但适用的专业教材的匮乏，制约了市政工程技术专业的发展。

高职高专市政工程技术专业是以培养适应社会主义现代化建设需要，德、智、体、美全面发展，掌握本专业必备的基础理论知识，具备市政工程施工、管理、服务等岗位能力要求的高等技术应用性人才为目标，构建学生的知识、能力、素质结构和专业核心课程体系。全国高职高专教育土建类专业教学指导委员会是建设部受教育部委托聘任和管理的专家机构，该机构下设建筑类、土建施工类、建筑设备类、工程管理类等五个专业指导分委员会，旨在为高等职业教育的各门学科的建设发展、专业人才的培养模式提供智力支持，因此，市政工程技术专业人才培养目标的定位、培养方案的确定、课程体系的设置、教学大纲的制订均是在市政工程类专业指导分委员会的各成员单位及相关院校的专家经广州会议、贵州会议、成都会议反复研究制定的，具有科学性、权威性、针对性。为了满足该专业教学需要，市政工程类专业指导分委员会在全国范围内组织有关专业院校骨干教师编写了该专业与教学大纲配套的10门核心课程教材，包括：《市政工程识图与构造》、《市政工程材料》、《土力学与地基基础》、《市政工程力学与结构》、《市政工程测量》、《市政桥梁工程》、《市政道路工程》、《市政管道工程施工》、《市政工程计量与计价》、《市政工程施工项目管理》。这套教材体系相互衔接，整体性强；教材内容突出理论知识的应用和实践能力的培养，具有先进性、针对性、实用性。

本次推出的市政工程技术专业10门核心课程教材，必将对市政工程技术专业的教学建设、改革与发展产生深远的影响。但是加强内涵建设、提高教学质量是一个永恒主题，教学改革是一个与时俱进的过程，教材建设也是一个吐故纳新的过程，所以希望各用书学校及时反馈教材使用信息，并对教材建设提出宝贵意见；也希望全体编写人员及时总结各院校教学建设和改革的新经验，不断积累和吸收市政工程建设的新技术、新材料、新工艺、新方法，为本套教材的长远建设、修订完善做好充分准备。

全国高职高专教育土建类专业教学指导委员会
市政工程类专业分指导委员会
2007年2月

第二版前言

本书第一版出版发行后沿用至今五年,为进一步丰富教材内涵,现重新编写这本教材的第二版。

本版教材在保留了原教材必需的测绘基础知识和理论的基础上,对第一版进行了修改和调整。摒弃了市政工程建设中陈旧的测量方法、计算公式的推导,吸纳了先进的测量技术。增加了第六章的 GPS 简介;第七章的全站仪导线测量;第十章的挡墙施工测量;第十三章工程变形监测概述。每章前编写了本章的学习要求。

在编写中,加强了教材内容的针对性、实用性和可操作性,教材在内容上、形式上、使用上力求贴近实际。

本书由王云江主编,李向民任副主编,具体分工为:浙江建设职业技术学院王云江编写第一、五、七、九、十二、十三章,广西建设职业技术学院李向民编写第二、三、四章,宁波工程学院袁坚敏编写第八章,四川建设职业技术学院杜文举编写第十章,浙江建设职业技术学院杜向科编写第六章,浙江建设职业技术学院徐军波编写第十一章。广州大学市政技术学院李爱华主审。全书由王云江统稿。

虽经修订,限于编者的水平,书中难免有不妥与疏漏之处,敬请读者批评指正。

第一版前言

本教材是根据高等职业技术院校市政工程专业教育标准、培养目标及市政工程测量课程的教学大纲编写的。本教材主要目的是为了满足高职高专市政工程技术专业的教学需要，也能适应其他相关专业教学及岗位培训的需要。

本书在编写中根据高等职业技术学院的特点，从培养高技能应用型人才这一根本目标出发，在论述基础理论和方法的同时，重视基本技能的训练与实践性教学环节，力求叙述简明、通俗易懂、注重实用、图文并茂。突出了课程的基础性、实用性、技能性。教材摒弃了一些在建设工程中较少使用的陈旧数学内容，吸纳了先进的测量技术与方法，各项测量观测、数据的记录与计算均有具体的实例和相应的表格。

全书内容包含三个部分，共十二章。第一部分为一～五章，主要介绍测量的基本知识，高程、角度和距离测量的基本原理和方法，测量仪器的构造、使用、检校；第二部分为六、七章讲述了控制测量、地形图的测绘及应用；第三部分为八～十二章，介绍了道路、管道、桥梁的施工测量方法、全站仪及其使用。

本书由王云江主编，李向民任副主编，广州大学市政技术学院李爱华主审。具体分工为：浙江建设职业技术学院王云江编写第一、五、八、十、十一、十二章，广西建设职业技术学院李向民编写第二、三、四章，宁波工程学院袁坚敏编写第六、七章，四川建设职业技术学院杜文举编写第九章。

在本书编写过程中得到了中国建筑工业出版社和编写者所在单位的大力支持，在此一并致谢。

限于编者的水平，书中难免有欠妥之处，恳请广大读者批评指正。

目　　录

第一章　绪论 …………………………………………………………………… 1
　第一节　市政工程测量的任务与作用 ……………………………………… 1
　第二节　地面点位的确定 …………………………………………………… 2
　第三节　测量工作的原则和程序 …………………………………………… 5
　思考题与习题 ………………………………………………………………… 7

第二章　水准测量 ……………………………………………………………… 8
　第一节　水准测量的原理 …………………………………………………… 8
　第二节　水准测量的仪器及工具 …………………………………………… 9
　第三节　水准仪的使用 ……………………………………………………… 13
　第四节　水准测量方法 ……………………………………………………… 14
　第五节　水准测量成果计算 ………………………………………………… 18
　第六节　水准仪的检验与校正 ……………………………………………… 22
　第七节　水准测量误差及注意事项 ………………………………………… 25
　第八节　其他水准仪简介 …………………………………………………… 26
　思考题与习题 ………………………………………………………………… 30

第三章　角度测量 ……………………………………………………………… 33
　第一节　角度测量原理 ……………………………………………………… 33
　第二节　经纬仪的构造 ……………………………………………………… 34
　第三节　经纬仪的使用 ……………………………………………………… 38
　第四节　水平角观测方法 …………………………………………………… 40
　第五节　竖直角观测 ………………………………………………………… 42
　第六节　经纬仪的检验与校正 ……………………………………………… 44
　第七节　水平角测量误差与注意事项 ……………………………………… 49
　第八节　电子经纬仪简介 …………………………………………………… 50
　思考题与习题 ………………………………………………………………… 53

第四章　距离测量与直线定向 ………………………………………………… 55
　第一节　钢尺量距 …………………………………………………………… 55
　第二节　视距测量 …………………………………………………………… 59
　第三节　光电测距 …………………………………………………………… 62
　第四节　直线定向 …………………………………………………………… 67
　思考题与习题 ………………………………………………………………… 71

第五章　测量误差的基本知识 ………………………………………………… 73
　第一节　测量误差概述 ……………………………………………………… 73

第二节　衡量精度的标准 …………………………………… 75
　　第三节　算术平均值及其中误差 ………………………… 77
　　第四节　误差传播定律 …………………………………… 79
　　思考题与习题 ……………………………………………… 82

第六章　全站仪及 GPS 应用 …………………………………… 83
　　第一节　概述 ……………………………………………… 83
　　第二节　全站仪的基本构造及功能 ……………………… 83
　　第三节　全站仪的操作 …………………………………… 89
　　第四节　全站仪使用注意事项 …………………………… 102
　　第五节　GPS 简介 ………………………………………… 102
　　思考题与习题 ……………………………………………… 107

第七章　小地区控制测量 ……………………………………… 108
　　第一节　控制测量概述 …………………………………… 108
　　第二节　导线测量的外业工作 …………………………… 112
　　第三节　导线测量的内业工作 …………………………… 114
　　第四节　全站仪导线测量 ………………………………… 122
　　第五节　高程控制测量 …………………………………… 124
　　思考题与习题 ……………………………………………… 129

第八章　大比例尺地形图的测绘与应用 ……………………… 131
　　第一节　地形图的基本知识 ……………………………… 131
　　第二节　大比例尺地形图的测绘 ………………………… 140
　　第三节　地形图的应用 …………………………………… 148
　　思考题与习题 ……………………………………………… 160

第九章　施工测量的基本工作 ………………………………… 162
　　第一节　施工测量概述 …………………………………… 162
　　第二节　测设的基本工作 ………………………………… 163
　　第三节　测设平面点位的方法 …………………………… 166
　　第四节　已知坡度直线的测设 …………………………… 169
　　思考题与习题 ……………………………………………… 170

第十章　道路工程测量 ………………………………………… 171
　　第一节　概述 ……………………………………………… 171
　　第二节　道路中线测量 …………………………………… 172
　　第三节　圆曲线的主点测设和详细测设 ………………… 177
　　第四节　缓和曲线的测设 ………………………………… 185
　　第五节　路线纵、横断面测量 …………………………… 194
　　第六节　道路施工测量 …………………………………… 201
　　第七节　挡墙施工测量 …………………………………… 210
　　思考题与习题 ……………………………………………… 211

第十一章 管道工程测量 … 212
- 第一节 概述 … 212
- 第二节 管道中线测量 … 212
- 第三节 管道纵、横断面测量 … 213
- 第四节 管道施工测量 … 215
- 第五节 顶管施工测量 … 219
- 第六节 管道竣工测量 … 221
- 思考题与习题 … 223

第十二章 桥梁工程测量 … 224
- 第一节 概述 … 224
- 第二节 桥梁工程控制测量 … 224
- 第三节 桥梁墩台中心与纵、横轴线的测设 … 227
- 第四节 桥梁施工测量 … 230
- 第五节 桥梁竣工测量 … 236
- 第六节 涵洞施工测量 … 238
- 思考题与习题 … 239

第十三章 工程变形监测 … 240
- 第一节 工程变形监测概述 … 240
- 第二节 基坑监测 … 241
- 第三节 建筑场地滑坡观测 … 263
- 第四节 桥梁变形监测 … 266
- 第五节 GPS定位技术在工程监测中的应用 … 269
- 思考题与习题 … 273

主要参考文献 … 274

第一章 绪 论

学习要求：

通过本章学习，明确市政工程测量的基本任务与作用，熟悉测量工作中的平面坐标系及高程系，了解地面点位的确定方法及基本测量工作方法，了解测量工作的原则和程序。

第一节 市政工程测量的任务与作用

工程测量学是一门研究在工程建设和自然资源开发各个阶段中所进行的控制测量、地形测绘、施工放样、变形监测及建立相应信息系统的理论和技术的学科。工程测量是直接为各项工程建设服务的。任何土建工程，无论是工业与民用建筑，还是城镇建设、道路、桥梁、给水排水管线等，从勘测、规划、设计到施工阶段，甚至在使用管理阶段，都需要进行测量工作。

按照工程建设的具体对象来分，有建筑测量、城镇规划测量、道路桥梁测量、给排水工程测量等。

一、市政工程测量的任务

市政工程测量属于工程测量学的范畴，是工程测量学在市政工程建设领域中的具体表现。市政工程测量的主要任务包括测定、测设两方面。

1. 测定

又称测图，是指使用测量仪器和工具，通过测量和计算，并按照一定的测量程序和方法将地面上局部区域的各种固定性物体（地物）和地面的形状、大小、高低起伏（地貌）的位置按一定的比例尺和特定的符号缩绘成地形图，以供工程建设的规划、设计、施工和管理使用。

2. 测设

又称放样，是指使用测量仪器和工具，按照设计要求，采用一定的方法将设计图纸上设计好的建筑物、构筑物的位置测设到实地，作为工程施工的依据。

此外，施工中各工程工序的交接和检查、校核、验收工程质量的施工测量，工程竣工后的竣工测量，监视重要建筑物或构筑物在施工、运营阶段的沉降、位移和倾斜所进行的变形观测等，也是工程测量的主要任务。

二、市政工程测量的作用

市政测量是市政工程施工中一项非常重要的工作，在市政工程建设中有着广泛的应用，它服务于市政工程建设的每一个阶段，贯穿于市政工程的始终。在工程勘测阶段，测绘地形图为规划设计提供各种比例尺的地形图和测绘资料；在工程设计阶段，应用地形图进行总体规划和设计；在工程施工阶段，要将图纸上设计好的建筑物、构筑物的平面位置和高程按设计要求测设于实地，以此作为施工的依据；在施工过程中的土方开挖、基础和主体工程的施工测量；在施工中还要经常对施工和安装工作进行检验、校核，以保证所建工程符合设计要求；施工竣工后，还要进行竣工测量，施测竣工图，供日后扩建和维修之用；在工程管理阶段，对建筑和构筑物进行变形观测，以保证工程的安全使用。由此可见，在工程建设的各个阶段都需要进行测量工作，而且测量的精度和速度直接影响到整个工程的质量和进度。因此，工程技术人员必须掌握工程测量的基本理论、基本知识和基本技能，掌握常用的测量仪器和工具的使用方法，初步掌握小地区大比例尺地形图的测绘方法，正确掌握地形图应用的方法，以及具有一般土建工程施工测量的能力。

三、市政工程测量的现状与发展方向

市政业等产业位居我国的支柱产业之列，在市政业等产业的发展过程中，工程测量为其作出了应有的贡献，同时，工程测量的技术水平也得到了很大的提高。目前，除常规测量仪器工具如光学经纬仪、光学水准仪和钢尺等在工程测量中继续发挥作用外，现代化的测量仪器如电子经纬仪、电子水准仪和电子全站仪等也已普及，提高了测量工作的速度、精度、可靠度和自动化程度。一些专用激光测量仪器设备如用于高层构筑物竖直投点的激光铅直仪、用于大面积场地精确自动找平的激光扫平仪和用于地下开挖指向的激光经纬仪等的应用，为现代工程施工提供了更高效、准确的测量技术服务。利用卫星测定地面点坐标的新技术——全球定位系统（GPS），也逐渐被应用于工程测量中，该技术作业时不受气候、地形和通视条件的影响，只需将卫星接收机安置在已知点和待定点上，通过接收不同的卫星信号，就可计算出该点的三维坐标，这与传统测量技术相比是质的飞跃，目前在工程测量中，一般用于大范围和长距离施工场地中的控制性测量工作。计算机技术正在应用到测量数据处理、地形图机助成图以及测量仪器自动控制等方面，进一步推动市政工程测量从手工化向电子化、数字化、自动化和智能化方向发展。

第二节 地面点位的确定

测量工作的基本任务（即实质）是确定地面点的位置。地面点的空间位置由点的平面位置 x、y 和点的高程位置 H 来确定。

一、地面点平面位置的确定

在普通测量工作中，当测量区域较小（一般半径不大于 10km 的面积内），可将这个区域的地球表面当作水平面，用平面直角坐标来确定地面点的平面位置，如图 1-1 所示。

测量平面直角坐标规定纵坐标为 x，向北为正，向南为负；横坐标为 y，向东为正，向西为负；地面上某点 m 的位置可用 x_m 和 y_m 来表示。平面直角坐标系的原点 O 一般选

图 1-1

在测区的西南角，使测区内所有点的坐标均为正值。象限以北东开始按顺时针方向为Ⅰ、Ⅱ、Ⅲ、Ⅳ排列。与数学坐标的区别在于坐标轴互换，象限顺序相反，其目的是便于将数学中的公式直接应用到测量计算中而不需作任何变更。

在大地测量和地图制图中要用到大地坐标。用大地经度 L 和大地纬度 B 表示地面点在旋转椭球面上的位置，称为大地地理坐标，简称大地坐标。如图1-2所示，地面上任意点 P 的大地经度 L 是该点的子午面与首子午面所夹的两面角；P 点的大地纬度 B 是过该点的法线（与旋转椭球面垂直的线）与赤道面的夹角。

大地经纬度是根据大地测量所得的数据推算而得出的。我国现采用陕西省泾阳县境内的国家大地原点为起算点，由此建立新的统一坐标系，称为"1980年国家大地坐标系"。

二、地面点高程位置的确定

地球自然表面很不规则，有高山、丘陵、平原和海洋。海洋面积约占地表的71%，而陆地约占29%，其中最高的珠穆朗玛峰高出海水面8844.43m，最低的马里亚纳海沟低于海水面11022m。但是，这样的高低起伏，相对于地球半径6371km来说还是很小的。

地球上自由静止的海水面称为水准面，它是个处处与重力方向垂直的连续曲面。与水准面相切的平面称为水平面。由于水面高低不一，因此水准面有无限多个，其中与平均海水面相吻合并向大陆、岛屿延伸而形成的闭合曲面，称为大地水准面，如图1-3所示。

图1-2　　　　　　　　　　　图1-3

我国以在青岛观象山验潮站1952～1979年验潮资料确定的黄海平均海水面作为起算高程的基准面，称为"1985国家高程基准"。以该大地水准面为起算面，其高程为零。为了便于观测和使用，在青岛建立了我国的水准原点（国家高程控制网的起算点），其高程为72.260m，全国各地的高程都以它为基准进行测算。

地面点到大地水准面的铅垂距离，称为该点的绝对高程，亦称海拔或标高。如图1-3所示，H_A、H_B 即为地面点 A、B 的绝对高程。

当在局部地区引用绝对高程有困难时，可采用假定高程系统，即假定任意水准面为起算高程的基准面。地面点到假定水准面的铅垂距离，称为相对高程。如图 1-3 所示，H'_A、H'_B 即为地面点 A、B 的相对高程。例如房屋工程中常选定底层室内地坪面为该工程地面点高程起算的基准面，记为（±0.000）。建筑物某部位的标高，系指某部位的相对高程，即某部位距室内地坪（±0.000）的垂直间距。

两个地面点之间的高程差称为高差，用 h 表示。$h_{AB} = H_B - H_A = H'_B - H'_A$。

三、用水平面代替水准面的限度

在测量中，当测区范围很小时才允许以水平面代替水准面。那么，究竟测区范围多大时，可用水平面代替水准面呢？

1. 水平面代替水准面对距离的影响

如图 1-4 所示，A、B 两点在水准面上的距离为 D，在水平面上的距离为 D'，则 $\Delta D(\Delta D = D' - D)$ 是用水平面代替水准面后对距离的影响值。它们与地球半径 R 的关系为

图 1-4

$$\Delta D = \frac{D^3}{3R^2} \quad \text{或} \quad \frac{\Delta D}{D} = \frac{D^2}{3R^2} \qquad (1-1)$$

根据地球半径 $R = 6371$km 及不同的距离 D 值，代入式（1-1），得到表 1-1 所列的结果。

由表 1-1 可见，当 $D = 10$km，所产生的相对误差为 1/1250000。目前最精密的距离丈量时的相对误差为 1/1000000。因此，可以得出结论：在半径为 10km 的圆面积内进行距离测量，可以用水平面代替水准面，不考虑地球曲率对距离的影响。

用水平面代替水准面对距离的影响   表 1-1

D(km)	ΔD(cm)	$\Delta D/D$
10	0.8	1:1250000
20	6.6	1:300000
50	102	1:49000

2. 水平面代替水准面对高程的影响

如图 1-4 所示，$\Delta h = bB - b'B$，这是用水平面代替水准面后对高程的测量影响值。其值为

$$\Delta h = \frac{D^2}{2R} \qquad (1-2)$$

用不同的距离代入式（1-2）中，得到表 1-2 所列结果。

从表 1-2 可以看出，用水平面代替水准面，在距离 1km 内就有 8cm 的高程误差。由此可见，地球曲率对高程的影响很大。在高程测量中，即使距离很短，也要考虑地球曲率对高程的影响。实际测量中，应该考虑通过加以改正计算或采用正确的观测方法，消除地球曲率对高程测量的影响。

用水平面代替水准面对高程的影响 表 1-2

D(km)	0.2	0.5	1	2	3	4	5
Δh(cm)	0.31	2	8	31	71	125	196

四、确定地面点位的三个基本要素

如前所述，地面点的空间位置是以地面点在投影平面上的坐标 x、y 和高程 H 决定的。在实际测量中，x、y 和 H 的值不能直接测定，而是通过测定水平角 β_a、β_b……和水平距离 D_1、D_2，……以及各点间的高差，再根据已知点 A 的坐标、高程和 AB 边的方位角计算出 B、C、D、E 各点的坐标和高程，如图 1-5 所示。

图 1-5 确定地面点位的三个基本要素

由此可见，水平距离、水平角和高程是确定地面点的三个基本要素。水平距离测量、水平角测量和高程测量是测量的三项基本工作。

第三节 测量工作的原则和程序

无论是测绘地形图或是施工放样，都不可避免地会产生误差，甚至还会产生错误，为了限制误差的传递，保证测区内一系列点位之间具有必要的精度，测量工作都必须遵循"从整体到局部、先控制后碎部、由高级到低级"的原则进行，如图 1-6 所示，首先在整个测区内，选择若干个起着整体控制作用的点 1、2、3……作为控制点，用较精密的仪器和方法，精确地测定各控制点的平面位置和高程位置的工作称为控制测量。这些控制点测量精度高，均匀分布整个测区。因此，控制测量是高精度的测量，也是带全局性的测量。然后以控制点为依据，用低一级精度测定其周围局部范围的地物和地貌特征点，称为碎部测量。例如：图上在控制点 1 测定周围碎部点 L、M、N、O……。碎部测量是较控制测量低一级的测量，是局部的测量，碎部测量由于是在控制测量的基础上进行的，因此碎部测量的误差就局限在控制点的周围，从而控制了误差的传播范围和大小，保证了整个测区的测量精度。

图1-6 测量工作的原则和程序

施工测量是首先对施工场地布设整体控制网，用较高的精度测设控制网点的位置，然后在控制网的基础上，再进行各局部轴线尺寸和高低的定位测设，其精度较低。例如：图中利用控制点1、6测设拟建的建筑物R、Q、P。因此，施工测量也遵循"从整体到局部、先控制后碎部、由高级到低级"的施测原则。

测量工作的程序分为控制测量和碎部测量两步。

遵循测量工作的原则和程序，不但可以减少误差的累积和传递，而且还可以在几个控制点上同时进行测量工作，既加快了测量的进度，缩短了工期，又节约了开支。

测量工作有外业和内业之分，上述测定地面点位置的角度测量，水平距离测量，高差测量是测量的基本工作，称为外业。将外业成果进行整理、计算（坐标计算、高程计算）、绘制成图，称为内业。

为了防止出现错误，无论外业工作还是内业工作，还必须遵循另一个基本原则"边工作边校核"。用检核的数据说明测量成果的合格和可靠。测量工作实质是通过实践操作仪器获得观测数据，确定点位关系。因此是实践操作与数字密切相关的一门技术，无论是实践操作有误，还是观测数据有误，或者是计算有误，都体现在点位的确定上产生错误。因而在实践操作与计算中都必须步步有校核，检核已进行的工作有无错误。一旦发现错误或达不到精度要求的成果，必须找出原因或返工重测，必须保证各个环节的可靠。

市政施工测量应遵循"先外业、后内业"或"先内业、后外业"的这种双向工作程序。规划设计阶段所采用的地形图，是首先取得实地野外观测资料、数据，然后再进行室内计算、整理、绘制成图，即"先外业、后内业"。测设阶段是按照施工图上所定的数据、资料，首先在室内计算出测设所需要的放样数据，然后再到施工场地按测设数据把具体点位放样到施工作业面上，并做出标记，作为施工的依据。因而测设阶段是"先内业、后外业"的工作程序。

思考题与习题

1. 市政工程测量的任务是什么？其内容包括哪些？
2. 测量工作的实质是什么？
3. 何谓大地水准面、1985 年国家高程基准、绝对高程、相对高程和高差？
4. 测量上的平面直角坐标系与数学上的平面直角坐标系有什么区别？
5. 确定地面点位置的三个基本要素是什么？测量的三项基本工作是什么？
6. 测量工作的原则和程序是什么？
7. 已知地面某点相对高程为 21.580m，其对应的假定水准面的绝对高程为 168.880m，则该点的绝对高程为多少？绘出示意图。

第二章 水准测量

学习要求：

通过本章学习，熟悉水准仪的构造及各部件的名称和作用，掌握水准仪的基本操作及水准线路测量的外业工作、内业计算方法；熟悉水准仪的检验与校正方法。

测量地面上各点高程的工作，称为高程测量。高程测量的方法有水准测量法、三角高程测量法和气压高程测量法等，其中水准测量法是最基本的一种方法，具有操作简便、精度高和成果可靠的特点，在大地测量、普通测量和工程测量中被广泛采用。本章主要介绍水准测量。

第一节 水准测量的原理

水准测量是利用水准仪提供的水平视线，对地面上两点的水准尺分别读数，求取两点之间的高差，然后由其中已知点的高程求出未知点的高程。

如图 2-1 所示，A 为已知点，其高程为 H_A；B 为未知点，其高程 H_B 待求。可在 A、B 两点上竖立水准尺，在两点之间安置水准仪，利用水准仪提供的水平视线先后在 A、B 点的水准尺上读取读数 a、b，则 A、B 点之间的高差 h_{AB} 为：

$$h_{AB}=a-b \tag{2-1}$$

B 点的高程为：

$$H_B=H_A+h_{AB} \tag{2-2}$$

如果测量是由 A 点向 B 点前进，我们称 A 点为后视点，B 点为前视点；a、b 分别为后视读数和前视读数。地面上两点间的高差等于后视读数减前视读数。

图 2-1 水准测量原理

例如：设 A 点的高程为 60.716m，若后视 A 点读数为 1.124m，前视 B 点读数为 1.428m，则 A、B 两点的高差是：

$$h_{AB}=a-b=1.124-1.428=-0.304\text{m}$$

B 点高程是：

$$H_B=H_A+h_{AB}=60.716+(-0.304)=60.412\text{m}$$

当要在一个测站上同时观测多个地面点的高程时，先观测后视读数，然后依次在待测点竖立水准尺，分别用水准仪读出其读数，再用上式计算各点高程。为简化计算，可把上式变换成

$$H_B=(H_A+a)-b \tag{2-3}$$

式中 H_A+a 实际上是水平视线的高程，称为仪器高，用上式计算高程的方法称为仪器高法，在实际测量工作中应用很广泛。

例如：设 A 为后视点，高程为 60.716m，后视 A 读数为 1.124m，在 5 个待定高程点的前视读数分别为 1.428m、2.096m、0.748m、3.416m、0.947m，采用视线高法求各待定点高程比较简便。水准仪视线高程等于测站高程加后视读数：

$$H_A+a=60.716+1.124=61.840\text{m}$$

各待定点高程等于视线高程减其前视读数：

$$H_1=61.840-1.428=60.412\text{m}$$
$$H_2=61.840-2.096=59.744\text{m}$$
$$H_3=61.840-0.748=61.092\text{m}$$
$$H_4=61.840-3.416=58.424\text{m}$$
$$H_5=61.840-0.947=60.893\text{m}$$

当 A、B 两点距离较远或高差较大时，不能安置一次仪器便测得两点间的高差，此时必须逐站安置仪器，沿某条路线进行连续的水准测量，依次测出各站的高差，各站高差之和就是 A、B 两点间的高差，最后根据此高差和 A 点的已知高程求 B 点高程。其中各站临时选定的作为传递高程的立尺点，称为"转点"。

第二节 水准测量的仪器及工具

水准测量所使用的仪器为水准仪，工具为水准尺和尺垫。水准仪按精度分，有 DS_{10}、DS_3、DS_1、DS_{05} 等几种不同等级的仪器。"D"表示"大地测量仪器"，"S"表示"水准仪"，下标中的数字表示仪器能达到的观测精度——每千米往返测高差中误差（毫米），例如，DS_3 型水准仪的精度为"±3mm"，DS_{05} 型水准仪的精度为"±0.5mm"。DS_{10} 和 DS_3 属普通水准仪，而 DS_1 和 DS_{05} 属精密水准仪。另外，从水准仪获得水平视线的方式来看，又可分为微倾式水准仪和自动安平水准仪。本章主要介绍常用的 DS_3 型微倾式水准仪，在本章的最后一节简单介绍精密水准仪、自动安平水准仪和数字式水准仪。

一、DS₃型微倾式水准仪

根据水准测量的原理,水准仪的主要功能是提供一条水平视线,并能照准水准尺进行读数。因此,水准仪主要由望远镜、水准器及基座三部分构成。图 2-2 所示为常见的 DS₃ 微倾式水准仪。

图 2-2　DS₃ 型微倾式水准仪

1. 望远镜

望远镜是瞄准目标并在水准尺上进行读数的部件,主要由物镜、目镜、调焦透镜和十字丝分划板组成。图 2-3 是 DS₃ 型水准仪内对光望远镜构造图。

图 2-3　水准仪望远镜构造

物镜是由几个光学透镜组成的复合透镜组,其作用是将远处的目标在十字丝分划板附近形成缩小而明亮的实像。

目镜也由复合透镜组组成,其作用是将物镜所成的实像与十字丝一起进行放大,它所成的像是虚像。

十字丝分划板是一块圆形的刻有分划线的平板玻璃片,安装在金属环内。十字丝分划板上互相垂直的两条长丝,称为十字丝,是瞄准目标和读数的重要部件。其中纵丝亦称竖丝,横丝亦称中丝。另有上、下两条对称的短丝称为视距丝,用于在需要时以较低的精度测量距离。

调焦透镜是安装在物镜与十字丝分划板之间的凹透镜。当旋转调焦螺旋,前后移动凹透镜时,可以改变由物镜与调焦透镜组成的复合透镜的等效焦距,从而使目标的影像正好落在十字丝分划板平面上,再通过目镜的放大作用,就可以清晰地看到放大了的目标影像以及十字丝。

物镜的光心与十字丝交点的连线称为视准轴,用 CC 表示,是水准仪上重要的轴线之一,延长视准轴并使其水平,即得水准测量中所需的水平视线。

2. 水准器

水准器是水准仪的重要部件,借助于水准器才能使视准轴处于水平位置。水准器分为管水准器和圆水准器,管水准器又称为水准管。

(1) 水准管

如图 2-4 所示,水准管的构造是将玻璃管纵向内壁磨成圆弧,管内装酒精和乙醇的混合液加热熔封而成,冷却后在管内形成一个气泡,在重力作用下,气泡位于管内最高位置。水准管圆弧中心为水准管零点,过零点的

图 2-4 水准管

水准管圆弧纵切线,称为水准管轴,用 LL 表示,水准管轴也是水准仪的重要轴线。当水准管零点与气泡中心重合时,称为气泡居中。气泡居中时,水准管轴 LL 处于水平位置,否则,LL 处于倾斜位置。由于水准管轴与水准仪的视准轴平行,便可以根据水准管气泡是否居中来判断视准轴是否处于水平状态。

为便于确定气泡居中,在水准管上刻有间距为 2mm 的分划线,分划线对称于零点,当气泡两端点距水准管两端刻划的格数相等时,即为水准管气泡居中。水准管上相邻两分划线间的圆弧(弧长 2mm)所对的圆心角,称为水准管分划值,用 τ 表示。τ 值的大小与水准管圆弧半径 R 成反比,半径愈大,τ 值愈小,灵敏度愈高。水准仪上水准管圆弧的半径一般为 7~20m,所对应的 τ 值为 $20''\sim 60''$。水准管的 τ 值较小,因而用于精平视线。

为提高观察水准管气泡是否居中的精度,在水准管上方装有符合棱镜,如图 2-5(a) 所示。通过符合棱镜的反射作用,把气泡两端的半边影像反映到望远镜旁的观察窗内。当两端半边气泡影像符合在一起,构成"U"形时,则气泡居中,如图 2-5(b) 所示。若成错开状态,则气泡不居中,如图 2-5(c) 所示。这种设有符合棱镜的水准管,称为符合水准器。

图 2-5 符合水准器

(a)水准管及符合棱镜;(b)两端影像符合;(c)两端影像错开

(2) 圆水准器

圆水准器顶面内壁是球面,正中刻有一圆圈,圆圈中心为圆水准器零点,过零点的球面法线称为圆水准器轴,如图 2-6 所示。当气泡居中时,圆水准器轴处

于竖直位置。不居中时，气泡中心偏离零点2mm所对应的圆水准器轴倾斜角值称为圆水准器分划值，DS_3水准仪一般为$8'\sim 10'$。由于它的精度较低，故只用于仪器的粗略整平。

3. 基座

基座由轴座、脚螺旋和底板等构成，其作用是支承仪器的上部并与三脚架相连。轴座用于仪器的竖轴在其内旋转，脚螺旋用于调整圆水准器气泡居中，底板用于整个仪器与下部三脚架连接。

图2-6 圆水准器

二、水准尺

水准尺是水准测量时使用的标尺。水准尺采用经过干燥处理且伸缩性较小的优质木材制成，现在也有用玻璃钢或铝合金制成的水准尺。从外形看，常见的有直尺和塔尺两种，如图2-7所示。

1. 直尺

常用直尺为木质双面尺，尺长3m，两根为一对，如图2-7(a)所示。直尺的两面分别绘有黑白和红白相间的分格，以厘米分划，黑白相间的一面称为黑面尺，亦称为主尺；红白相间的一面称为红面尺，亦称为辅尺。在每一分米处均有两个数字组成的注记，第一个表示米，第二个表示分米，例如"23"表示2.3米。黑面尺底端起点为零，红面尺底端起点一根为4.687，另一根为4.787。设置两面起点不同的目的，是为了防止两面出现同样的读数错误。这种直尺适用于精度较高的水准测量中。

2. 塔尺

塔尺由两节或三节套接在一起，其长度有3m、4m和5m不等，如图2-7(b)所示。塔尺最小分划为1cm或0.5cm，一般为黑白相间或红白相间，底端起点均为零。每分米处有由点和数字组成的注记，点数表示米，数字表示分米，例如"∴5"表示3.5米。塔尺由于存在接头，故精度低于直尺，但使用、携带方便，适用于地形图测绘和施工测量等。

图2-7 水准尺

三、尺垫

尺垫由生铁铸成，如图2-8所示。其下部有三个支脚，上部中央有一凸起的半球体。尺垫用于进行多测站连续水准测量时，在转点上作为临时立尺点，以防止水准尺下沉和立尺点移动。使用时应将尺垫的支脚牢固地踩入地下，然后将水准尺立于其半球顶上。

图2-8 尺垫

第三节 水准仪的使用

在每个测站上,水准仪的使用包括水准仪的安置、粗略整平、瞄准水准尺、精确整平和读数等基本操作步骤。

一、安置水准仪

打开三脚架,调节架腿长度,使其与观测者高度相适应,用目估法使架头大致水平并将三脚架腿尖踩入土中或使其与地面稳固接触,然后将水准仪从箱中取出,置放在三脚架头上,一手握住仪器,一手用连接螺旋将仪器固连在三脚架上。

二、粗略整平

转动基座脚螺旋,使圆水准器气泡居中,此时仪器竖轴铅垂,视准轴粗略水平。整平方法如下:在图2-9(a)中,设气泡未居中并位于a处,可按图中所示方向用两手同时相对转动脚螺旋①和②,使气泡从a处移至b处;然后用一只手转动另一脚螺旋③,如图2-9(b)所示,使气泡居中。

图2-9 水准仪粗略整平

在整平过程中,要根据气泡偏移的位置判断应该旋转哪个脚螺旋,同时还要注意两个规则:一是"气泡的移动方向与左手大拇指移动方向一致",二是"右手旋转的方向与左手相反"。

三、照准水准尺

先进行目镜调焦,把望远镜对着明亮的背景,转动目镜调焦螺旋,使十字丝清晰。再进行初步照准,松开制动螺旋,旋转望远镜,用准星和照门瞄准水准尺,拧紧制动螺旋。最后精确照准,从望远镜中观察,转动物镜调焦螺旋,使水准尺分划清晰,再转动微动螺旋,使十字丝竖丝靠近水准尺边缘或内部,如图2-10所示。

水准仪的十字丝横丝有三根,中间的长横丝叫中丝,用于读取水准尺读数;上下两根短横丝是用来粗略测量水准仪到水准尺距离的,叫上、下视距线,简称上丝和下丝。上丝和下丝的读数也可用来检核中丝读数,即中丝读数应等于上、下丝读数的平均值。

照准目标后,眼睛在目镜端上下作少量移动,若发现目标影像和十字丝有相对运动,这种现象称为视差。产生视差的原因是目标的影像与十字丝分划板不重

图 2-10 照准水准尺

合。视差对读数的精度有较大影响,应认真对目镜和物镜进行调焦,直至消除视差。

四、精确整平

如图 2-11 所示,转动微倾螺旋,使符合水准器气泡两端影像对齐,成"U"形,此时,水准管轴水平,从而使得视准轴水平。在精确整平时,转动微倾螺旋的方向与符合水准器气泡左边影像移动的方向一致。

逆时针调节　　顺时针调节　　调节完毕

图 2-11 精确整平

五、读数

精确整平后,应立即用中丝在水准尺上读数,直接读米、分米和厘米,估读毫米,共四位数,例如图 2-10(a)所示为 1 厘米刻划的直尺,读数为 0.976m;图 2-10(b)所示为 1 厘米刻划的塔尺,读数为 2.423m,图 2-10(c)所示为塔尺的另一面,刻划为 0.5 厘米,每厘米处注有读数,便于近距离观测,此处读数为 2.338m。

读数时,注意从小往大读,若望远镜是正像,即是由下往上读;若望远镜是倒像,则是由上往下读。读完数后,还应检查气泡是否居中,以确信视线水平。若不居中,应进行精确整平后重新读数。

第四节 水准测量方法

一、水准点

为了统一全国的高程系统和满足各种测量的需要,测绘部门在全国各地埋设了很多高程标志，称为水准点，由专业测量单位按国家等级水准测量的要求观测其高程。这些水准点，按精度由高到低分为一、二、三、四等，称为国家等级水准点，埋设永久性标志。永久性水准点一般用混凝土制成，顶面嵌入不锈钢或不易锈蚀材料制成的半球状标志，标志的顶点代表水准点的点位。顶点高程，即为水准点高程，如图 2-12 所示。永久性水准点也可用金属标志埋设于基础稳固的建筑物墙脚上，称为墙脚水准点。水准测量通常是从水准点开始，测量其他待定点的高程。

图 2-12　永久性水准点
(a)埋地水准点；(b)墙脚水准点

实际工作中常在国家等级水准点的基础上进行补充和加密，得到精度低于国家等级要求的水准点，这个测量工作称为等外水准测量或普通水准测量。根据具体情况，普通水准测量可按上述格式埋设永久性水准点，也可埋设临时性水准点。临时水准点可利用地面突出的坚硬稳固的岩石用红漆标记；也可用木桩打入地下，桩顶钉一半球形铁钉，如图 2-13 所示。

图 2-13　临时性水准点

水准点埋设之后，绘出水准点附近的草图，注明水准点编号，编号前通常加注 BM，以表示水准点，例如 BM_A、BM_5 等，称为"点之记"。

二、水准路线

水准测量所经过的路线，称为水准路线。为了避免观测、记录和计算中发生人为误差，并保证测量成果能达到一定的精度要求，必须按某种形式布设水准路线。布设水准路线时，应考虑已知水准点、待定点的分布和实际地形情况，既要能包含所有待定点，又要能进行成果检核。水准路线的基本形式有：闭合水准路线、附合水准路线和支水准路线。

1. 闭合水准路线

如图 2-14(a)所示，从已知水准点 A 出发，沿高程待定点 1，2，……进行水准测量，最后再回到原已知水准点 A，这种形式的路线，称为闭合水准路线。闭合水准路线高差代数和的理论值等于零，即 $\Sigma h=0$，利用这个特性可以检核观测成果是否正确。

图 2-14 水准路线
(a)闭合水准路线；(b)附合水准路线；(c)支水准路线

2. 附合水准路线

如图 2-14(b)所示，从已知水准点 A 出发，沿高程待定点 1，2，……进行水准测量，最后附合到另一已知水准点 B，这种形式的路线称为附合水准路线。附合水准路线高差代数和的理论值等于起点 A 至终点 B 的已知高差。即 $\Sigma h = H_B - H_A$，利用这个特性也可以检核观测成果是否正确。

3. 支水准路线

如图 2-14(c)所示，从已知水准点 A 出发，沿高程待定点 1，2，……进行水准测量，既不闭合，也不附合到已知水准点的路线，称为支水准路线。支水准路线缺乏检核条件，一般要求进行往返观测，或者限制路线长度或点数。往返观测时，往测高差与返测高差的绝对值应相等，符号相反，即 $h_{12} = -h_{21}$。

三、水准测量的方法

在用连续水准测量确定相隔较远或高差较大的两点之间的高差时，应当按照规定的观测程序进行观测，按一定的格式进行记录和计算，同时，在观测中还应进行各种检核。这样才能避免观测结果出错并达到一定的精度要求。不同等级的水准测量有相应的观测程序和记录格式，检核方法也有所不同。下面主要介绍普通水准测量的做法和要求。

1. 观测程序

如图 2-15 所示，在两待测高差的水准点 A 和待定点 B 之间，设置若干个转点，经过连续多站水准测量，测出 A、B 两点间的高差。

图 2-15 观测与读数

具体观测步骤是：

(1) 在 A 点前方适当位置，选择转点 T_1，放上尺垫，在 A、T_1 点上分别立水准尺。在距 A 和 T_1 大致相等的 1 处安置水准仪，调节圆水准器，使水准仪粗平。

(2) 照准后视点 A 上水准尺，精确整平、读数 a_1，记入表 2-1 中 A 点后视读数栏内。

(3) 旋转望远镜，照准前视点 T_1 上水准尺，精平、读数 b_1，记入 1 点前视读数栏内。

(4) 按式(2-1)计算 A 至 T_1 点高差 h_1，记入测站 1 的高差栏内。至此完成了第一个测站的观测。

(5) 在 1 点前方适当位置，选择转点 T_2，放上尺垫，将 A 点水准尺移至 T_2 点，T_1 点水准尺不动，将水准仪由 1 处移至距 T_1 和 T_2 点大致相等的 2 处。将水准仪粗平后，按(2)—(4)所述步骤和方法，观测并计算出 T_1 至 T_2 点高差 h_2。同理连续设站，直至测出最后一个转点至待定点 B 之间的高差。

2. 高程计算

全部观测完成后，将各测站的高差相加，即得总高差，然后按式(2-2)计算待定点 B 的高程，计算过程和结果见表 2-1。为了保证计算正确无误，对记录表中每一页所计算的高差和高程要进行计算检核。即后视读数总和减去前视读数总和、高差总和、待定点高程与 A 点高程之差值，这三个数字应当相等。否则，计算有错。例如表 2-1 中，三者结果均为 0.341，说明计算正确。在计算时，先检核高差计算是否正确，当高差计算正确后再进行高程的计算。表 2-1 中各转点的高程也可不逐一计算，用 A 点高程加上高差总和即为 B 点的高程。此外，计算检核只能检查计算是否正确，对读数不正确等观测过程中发生的错误，是不能通过计算检核检查出来的。

水准测量手簿 表 2-1

测 站	点 号	后视读数(m)	前视读数(m)	高 差(m)	高 程(m)	备 注
1	BM_A	1.878		0.415	76.668	水准点
2	T_1	1.782	1.463	0.456	77.083	转点
3	T_2	2.094	1.326	0.986	77.539	转点
4	T_3	1.312	1.108	−0.468	78.525	转点
5	T_4	1.168	1.780	−1.048	78.057	转点
	B		2.216		77.009	待定点
计算检核		$\Sigma=8.234$ $8.234-7.893=0.341$	$\Sigma=7.893$	$\Sigma=0.341$	$77.009-76.668=0.341$	

四、测站检核

按照上述观测方法，若任一测站上的后视读数或者前视读数不正确，或者观测质量太差，都将影响高程的正确性和精度。因此，必须在每个测站上进行测站检核，一旦发现错误或不满足精度要求，必须及时重测。测站检核主要采用双面尺法和变动仪器高度法。

1. 双面尺法

利用双面水准尺，在每一测站上，保持仪器高度不变，分别读取后视和前视的黑面与红面读数，按式(2-1)分别计算出黑面高差 $h_\text{黑}$ 和红面高差 $h_\text{红}$。由于两水准尺的黑面底端起点读数相同，而红面底端起点读数相差 100mm，应在红面高差 $h_\text{红}$ 中加或减 100mm 后，再与黑面高差 $h_\text{黑}$ 进行比较，两者之差不超过容许值（等外水准容许值为 6mm）时，说明满足要求，取黑、红面高差平均值作为两点之间的高差，否则，应立即重测。

2. 变动仪器高度法

在每个测站上，读后尺和前尺的读数，计算高差后，重新安置仪器（一般将仪器升高或降低 10cm 左右），再测一次高差，两次高差之差的容许值与双面尺法相同，满足要求时取平均值作为两点之间的高差；否则重测。

第五节　水准测量成果计算

水准测量成果计算的目的，是根据水准路线上已知水准点高程和各段观测高差，求出待定水准点高程。在计算时，要首先检查外业观测手簿，计算各段路线两点间高差。经检核无误后，检核整条水准路线的观测误差是否达到精度要求，若没有达到要求，要进行重测；若达到要求，可把观测误差按一定原则调整后，再求取待定水准点的高程。具体内容包括以下几个方面：计算高差闭合差；当高差闭合差满足限差要求时，调整闭合差；求改正后高差；计算待定点高程。

一、闭合水准路线成果计算

图 2-16 为一条闭合水准路线，由三段组成，各段的观测高差和测站数如图所示，箭头表示水准测量进行的方向，BM_A 为水准点，高程为 86.365m，1、2、3 点为待定高程点。

图 2-16　闭合水准路线略图

水准路线成果计算一般在表 2-2 的表格中进行，计算前先将有关的已知数据和观测数据填入表内相应栏目内，然后按以下步骤进行计算。

1. 计算高差闭合差

一条水准路线的实际观测高差与已知理论高差的差值称为高差闭合差，用 f_h 表示，即

$$f_h = 观测值 - 理论值 \qquad (2-4)$$

对于闭合水准路线，高差闭合差观测值为路线高差代数和，即 $\Sigma h_\text{测} = h_1 + h_2 + \cdots + h_n$，理论值 $\Sigma h_\text{理} = 0$，按式(2-4)有：

$$f_h = \Sigma h_\text{测} \qquad (2-5)$$

将表 2-2 中的观测高差代入式(2-5)，得高差闭合差为 $f_h = -0.050\text{m} = -50\text{mm}$。

水准测量成果计算表　　　　　　　　表 2-2

测段编号	点　名	测站数	观测高差(m)	改正数(m)	改正后高差(m)	高　程(m)	备　注
1	BM_A	8	−1.438	0.011	−1.427	86.365	
2	1	10	2.784	0.014	2.798	84.938	
3	2	12	3.887	0.017	3.904	87.736	水准点
4	3	6	−5.283	0.008	−5.275	91.640	
Σ	BM_A	36	−0.050	0.050	0.000	86.365	

2. 高差闭合差的容许值

高差闭合差 f_h 被用于检核测量成果是否合格。如果 f_h 不超过高差闭合差容许值 $f_{h容}$，则成果合格。否则，应查明原因，重新观测。规范规定，在普通水准测量时，平地和山地的高差闭合差容许值分别为：

$$平地\ f_{h容}=\pm 40\sqrt{L}\ \mathrm{mm} \tag{2-6}$$

$$山地\ f_{h容}=\pm 12\sqrt{n}\ \mathrm{mm} \tag{2-7}$$

式中 L 为水准路线长度，以千米计；n 为水准路线的测站数。当每千米水准路线中测站数超过 16 站时，可认为是山地，采用式(2-7)计算容许差。

将表 2-2 中的测站数累加，得总测站数 $n=36$，代入式(2-7)得高差闭合差的容许值为

$$f_{h容}=\pm 12\sqrt{36}=\pm 72\ \mathrm{mm}$$

由于 $|f_h|<|f_{h容}|$，精度符合要求。

3. 高差闭合差的调整

闭合差调整的目的，是将水准路线中的各段观测高差加上一个改正数，使得改正后高差总和与理论值相等。在同一条水准路线上，可认为观测条件相同，即每千米(或测站)出现误差的可能性相等，因此，可将闭合差反号后，按与距离(或测站数)成比例分配原则，计算各段高差的改正数，然后进行相应的改正。计算过程如下：

(1) 改正数

对于第 i 段观测高差($i=1, 2, \cdots, n$)，其改正数 v_i 的计算公式为

$$v_i = \frac{-f_h}{\Sigma L} \cdot L_i \tag{2-8}$$

或

$$v_i = \frac{-f_h}{\Sigma n} \cdot n_i \tag{2-9}$$

式中 ΣL 为水准路线总长度，L_i 为第 i 测段长度；Σn 为水准路线总测站数，n_i 为第 i 测段站数。将各段改正数均按上式求出后，记入改正数栏。高差改正数凑整后的总和，必须与高差闭合差绝对值相等，符号相反。

将表 2-2 中的数据代入式(2-9)得各段高差的改正数为

$$v_1 = \frac{-(-0.050)}{36} \times 8 = 0.011\ \mathrm{m}$$

$$v_2 = \frac{-(-0.050)}{36} \times 10 = 0.014\text{m}$$

$$v_3 = \frac{-(-0.050)}{36} \times 12 = 0.017\text{m}$$

$$v_4 = \frac{-(-0.050)}{36} \times 6 = 0.008\text{m}$$

由于 $\Sigma v = 0.050\text{m} = -f_h$，说明改正数的计算正确，可以进行下一步的计算。

（2）求改正后的各段高差

将各观测高差与对应的改正数相加，可得各段改正后高差，计算公式为

$$h_{i改} = h_i + v_i \tag{2-10}$$

式中 $h_{i改}$ 为改正后的高差，h_i 为原观测高差，v_i 为该高差的改正数。改正后高差总和应等于高差总和的理论值。

将表 2-2 中的观测高差与其改正数代入式(2-10)，得各段改正后的高差为

$$h_{1改} = -1.438 + 0.011 = -1.427\text{m}$$
$$h_{2改} = 2.784 + 0.014 = 2.798\text{m}$$
$$h_{3改} = 3.887 + 0.017 = 3.904\text{m}$$
$$h_{4改} = -5.283 + 0.008 = -5.275\text{m}$$

由于 $\Sigma h_{改} = 0.000$，说明改正后高差计算正确。

4. 高程计算

根据改正后高差，从起点 A 开始，逐点推算出各待定水准点高程，直至终点 3，记入高程栏。为了检核高程计算是否正确，对闭合水准路线应继续推算到起点 A，A 的推算高程应等于已知高程。

根据表 2-2 的已知高程和改正后高差，得各点的高程为

$$H_1 = 86.365 + (-1.427) = 84.938\text{m}$$
$$H_2 = 84.938 + 2.798 = 87.736\text{m}$$
$$H_3 = 87.736 + 3.904 = 91.640\text{m}$$
$$H_A = 91.640 + (-5.275) = 86.365\text{m}$$

上述计算中，A 的推算高程 H_A 等于其已知高程，说明高程计算正确。

二、附合水准路线的成果计算

图 2-17 为一条附合水准路线，由四段组成，起点 A 的高程为 46.978m，终点 B 的高程为 47.733m，各段观测高差和路线长度如图所示，要计算 1、2、3 点的高程。

图 2-17 附合水准路线略图

附合水准路线成果计算的步骤与闭合水准路线成果计算的方法与步骤基本一样，只是在闭合差计算公式有一点区别。这里着重介绍闭合差的计算方法，其他

计算过程不再详述，计算结果见表2-3。

水准测量成果计算表　　　　　　　　表 2-3

测段编号	点名	距离(km)	实测高差(m)	改正数(m)	改正后高差(m)	高程(m)	备注
1	A	1.0	1.579	−0.016	1.563	46.978	
2	1	1.2	−2.768	−0.020	−2.788	48.541	A、B 为已知点
3	2	0.8	3.046	−0.013	3.033	45.753	闭合差=0.079m
4	3	1.8	−1.023	−0.030	−1.053	48.786	容许差=±0.088m
	B					47.733	
Σ		4.8	0.834	−0.079	0.755		

1. 闭合差计算

在计算附合水准路线闭合差时，观测值为路线高差代数和，即 $\Sigma h_{测}=h_1+h_2+\cdots+h_n$，理论值 $\Sigma h_{理}=H_{终}-H_{起}$，按式(2-4)有：

$$f_h=\Sigma h_{测}-(H_{终}-H_{起}) \tag{2-11}$$

将表2-3的观测高差总和以及 A、B 两点的已知高程代入上式得闭合差为

$$f_h=0.834-(47.733-46.978)=0.079$$

2. 高差闭合差的容许值

由于只有路线长度数据，因此按式(2-6)计算高差闭合差的容许值，即

$$f_{h容}=\pm 40\sqrt{L}=\pm 40\sqrt{4.8}=\pm 88\text{mm}$$

由于 $|f_h|<|f_{h容}|$，精度符合要求。

3. 高差闭合差的调整

本例中高差闭合差的调整，是将闭合差反号后，按与距离成比例分配原则，计算各段高差的改正数，然后进行相应的改正。其中，改正数用式(2-8)计算，改正后高差用式(2-10)计算，计算结果填在表2-3的相应栏目内。

4. 高程计算

根据改正后高差，从起点 A 开始，逐点推算出各待定水准点高程，直至 B 点，记入高程栏。若 B 点的推算高程等于其已知高程，则说明高程计算正确。本例计算结果见表2-3。

三、支水准路线成果计算

设某水准路线的已知点 A 的高程 $H_A=167.573$m，从 A 点到 P 点的往测高差和返测高差分别为 $h_{往}=-2.458$m、$h_{返}=+2.476$m，往返测总测站数 $n=9$。

1. 求往、返测高差闭合差

支水准路线往返观测时，往测高差与返测高差代数和的观测值为 $h_{往}+h_{返}$，理论值为零。按式(2-4)有

$$f_h=h_{往}+h_{返} \tag{2-12}$$

因此这里的闭合差为　　$f_h=-2.458+2.476=+0.018$m

2. 容许差

支路线高差闭合差的容许值与闭合路线及符合路线一样，这里将测站数代入

式(2-7)得

$$f_{h容}=\pm 12\sqrt{n}=\pm 12\sqrt{9}=\pm 36\text{mm}$$

由于$|f_h|<|f_{h容}|$，精度符合要求。

3. 求改正后高差

支水准路线往返测高差的平均值即为改正后高差，符号以往测为准，因此计算公式为

$$h=\frac{h_{往}-h_{返}}{2} \tag{2-13}$$

这里改正后的高差为

$$h=\frac{-2.458-2.476}{2}=-2.467\text{m}$$

4. 计算高程

待定点P的高程为

$$H_P=H_A+h=167.573-2.467=165.106\text{m}$$

第六节　水准仪的检验与校正

水准测量前，应对所使用的水准仪进行检验校正。检验校正时，先做一般性检查，内容包括：制动、微动螺旋和目镜、物镜调焦螺旋是否有效；微倾螺旋、脚螺旋是否灵活；连接螺旋与三脚架头连接是否可靠；架脚有无松动。

水准仪的检验与校正，主要是检验仪器各主要轴线之间的几何条件是否满足，若不满足，则应校正。

一、水准仪应满足的几何条件

如图 2-18 所示，水准仪的主要轴线有：视准轴CC、水准管轴LL、圆水准器轴$L'L'$和竖轴（仪器旋转轴）VV。此外，还有读取水准尺上读数的十字丝横丝。

图 2-18　水准仪的主要轴线

水准测量中，通过调水准管使气泡居中（水准管轴水平），实现视准轴水平，从而正确测定两点之间的高差，因此，水准管轴必须平行于视准轴，这是水准仪应满足的主要条件；通过调圆水准器使气泡居中（圆水准器轴铅垂），实现竖轴铅垂，从而使水准仪旋转到任意方向上，都易于调水准管气泡居中，因此，圆水准器轴应平行于竖轴；另外，竖轴铅垂时，十字丝横丝应水平，以便于在水准尺上读数，因此，十字丝横丝应垂直于竖轴。综上所述，水准仪应满足下列条件：

(1) 圆水准器轴平行于竖轴（$L'L'//VV$）；

(2) 十字丝横丝垂直于竖轴；

(3) 水准管轴平行于视准轴（$LL/\!/CC$）。

上述条件在仪器出厂时一般能够满足，但由于仪器在运输、使用中会受到振动、磨损，轴线间的几何条件可能有些变化，因此，在水准测量前，应对所使用的仪器按上述顺序进行检验与校正。

二、检验与校正

（一）圆水准器轴平行于竖轴的检验与校正

1. 检验

转动基座脚螺旋使圆水准器气泡居中，则圆水准器轴处于铅垂位置。若圆水准器轴不平行于竖轴，如图2-19(a)所示，设两轴的夹角为α，则竖轴偏离铅垂方向α。将望远镜绕竖轴旋转180°后，竖轴位置不变，而圆水准器轴移到图2-19(b)位置，此时，圆水准器轴与铅垂线之间的夹角为2α。此角值的大小由气泡偏离圆水准器零点的弧长表现出来。因此，检验时，只要将水准仪旋转180°后发现气泡不居中，就说明圆水准器轴与竖轴不平行，需要校正，而且校正时只要使气泡向零点方向返回一半，就能达到圆水准器轴平行于竖轴。

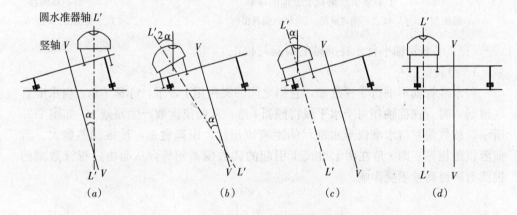

图2-19 圆水准器轴平行于竖轴的检验与校正

(a)气泡居中，竖轴不铅直；(b)旋转180°；(c)校正气泡返回一半；(d)竖轴铅直并平行水准器轴

2. 校正

用拨针调节圆水准器下面的三个校正螺钉，如图2-20所示。先使气泡向零点方向返回一半，如图2-19(c)所示，此时气泡虽不居中，但圆水准器轴已平行于竖轴，再用脚螺旋调气泡居中，则圆水准器轴与竖轴同时处于铅垂位置，如图2-19(d)所示。这时仪器无论转到任何位置，气泡都将居中。校正工作一般需反复多次，直至气泡不偏出圆圈为止。

图2-20 校正圆水准器

（二）十字丝横丝垂直于竖轴的检验与校正

1. 检验

安置和整平仪器后，用横丝与竖丝的交点瞄准远处的一个明显点M，如图2-21

(a)所示，拧紧制动螺旋，慢慢转动微动螺旋，并进行观察。若 M 点不离开横丝，如图 2-21(b)所示，说明横丝垂直于竖轴；若 M 点逐渐离开横丝，在另一端产生一个偏移量，如图 2-21(c)所示，则横丝不垂直于竖轴。

2. 校正

旋下目镜处的护盖，用螺钉旋具松开十字丝分划板座的固定螺钉，如图 2-22 所示，微微旋转十字丝分划板座，使 M 点移动到十字丝横丝，最后拧紧分划板座固定螺钉，上好护盖。此项校正要反复几次，直到满足条件为止。

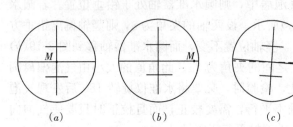

图 2-21 十字丝横丝垂直于竖轴的检验
(a)瞄准 M 点；(b)M 点不偏离横丝；(c)M 点偏离横丝

图 2-22 十字丝横丝垂直于竖轴的校正

(三) 水准管轴平行于视准轴的检验与校正

1. 检验

若水准管轴不平行于视准轴，它们之间的夹角用 i 表示，亦称 i 角。当水准管气泡居中时，视准轴相对于水平线将倾斜 i 角，从而使读数产生偏差 x。如图 2-23 所示，读数偏差与水准仪至水准尺的距离成正比，距离愈远，读数偏差愈大。若前后视距相等，则 i 角在两水准尺上引起的读数偏差相等，从而由后视读数减前视读数所得高差不受影响。

图 2-23 水准管轴平行于视准轴的检验
(a)水准仪安置在中点；(b)水准仪安置在一端

(1) 在平坦地面上选定相距约 80m 的 A、B 两点，打入木桩或放尺垫后立水准尺。先用皮尺量出与 A、B 距离相等的 O_1 点，在该点安置水准仪，分别读取 A、B 两点水准尺的读数 a_1 和 b_1，得 A、B 点之间的高差 h_1。

$$h_1 = a_1 - b_1$$

由于距离相等，视准轴与水准管轴即使不平行，产生的读数偏差也可以抵消，因此 h_1 可以认为是 A、B 点之间的正确高差。为确保此高差的准确，一般用双面尺法或变动仪器高度法进行两次观测，若两高差之差不超过 3mm，则取两高差平均

值作为 A、B 两点的高差。

（2）把水准仪安置在距 B 点约 3m 的 O_2 点，读出 B 点尺上读数 b_2，因水准仪至 B 点尺很近，其 i 角引起的读数偏差可近似为零，即认为读数 b_2 正确。由此，可计算出水平视线在 A 点尺上的读数应为

$$a_2' = h_1 + b_2$$

然后，瞄准 A 点水准尺，调水准管气泡居中，读出水准尺上实际读数 a_2，若 $a_2 = a_2'$，说明两轴平行，若 $a_2' \neq a_2$，则两轴之间存在 i 角，其值为

$$i = \frac{a_2 - a_2'}{D_{AB}} \cdot \rho''$$

式中 D_{AB} 为 A、B 两点平距，$\rho'' = 206265''$。对于 DS$_3$ 型水准仪，i 角值大于 $20''$ 时，需要进行校正。

例如，设仪器安置在中点时，在 A、B 两尺的读数分别是 $a_1 = 1.583$m，$b_1 = 1.132$m，则正确高差为

$$h_1 = a_1 - b_1 = 1.583 - 1.132 = 0.451 \text{m}$$

仪器安置在靠近 B 端时，若在 B 尺的读数是 $b_2 = 1.000$m，A 尺读数是 $a_2 = 1.250$m，计算 A 尺正确读数 $a_2' = h_1 + b_2 = 0.451 + 1 = 1.451$m，因为 $a_2 < a_2'$，所以两轴不平行。

2. 校正

转动微倾螺旋，使十字横丝对准 A 点水准尺上的读数 a_2'，此时视准轴水平，但水准管气泡偏离中点。如图 2-24 所示，用拨针先稍松水准管左边或右边的校正螺钉，再按先松后紧原则，分别拨动上下两个校正螺钉，将水准管一端升高或降低，使气泡居中。这时水准管轴与视准轴互相平行，且都处于水平位置。此项校正需反复进行，直到 i 角小于 $20''$ 为止。

图 2-24 校正水准管

第七节 水准测量误差及注意事项

水准测量误差来源于仪器误差、观测误差和外界条件的影响三个方面。在水准测量作业中，应注意根据产生误差的原因，采取相应措施，尽量消除或减弱其影响。

一、仪器误差

1. 水准管轴与视准轴不平行误差

水准管轴不平行于视准轴的 i 角误差虽经校正，但仍然存在少量残余误差，使读数产生误差。在观测时应使前、后视距尽量相等，便可消除或减弱此项误差的影响。

2. 十字丝横丝与竖轴不垂直误差

由于十字丝横丝与竖轴不垂直，横丝的不同位置在水准尺上的读数不同，从而产生误差。观测时应尽量用横丝的中间位置读数。

3. 水准尺误差

水准尺刻划不准、尺子弯曲、底部零点磨损等误差的存在，都会影响读数精度，因此水准测量前必须用标准尺进行检验。若水准尺刻划不准、尺子弯曲，则该尺不能使用；若是尺底零点不准，则应在起点和终点使用同一根水准尺，使其误差在计算中抵消。

二、观测误差

1. 水准管气泡居中误差

水准测量时，视线水平是通过水准管气泡居中来实现的。由于气泡居中存在误差，会使视线偏离水平位置，从而带来读数误差。气泡居中误差对读数所引起的误差与视线长度有关，距离越远误差越大。水准测量时，每次读数时要注意使气泡严格居中，而且距离不宜太远。

2. 估读水准尺误差

在水准尺上估读毫米时，由于人眼分辨力以及望远镜放大倍率是有限的，会使读数产生误差。估读误差与望远镜放大倍率以及视线长度有关。在水准测量时，应遵循不同等级的测量对望远镜放大倍率和最大视线长度的规定，以保证估读精度。同时，视差对读数影响很大，观测时要仔细进行目镜和物镜的调焦，严格消除视差。

3. 水准尺倾斜误差

水准尺倾斜，总是使读数增大。倾斜角越大，造成的读数误差就越大。所以，水准测量时，应尽量使水准尺竖直。

三、外界条件的影响

1. 仪器下沉　仪器下沉将使视线降低，从而引起高差误差，在测站上采用"后、前、前、后"观测程序，可以减弱仪器下沉对高差的影响。

2. 尺垫下沉　在土质松软地带，尺垫往往下沉，引起下站后视读数增大。采用往返观测取高差平均值，可减弱此项误差影响。

3. 地球曲率及大气折光的影响　由于地球曲率和大气折光的影响，测站上水准仪的水平视线，相对与之对应的水准面，会在水准尺上产生读数误差，视线越长误差越大。前、后视距相等，则地球曲率与大气折光对高差的影响将得到消除或大大减弱。

4. 温度的影响　温度变化不仅引起大气折光的变化，当烈日照射水准管时，还使水准管本身和管内液体温度升高，气泡向着温度高的方向移动，影响视线水平。因此，水准测量时应选择有利观测时间，阳光较强时应撑伞遮阳。

第八节　其他水准仪简介

一、自动安平水准仪

自动安平水准仪是利用自动安平补偿器代替水准管，自动获得视线水平时水准尺读数的一种水准仪。使用这种水准仪时，只要使圆水准器气泡居中，即可瞄准水准尺读数。因此，既简化操作，提高速度，又可避免由于外界温度变化导致水准管与视准轴不平行带来的误差，从而提高观测成果的精度。

1. 自动安平原理

如图 2-25(a)所示，当望远镜视准轴倾斜了一个小角 α 时，由水准尺的 a_0 点过物镜光心 O 所形成的水平光线，不再通过十字丝中心 B，而通过偏离 B 点的 A 点处。若在十字丝分划板前面，安装一个补偿器，使水平光线偏转 β 角，并恰好通过十字丝中心 B，则在视准轴有微小倾斜时，十字丝中心 B 仍能读出视线水平时的读数，从而达到自动补偿目的。

图 2-25 自动安平原理

图 2-25(b)是一般自动安平水准仪采用的补偿器，补偿器的构造是把屋脊棱镜固定在望远镜内，在屋脊棱镜的下方，用交叉的金属片吊挂两个直角棱镜，当望远镜倾斜时，直角棱镜在重力作用下与望远镜作相反的偏转，并借助阻尼器的作用很快地静止下来。当视准轴倾斜 α 时，实际上直角棱镜在重力作用下并不产生倾斜，水平光线进入补偿器后，沿实线所示方向行进，使水平视线恰好通过十字丝中心 A，达到补偿目的。

图 2-26 所示为苏州第一光学仪器厂生产的 DSZ2 自动安平水准仪，补偿器工作范围为 ±14′，自动安平精度 ≤±0.3″，自动安平时间小于 2s，精度指标是每 1km 往返测高差中误差 ±1.5mm。可用于国家三、四等水准测量以及其他场合的水准测量。

图 2-26 苏州第一光学仪器厂的 DSZ2 自动安平水准仪

2. 自动安平水准仪的使用

自动安平水准仪的使用非常简便。在观测时，只需用脚螺旋将圆水准器气泡调至居中，照准标尺即可读取读数。一些有补偿器按钮的仪器，在读数前先按一下补偿器按钮，待影像稳定下来时再读数。

自动安平水准仪在使用前也要进行检验及校正，方法与微倾式水准仪的检验与校正相同。同时，还要检验补偿器的性能，其方法是先在水准尺上读数，然后少许转动物镜或目镜下面的一个脚螺旋，人为地使视线倾斜，再次读数，若两次读数相等说明补偿器性能良好，否则需专业人员修理。

二、精密水准仪

1. 精密水准仪与水准尺

精密水准仪是一种能精密确定水平视线，精密照准与读数的水准仪，主要用于国家一、二等水准测量和其他高精度水准测量。精密水准仪的构造与普通 DS_3 型水准仪基本相同。但精密水准仪的望远镜性能好，放大倍率不低于 40 倍，物镜孔径大于 40mm，为便于准确读数，十字丝横丝的一半为楔形丝；水准管灵敏度很高，分划值一般为 $(6''\sim 10'')/2mm$；水准管轴与视准轴关系稳定，受温度变化影响小。有的精密水准仪采用高性能的自动安平补偿装置，提高了工作效率。

为了提高读数精度，精密水准仪上设有光学测微器。如图 2-27 所示，它由平行玻璃板 P、传动杆、测微轮和测微尺等部件组成。平行玻璃板设置在望远镜物镜前，其旋转轴 A 与平行玻璃板的两个平面平行，并与视准轴正交。平行玻璃板通过传动杆与测微尺相连，并通过测微轮旋转。测微尺上有 100 个分格，它与水准尺上一个整分划间隔(1cm 或 5mm)相对应，从而能直接读到 0.1mm 或 0.05mm。由几何光学原理可知，平行玻璃板视准轴正交时，视准轴经过平行玻璃板后不会产生位移，对应于水准尺上的读数为整分划值 $132+a$，为了精确确定 a 值，转动测微轮使平行玻璃板绕 A 轴旋转，视准轴经倾斜平行玻璃板后产生平移。视准轴下移对准水准尺上整分划线 132 时，便可从测微尺上读出 a 值。

图 2-27 精密水准仪平板测微器原理

图 2-28 所示为国产 DS_1 级精密水准仪，光学测微器最小读数为 0.05mm，可用于国家一、二等水准测量。图 2-29 所示为在苏州第一光学仪器厂的 DSZ2 自动安平水准仪基础上，加装 FS1 平板测微器而成的精密水准仪，光学测微器最小读数为 0.10mm，可用于国家二等水准测量，以及建、构筑物的沉降变形观测。

图 2-28 国产 DS_1 级精密水准仪

图 2-29 苏州第一光学仪器厂的 DSZ2+FS1 精密水准仪

精密水准尺在木质尺身的槽内张一根因瓦合金带，带上标有刻划，数字注记在木尺上，图2-30(a)为国产DS_1级水准仪配套的水准尺，分划值为5mm，该尺只有基本分划，左边一排分划为奇数值，右面一排分划为偶数值。右边的注记为米，左边的注记为分米。小三角形表示半分米处，长三角形表示分米的起始线，厘米分划的实际间隔为5mm，尺面值为实际长度的两倍。所以，用此尺观测时，其高差须除以2才是实际高差。

图2-30(b)为苏州第一光学仪器厂的DSZ2+FS1水准仪配套的水准尺，分划值为1cm，该尺左侧为基本分划，尺底为0；右侧为辅助分划，尺底为3.0155m，两侧每隔1cm标注读数。

2. 精密水准仪的使用

精密水准仪的使用方法，包括安置仪器、粗平、瞄准水准尺、精平和读数。前四步与普通水准仪的操作方法相同，下面仅介绍精密水准仪的读数方法。视准轴精平后，十字丝横丝并不是正好对准水准尺上某一整分划线，此时，转动测微轮，使十字丝的楔形丝正好夹住一个整分划线，读出整分划值和对应的测微尺读数，两者相加即得所求读数。

图2-31(a)为国产DS_1级水准仪读数，被夹住的分划线读数为2.08m，目镜右下方的测微尺读数为2.3mm，所以水准尺上的全读数为2.0823m。而其实际读数是全读数除以2，即1.0412m。图2-31(b)为苏州第一光学仪器厂的DSZ2+FS1水准仪读数，被夹住的基本分划线读数为129cm，测微器读数窗中的读数为0.514cm，全读数为129.514cm，舍去最后一位数为129.51cm(1.2951m)。

图2-30 精密水准尺

图2-31 精密水准仪读数

三、数字水准仪

近年来，随着光电技术的发展，出现了数字式水准仪，数字水准仪具有自动安平和自动读数功能，进一步提高了水准测量的工作效率。若与电子手簿连接，还可实现观测和数据记录的自动化。数字水准仪代表了水准测量发展的方向。图 2-32 所示为日本索佳 SDL30M 数字水准仪，图 2-33 是其配套的条形码玻璃钢水准尺。

图 2-32　索佳 SDL30M 数字水准仪　　　图 2-33　条形码水准尺

SDL30M 数字水准仪采用光电感应技术读取水准尺上的条形码，将信号交由微处理器处理和识别，观测值用数字形式在显示屏上显示出来，减少了观测员的判读错误，读数也可同时记录在电子手簿内，内存可建立 20 个工作文件和保存 2000 点的数据。SDL30M 数字水准仪测程为 1.6～100m，使用条形码因钢水准尺每千米往返测标准差为 ±0.4mm，使用条形码玻璃钢水准尺每千米往返测标准差为 ±1.0mm。SDL30M 数字水准仪还具有自动计算功能，可自动计算出高差和高程。

使用时，对准条码水准尺调焦，一个简单的单键操作，仪器立刻以数字形式显示精确的读数和距离。条形码玻璃钢水准尺的反面是普通刻划的水准尺，在需要时，SDL30M 数字水准仪也可像普通水准仪一样进行人工读数。

思考题与习题

1. 设 A 为后视点，B 为前视点，A 点的高程为 60.716m，若后视读数为 1.124m，前视读数为 1.428m，问 A、B 两点的高差是多少？B 点比 A 点高还是低？B 点高程是多少？请绘出示意图。

2. 何谓视差？产生视差的原因是什么？怎样消除视差？

3. 水准仪上的圆水准器和管水准器作用有何不同？调气泡居中时各使用什么螺旋？调节螺旋时有什么规律？

4. 什么叫水准点？什么叫转点？转点在水准测量中起什么作用？

5. 水准测量时，前后视距相等可消除或减弱哪些误差的影响？

6. 测站检核的目的是什么？有哪些检核方法？

7. 将图 2-34 中水准测量观测数据按表 2-1 格式填入记录手簿中，计算各测站的高差和 B 点的高程，并进行计算检核。

8. 表 2-4 为等外附合水准路线观测成果，请进行闭合差检核和分配后，求出各待定点的高程。

图 2-34 水准测量观测示意图

等外附合水准路线观测成果 表 2-4

测段编号	点 名	测站	实测高差(m)	改正数(m)	改正后高差(m)	高程(m)	备 注
1	BM_A	10	4.768			197.865	已知点
2	1	12	2.137				
3	2	6	−3.658				
4	3	18	10.024				
	BM_B					211.198	已知点
Σ							

9. 图 2-35 为一条等外水准路线，已知数据及观测数据如图所示，请列表进行成果计算。

10. 图 2-36 为一条等外支水准路线，已知数据及观测数据如图所示，往返测路线总长度为 2.6km，试进行闭合差检核并计算 1 点的高程。

图 2-35 闭合水准路线略图   图 2-36 支水准路线略图

11. 水准仪有哪些轴线？它们之间应满足哪些条件？

12. 安置水准仪在 A、B 两点之间，并使水准仪至 A、B 两点的距离相等，各为 40m，测得 A、B 两点的高差 $h_{AB}=0.224$m。再把仪器搬至 B 点近处，B 尺读数 $b_2=1.446$m，A 尺读数 $a_2=1.695$m，试问水准管轴是否平行于视准轴？如果不平行于视准轴，视线是向上倾斜还是向下倾斜？如何进行校正？

13. 精密水准仪、自动安平水准仪和数字水准仪的主要特点是什么？

第三章 角度测量

学习要求：

通过本章学习，熟悉经纬仪的构造及各部件的名称和作用，掌握经纬仪的基本操作和测量水平角的方法。

角度测量是测量工作的基本内容之一。它分为水平角测量和竖直角测量。水平角测量是为了确定地面点的平面位置，竖直角测量是为了利用三角原理间接地确定地面点的高程。常用的角度测量仪器是经纬仪，它不但可以测量水平角和竖直角，还可以间接地测量距离和高差，是测量工作中最常用的仪器之一。

第一节 角度测量原理

一、水平角测量原理

为了测定地面点的平面位置，需要观测水平角。空间相交的两条直线在水平面上的投影所构成的夹角称为水平角，用 β 表示，其数值为 $0°\sim360°$。如图 3-1 所示，将地面上高程不同的三点 A、O、B 沿铅垂线方向投影到同一水平面 H 上，得到 a、o、b 三点，则水平线 oa、ob 之间的夹角 β，就是地面上 OA、OB 两方向线之间的水平角。

由图 3-1 可以看出，水平角 β 就是过 OA、OB 两直线所作竖直面之间的二面角。为了测出水平角的大小，可以设想在两竖直面的交线上任选一点 o' 处，水平放置一个按顺时针方向刻划的圆盘(称为水平度盘)，使其圆心与 o' 重合。过 OA、OB 的竖直面与水平度盘的交线的读数分别为 a'、b'，于是地面上 OA、OB 两方向线之间的水平角 β 可按下式求得：

$$\beta = b' - a' \qquad (3-1)$$

图 3-1 水平角测量原理

例如，若 OA 竖直面与水平度盘的交线的读数为 $56°30'12''$，OB 竖直面与水平度盘的交线的读数为 $122°42'30''$，则其水平角为：

$$\beta = 122°42'30'' - 56°30'12'' = 66°12'18''$$

综上所述，用于测量水平角的仪器，必须具备一个能安置成水平的带有刻划的度盘，并且能使圆盘中心位于角顶点的铅垂线上。还要有一个能照准不同方向，不同高度目标的望远镜，它不仅能在水平方向旋转，而且能在竖直方向旋转而形成一个竖直面。经纬仪就是根据上述要求设计制造的测角仪器。

二、竖直角测量原理

竖直角是同一竖直面内倾斜视线与水平线之间的夹角,角值范围为$-90°\sim +90°$。如图 3-2 所示,当倾斜视线位于水平线之上时,竖直角为仰角,符号为正;当倾斜视线位于水平线之下时,竖直角为俯角,符号为负。

图 3-2 竖直角测量原理

竖直角与水平角一样,其角值也是度盘上两方向读数之差,所不同的是该度盘是竖直放置的,因此称为竖直度盘。另外,两方向中有一个是水平线方向。为了观测方便,任何类型的经纬仪,当视线水平时,其竖盘读数都是一个常数(一般为 90°或 270°)。这样,在测量竖直角时,只需用望远镜瞄准目标点,读取倾斜视线的竖盘读数,即可根据读数与常数的差值计算出竖直角。

例如,若视线水平时的竖盘读数为 90°,视线上倾时的竖盘读数为 $83°45'36''$,则竖直角为 $90°-83°45'36''=6°14'24''$。

第二节 经纬仪的构造

经纬仪的种类很多,如光学经纬仪、电子经纬仪、激光经纬仪、陀螺经纬仪、摄影经纬仪等。光学经纬仪是测量工作中最普遍采用的测角仪器。国产光学经纬仪按精度划分为 DJ_1、DJ_2、DJ_6、DJ_{15} 等不同等级,D、J 分别是大地测量、经纬仪两词汉语拼音的第一个字母;下标是精度指标,表示用该等级经纬仪进行水平角观测时,一测回方向值的中误差,以秒为单位,数值越大则精度越低。在普通测量中,常用的是 DJ_6 级和 DJ_2 级光学经纬仪,其中 DJ_6 级经纬仪属普通经纬仪,DJ_2 级经纬仪属精密经纬仪。本节将以 DJ_6 级经纬仪为主介绍光学经纬仪的构造。

一、光学经纬仪的构造

各种光学经纬仪,由于生产厂家的不同,仪器的部件和结构不尽一样,但是其基本构造大致相同,主要由基座、水平度盘、照准部三大部分组成。图 3-3 所示为某光学仪器厂生产的 DJ_6 光学经纬仪,现以此为例将各部件名称和作用分述如下。

1. 基座

基座用来支承仪器,并通过连接螺旋将基座与脚架相连。基座上的轴座固定螺钉用来连接基座和照准部,脚螺旋用来整平仪器。连接螺旋下方备有挂垂球的挂钩,以便悬挂垂球,利用它使仪器中心与被测角的顶点位于同一铅垂线上,称为垂球对中。现代的经纬仪一般还可利用光学对中器来实现仪器对中,这种经纬仪的连接螺旋的中心是空的,以便仪器上光学对中器的视线能穿过连接螺旋看见地面点标志。

图 3-3 DJ$_6$ 光学经纬仪构造

2. 水平度盘

水平度盘是用光学玻璃制成的圆盘,其上刻有 0°～360°顺时针注记的分划线,用来测量水平角。水平度盘是固定在空心的外轴上,并套在筒状的轴座外面,绕竖轴旋转。而竖轴则插入基座的轴套内,用轴座固定螺丝与基座连接在一起。

水平角测量过程中,水平度盘与照准部分离,照准部旋转时,水平度盘不动,指标所指读数随照准部的转动而变化,从而根据两个方向的不同读数计算水平角。如需瞄准第一个方向时变换水平度盘读数为某个指定的值(如 0°00′00″),可打开"度盘配置手轮"的护盖或保护扳手,拨动手轮,把度盘读数变换到需要的读数上。

3. 照准部

照准部是指水平度盘以上能绕竖轴转动的部分,主要包括望远镜、照准部水准管、圆水准器、光学光路系统、读数测微器以及用于竖直角观测的竖直度盘和竖盘指标水准管等。

望远镜构造与水准仪望远镜相同,它与横轴连在一起,当望远镜绕横轴旋转时,视线可扫出一个竖直面。望远镜制动螺旋用来控制望远镜在竖直方向上的转动,望远镜微动螺旋是当望远镜制动螺旋拧紧后,用此螺旋使望远镜在竖直方向上作微小转动,以便精确对准目标。照准部制动螺旋控制照准部在水平方向的转动。照准部微动螺旋,当照准部制动螺旋拧紧后,可利用此螺旋使照准部在水平方向上作微小转动,以便精确对准目标。利用这两对制动与微动螺旋,可以方便准确地瞄准任何方向的目标。

如图 3-4 所示,有的 DJ$_6$ 级光学经纬仪的水平制动螺旋与微动螺旋是同轴套在一起的,方便了照准操作,一些较老的经纬仪的制动螺旋是采用扳手式的,使用时要注意制动的力度,以免损坏。

图 3-4 水平制动与微动螺旋套在一起的 DJ_6 光学经纬仪

照准部水准管亦称管水准器,用来精确整平仪器。圆水准器则用来粗略整平仪器。

竖直度盘和水平度盘一样,是光学玻璃制成的带刻划的圆盘,读数为 $0°\sim 360°$,它固定在横轴的一端,随望远镜一起绕横轴转动,用来测量竖直角。竖盘指标水准管用来正确安置竖盘读数指标的位置。竖直指标水准管微动螺旋用来调节竖盘指标水准管气泡居中。

照准部还有反光镜、内部光路系统和读数显微镜等光学部件,用来精确地读取水平度盘和竖直度盘的读数。有些经纬仪还带有测微轮,换像手轮等部件。

二、读数装置和读数方法

光学经纬仪上的水平度盘和竖直度盘都是用光学玻璃制成的圆盘,整个圆周划分为 $360°$,每度都有注记。DJ_6 级经纬仪一般每隔 $1°$ 或 $30'$ 有一分划线,DJ_2 级经纬仪一般每隔 $20'$ 有一分划线。度盘分划线通过一系列棱镜和透镜成像于望远镜旁的读数显微镜内,观测者用显微镜读取度盘的读数。各种光学经纬仪因读数设备不同,读数方法也不一样。

1. 分微尺测微器及其读数方法

目前 DJ_6 级光学经纬仪一般采用分微尺测微器读数法,分微尺测微器读数装置结构简单,读数方便、迅速。外部光线经反射镜从进光孔进入经纬仪后,通过仪器的光学系统,将水平度盘和竖直度盘的影像分别成像在读数窗的上半部和下半部,在光路中各安装了一个具有 60 个分格的尺子,其宽度正好与度盘上 $1°$ 分划的影像等宽,用来测量度盘上小于 $1°$ 的微小角值,该装置称为测微尺。

如图 3-5 所示,在读数显微镜中可以看到两个读数窗:注有"水平"(或"H")的是水平度盘读数窗;注有"竖直"(或"V")的是竖直度盘读数窗。每个读数窗上刻有分成 60 小格的分微尺,其长度等于度盘间隔 $1°$ 的两分划线之间的放大后的影像宽度,因此分微尺上一小格的分划值为 $1'$,可估读到 $0.1'$,即最小读数为 $6''$。

读数时，先调节进光窗反光镜的方向，使读数窗光线充足，然后调节读数显微镜的目镜，便能清晰地看到读数窗内度盘的影像。先读出位于分微尺中的度盘分划线的注记度数，再以度盘分划线为指标，在分微尺上读取分数，最后估读秒数，三者相加即得度盘读数。图 3-5 中水平度盘读数为 319°06′42″，竖直度盘读数为 86°35′24″。

图 3-5　分微尺测微器读数窗

2. 对径分划线测微器及其读数方法

在 DJ$_2$ 级光学经纬仪中，一般都采用对径分划线测微器来读数。DJ$_2$ 级光学经纬仪的精度较高，用于控制测量等精度要求高的测量工作中，图 3-6 是苏州第一光学仪器厂生产的 DJ$_2$ 级光学经纬仪的外形图，其各部件的名称如图所注。

图 3-6　DJ$_2$ 级光学经纬仪构造

1—读数显微镜；2—照准部水准部；3—照准部制动螺旋；4—轴座固定螺旋；
5—望远镜制动螺旋；6—光学瞄准器；7—测微手轮；8—望远镜微动手轮；
9—度盘像变换手轮；10—照准部微动手轮；11—水平度盘变换手轮；12—竖盘照明镜；
13—竖盘指标水准管观察镜；14—竖盘指标水准管微动手轮；15—光学对中器；16—水平度盘照明镜

对径分划线测微器是将度盘上相对 180°的两组分划线，经过一系列棱镜的反射与折射，同时反映在读数显微镜中，并分别位于一条横线的上、下方，成为正像和倒像。这种装置利用度盘对径相差 180°的两处位置读数，可消除度盘偏心误差的影响。

这种类型的光学经纬仪，在读数显微镜中，只能看到水平度盘或竖直度盘一种影像，通过转动换像手轮(图 3-6 之 9)，使读数显微镜中出现需要读的度盘的影像。

近年来生产的 DJ$_2$ 级光学经纬仪，一般采用数字化读数装置，使读数方法较为简便。如图 3-7 所示为照准目标时，读数显微镜中的影像，上部读数窗中数字为度数，突出小方框中所注数字为整 10′数，左下方为测微尺读数窗，右下方为对径分划线重合窗，此时对径分划不重合，不能读数。

先转动测微轮，使分划线重合窗中的上下分划线重合，如图3-8所示，然后在上部读数窗中读出度数"227°"，在小方框中读出整10′数"50′"，在测微尺读数窗内读出分、秒数"3′14.8″"，三者相加即为度盘读数，即读数为227°53′14.8″。

图3-7　对径分划不重合　　　　图3-8　对径分划重合

第三节　经纬仪的使用

经纬仪的使用包括对中、整平、瞄准和读数四项基本操作。对中和整平是仪器的安置工作，瞄准和读数是观测工作。

一、经纬仪的安置

经纬仪的安置是把经纬仪安放在三脚架上并上紧中心连接螺旋，然后进行仪器的对中和整平。对中是使仪器中心与地面上的测站点位于同一铅垂线上；整平是使仪器的竖轴竖直，水平度盘处于水平位置。对中和整平是两项互相影响的工作，尤其在不平坦地面上安置仪器时，影响更大，因此，必须按照一定的步骤与方法进行操作，才能准确、快速地安置好仪器。老式经纬仪一般采用锤球进行对中，现在的经纬仪上都装有光学对中器，由于光学对中不受锤球摆动的影响，对中速度快，精度也高，因此一般采用光学对中器进行对中，下面主要介绍光学对中器对中法安置经纬仪。

光学对中器构造如图3-9所示。打开三脚架，使架头大致水平并大致对中，安放经纬仪并拧紧中心螺钉。先转动光学对中器螺旋使对中器分划清晰，再伸缩光学对中器使地面点影像清晰，然后按下面步骤对中整平。

(1) 手持两个架腿（第三个架腿不动），前后左右移动经纬仪（尽量不要转动），同时观察光学对中器分划中心与地面标志点是否对上，当分划

图3-9　光学对中器

中心与地面标志接近时，慢慢放下脚架，踏稳三个脚架，然后转动基座脚螺旋使对中器分划中心对准地面标志中心。

（2）通过伸缩三脚架，使圆水准器气泡居中，此时经纬仪粗略水平。注意这步操作中不能使脚架位置移动，因此在伸缩脚架时，最好用脚轻轻踏住脚架。检查地面标志点是否还与对中器分划中心对准，若偏离较大，转动基座脚螺旋使对中器分划中心重新对准地面标志，然后重复第（2）步操作；若偏离不大，进行下一步操作。

（3）松开基座与脚架之间的中心螺旋，在脚架头上平移仪器，使光学对中器分划中心精确对准地面标志点，然后旋紧中心螺旋。

（4）通过转动基座脚螺旋精确整平，使照准部水准管气泡在各个方向均居中，具体操作方法如下：先转动照准部，使照准部水准管平行于任意两个脚螺旋的连线方向，如图3-10(a)所示，两手同时向内或向外旋转这两个脚螺旋，使气泡居中（气泡移动的方向与转动脚螺旋时左手大拇指运动方向相同）；再将照准部旋转90°，旋转第三个脚螺旋使气泡居中，如图3-10(b)所示。按这两个步骤反复进行整平，直至水准管在任何方向气泡均居中时为止。

图 3-10 精确整平水准仪

检查对中器分划中心是否偏离地面标志点，如偏离量大于规定的值（一般为1mm），重复第（3）、第（4）步操作。

二、瞄准

观测水平角时，瞄准是指用十字丝的纵丝精确照准目标的中心。当目标成像较小时，为了便于观察和判断，一般用双丝夹住目标，使目标在中间位置。为了避免因目标在地面点上不竖直引起的偏心误差，瞄准时尽量照准目标的底部，如图3-11(a)所示。

观测竖直角时，瞄准是指用十字的横丝精确地切准目标的顶部。为了减小十字丝横丝不水平引起的误差，瞄准时尽量用横丝的中部照准目标，如图3-11(b)所示。

瞄准的操作步骤如下：

（1）调节目镜调焦螺旋，使十字丝清晰。

（2）松开望远镜制动螺旋和照准部制动螺旋，利用望远镜上的照门和准星（或瞄准器）瞄准目标，使在望远镜内能够看到目标物像，然后旋紧上述两个制动螺旋。

图 3-11 瞄准目标
(a)水平角观测用竖丝瞄准；(b)竖直角观测用横丝瞄准

(3) 转动物镜调焦螺旋，使目标影像清晰，并注意消除视差。

(4) 旋转望远镜和照准部微动螺旋，精确地照准目标。如是测水平角，用十字丝的纵丝精确照准目标的中心；如是测竖直角，用十字丝的横丝精确地切准目标的顶部。

三、读数

照准目标后，打开反光镜，并调整其位置，使读数窗内进光明亮均匀；然后进行读数显微镜调焦，使读数窗分划清晰，并消除视差。如是观测水平角，此时即可按上节所述方法进行读数；如是观测竖直角，则要先调竖盘指标水准管气泡居中后再读数。

第四节　水平角观测方法

水平角的观测方法，一般根据观测目标的多少，测角精度的要求和施测时所用的仪器来确定。常用的观测方法有测回法和方向法两种。测回法适用于观测两个方向之间的单角，方向法适用于观测两个以上的方向。目前在工程测量中，主要采用测回法观测。

图 3-12　测回法观测

如图 3-12 所示，欲测量 $\angle AOB$ 对应的水平角，先在观测点 A、B 上设置观测目标，观测目标视距离的远近，可选择垂直竖立的标杆或测钎，或者悬挂垂球。然后在测站点 O 安置仪器，使仪器对中、整平后，按下述步骤进行观测。

1. 盘左观测

"盘左"指竖盘处于望远镜左侧时的位置，也称正镜，在这种状态下进行观测称为盘左观测，也称上半测回观测，方法如下：

先瞄准左边目标 A，读取水平度盘读数 a_1（例如为 $0°01'30''$），记入观测手簿（表 3-1）中相应的位置。再顺时针旋转照准部，瞄准右边目标 B，读取水平度盘读

数 b_1（例如为 $65°08'12''$），记入手簿。然后计算盘左观测的水平角 $\beta_左$，得到上半测回角值：

$$\beta_左 = b_1 - a_1 = 65°06'42''$$

测回法水平角观测手簿 表3-1

测站	测回	竖盘位置	目标	水平度盘读数 ° ′ ″	半测回角值 ° ′ ″	一测回角值 ° ′ ″	各测回平均角值 ° ′ ″	备注
O	1	盘左	A	0 01 30	65 06 42	65 06 45	65 06 57	
			B	65 08 12				
		盘右	A	180 01 42	65 06 48			
			B	245 08 30				
	2	盘左	A	90 04 24	65 07 24	65 07 09		
			B	155 11 48				
		盘右	A	270 04 12	65 06 54			
			B	335 11 06				

2. 盘右观测

"盘右"指竖盘处于望远镜右侧时的位置，也称倒镜，在这种状态下进行观测称为盘右观测，也称下半测回观测，其观测顺序与盘左观测相反，方法如下：

先瞄准右边目标 B，读取水平度盘读数 b_2（例如为 $245°08'30''$），记入观测手簿。再逆时针旋转照准部，瞄准左边目标 A，读取水平度盘读数 a_2（例如为 $180°01'42''$），记入手簿。然后计算盘右位置观测的水平角 $\beta_右$，得到下半测回角值：

$$\beta_右 = b_2 - a_2 = 65°06'48''$$

3. 检核与计算

盘左和盘右两个半测回合起来称为一个测回。对于 DJ_6 级经纬仪，两个半测回测得的角值之差 $\Delta\beta$ 的绝对值应不大于 $40''$，否则要重测；若观测成果合格，则取上、下两个半测回角值的平均值，作为一测回的角值 β。即当：

$$|\Delta\beta| = |\beta_左 - \beta_右| \leqslant 40''\text{时}$$

$$\beta = \frac{1}{2}(\beta_左 + \beta_右)$$

这里一测回角值为 $65°06'45''$。

必须注意，水平度盘是按顺时针方向注记的，因此半测回角值必须是右目标读数减左目标读数，当不够减时则将右目标读数加上 $360°$ 以后再减。通常瞄准起始方向时，把水平度盘读数配置在稍大于 $0°$ 的位置，以便于计算。

当测角精度要求较高时，往往需要观测几个测回，然后取各测回角值的平均值为最后成果。为了减小度盘分划误差的影响，各测回应改变起始方向读数，递增值为 $180°/n$，n 为测回数。例如测回数 $n=2$ 时，各测回起始方向读数应等于或略大于 $0°$、$90°$，测回数 $n=3$ 时，各测回起始方向读数应等于或略大于 $0°$、$60°$、$120°$。用 DJ_6 级光学经纬仪进行观测时，各测回角值之差的绝对值不得超过 $40''$，否则需重测。

第五节 竖直角观测

一、竖直度盘的构造

DJ₆级光学经纬仪的竖直度盘结构如图 3-13 所示，主要部件包括竖直度盘（简称竖盘）、竖盘读数指标、竖盘指标水准管和竖盘指标水准管微动螺旋。

图 3-13 竖直度盘构造

竖盘固定在望远镜旋转轴的一端，随望远镜在竖直面内转动，而用来读取竖盘读数的指标，并不随望远镜转动，因此，当望远镜照准不同目标时可读出不同的竖盘读数。竖盘是一个玻璃圆盘，按 0°～360°的分划全圆注记，注记方向一般为顺时针，但也有一些为逆时针注记。不论何种注记形式，竖盘装置应满足下述条件：当竖盘指标水准管气泡居中，且望远镜视线水平时，竖盘读数应为某一整度数，如 90°或 270°。

竖盘读数指标与竖盘指标水准管连接在一个微动架上，转动竖盘指标水准管微动螺旋，可使指标在竖直面内作微小移动。当竖盘指标水准管气泡居中时，竖盘读数指标就处于正确位置。

二、竖直角计算公式

由竖直角测量原理可知，竖直角等于视线倾斜时的目标读数与视线水平时的整读数之差。至于在竖直角计算公式中，哪个是减数，哪个是被减数，应根据所用仪器的竖盘注记形式确定。根据竖直角的定义，视线上倾时，其竖直角值为正，由此，先将望远镜大致水平，观察并确定水平整读数是 90°还是 270°，然后将望远镜上仰，若读数增大，则竖直角等于目标读数减水平整读数；若读数减小，则竖直角等于水平整读数减目标读数。根据这个规律，可以分析出经纬仪的竖直角计算公式。对于图 3-14 所示全圆顺时针注记竖盘，其竖直角计算公式分析如下：

盘左位置：如图 3-14(a)所示，水平整读数为 90°，视线上仰时，盘左目标读数 L 小于 90°，即读数减小，则盘左竖直角 α_L 为：

$$\alpha_L = 90° - L \tag{3-2}$$

盘右位置：如图 3-14(b)所示，水平整读数为 270°，视线上仰时，盘右目标读数 R 大于 270°，即读数增大，则盘右竖直角 α_R 为：

$$\alpha_R = R - 270° \tag{3-3}$$

盘左盘右平均竖直角值 α 为：

$$\alpha = \frac{1}{2}(\alpha_L + \alpha_R) \tag{3-4}$$

上述是目前常见光学经纬仪的竖直角计算公式。

图 3-14 竖直计算公式分析图

(a)盘左；(b)盘右

三、竖盘指标差

上述竖直角计算公式的推导，是依据竖盘装置应满足的条件，即当竖盘指标水准管气泡居中，且望远镜视线水平时，竖盘读数应为整读数（90°或 270°）。但是，实际上这一条件往往不能完全满足，即当竖盘指标水准管气泡居中，且望远镜视线水平时，竖盘指标不是正好指在整读数上，而是与整读数相差一个小角度 x，该角值称为竖盘指标差，简称指标差。

设指标偏离方向与竖盘注记方向相同时 x 为正，相反时 x 为负。x 的两种形式的计算式如下：

$$x=\frac{1}{2}(L+R-360°) \tag{3-5}$$

$$x=\frac{1}{2}(\alpha_R-\alpha_L) \tag{3-6}$$

可以证明，盘左、盘右的竖直角取平均，可抵消指标差对竖直角的影响。指标差的互差，能反映观测成果的质量。对于 DJ_6 级经纬仪，规范规定，同一测站上不同目标的指标差互差不应超过 25″。当允许只用半个测回测定竖直角时，可先测定指标差 x，然后用下式计算竖直角，可消除指标差的影响。

$$\begin{aligned}\alpha&=\alpha_L+x\\ \alpha&=\alpha_R-x\end{aligned} \tag{3-7}$$

四、竖直角观测方法

(1) 安置仪器。

如图 3-15 所示，在测站点 O 安置好经纬仪，并在目标点 A 竖立观测标志（如标杆）。

(2) 盘左观测。以盘左位置瞄准目标，使十字丝中丝精确地切准 A 点标杆的顶端，

图 3-15 竖直角观测

调节竖盘指标水准管微动螺旋,使竖盘指标水准管气泡居中,并读取竖盘读数 L,记入手簿(表3-2)。

(3) 盘右观测。以盘右位置同上法瞄准原目标相同部位,调竖盘指标水准管气泡居中,并读取竖盘读数 R,记入手簿。

(4) 计算竖直角。根据公式(3-2)、公式(3-3)、公式(3-4)计算 $α_L$、$α_R$ 及平均值 $α$,(该仪器竖盘为顺时针注记),计算结果填在表中。

(5) 指标差计算与检核。按公式(3-6)计算指标差,计算结果填在表中。

至此,完成了目标 A 的一个测回的竖直角观测。目标 B 的观测与目标 A 的观测与计算相同,见表3-2。A、B 两目标的指标差互差为9″,小于规范规定的25″,成果合格。

竖直角观测手簿　　　　　　　　　　　　　　　　　　　　　表 3-2

测站	目标	竖盘位置	竖盘读数 ° ′ ″	半测回竖直角 ° ′ ″	指标差 ″	一测回竖直角 ° ′ ″	备 注
O	A	左	81 12 36	8 47 24	−45	8 46 39	
		右	278 45 54	8 45 54			
O	B	左	95 22 00	−5 22 00	−36	−5 22 36	
		右	264 36 48	−5 23 12			

注:盘左望远镜水平时读数为90°,望远镜抬高时读数减小。

观测竖直角时,只有在竖盘指标水准管气泡居中的条件下,指标才处于正确位置,否则读数就有错误。然而每次读数都必须使竖盘指标水准管气泡居中是很费事的,因此,有些光学经纬仪,采用竖盘指标自动归零装置。当经纬仪整平后,竖盘指标即自动居于正确位置,这样就简化了操作程序,可提高竖直角观测的速度和精度。

第六节　经纬仪的检验与校正

一、经纬仪应满足的几何条件

图 3-16　经纬仪的主要轴线

经纬仪上的几条主要轴线如图 3-16 所示,VV 为仪器旋转轴,亦称竖轴或纵轴;LL 为照准部水准管轴;HH 为望远镜横轴,也叫望远镜旋转轴;CC 为望远镜视准轴。

根据测角原理,为了能精确地测量出水平角,经纬仪应满足的要求是:仪器的水平度盘必须水平,竖轴必须能铅垂地安置在角度的顶点上,望远镜绕横轴旋转时,视准轴能扫出一个竖直面。此外,为了精确地测量竖直角,竖盘指标应处于正确位置。

一般情况下,仪器加工,装配时能保证水平度盘垂直于竖轴。因此,只要竖轴垂直,水平度盘也就处于水平位置。竖轴竖直是靠照准部水准管气泡居中来实现的,因此,照准部水准管轴应垂直于竖轴。此外,若视准轴能垂直于横轴,则视准轴绕横轴旋转将扫出一个平面,此时,若竖轴竖直,且横轴垂直于竖轴,则视准轴必定能扫出一个竖直面。另外,为了能在望远镜中检查目标是否竖直和测角时便于照准,还要求十字丝的竖丝应在垂直于横轴的平面内。

综上所述,经纬仪各轴线之间应满足下列几何条件:
(1) 照准部水准管轴垂直于仪器竖轴($LL \perp VV$);
(2) 十字丝的竖丝垂直于横轴;
(3) 望远镜视准轴垂直于横轴($CC \perp HH$);
(4) 横轴垂直于竖轴($HH \perp VV$);
(5) 竖盘指标应处于正确位置;
(6) 光学对中器视准轴与竖轴重合。

二、经纬仪检验与校正

上述这些条件在仪器出厂时一般是能满足精度要求的,但由于长期使用或受碰撞、振动等影响,可能发生变动。因此,要经常对仪器进行检验与校正。

(一) 水准管轴垂直于竖轴的检验与校正

1. 检验

将仪器大致整平,转动照准部,使水准管平行于一对脚螺旋的连线,调节脚螺旋使水准管气泡居中,如图3-17(a)所示。然后将照准部旋转180°,若水准管气泡不居中,如图3-17(b)所示,则说明此条件不满足,应进行校正。

2. 校正

先用校正针拨动水准管校正螺丝,使气泡返回偏离值的一半,如图3-17(c)所示,此时水准管轴与竖轴垂直。再旋转脚螺旋使气泡居中,使竖轴处于竖直位置,如图3-17(d)所示,此时水准管轴水平并垂直于竖轴。

图3-17 水准管轴垂直于竖轴的检验与校正

此项检验与校正应反复进行,直到照准部转动到任何位置,气泡偏离零点不超过半格为止。

(二) 十字丝的竖丝垂直于横轴的检校

1. 检验

如图3-18所示,整平仪器后,用十字丝竖丝的任意一端,精确瞄准远处一清晰固定的目标点,然后固定照准部和望远镜,再慢慢转动望远镜微动螺旋,使望远镜上仰或下俯,若目标点始终在竖丝上移动,则说明此条件满足。否则,需进行校正。

图 3-18 十字丝竖线垂直于横轴的检验与校正
(a)十字丝交点照准一个点；(b)点偏离竖丝，需要校正；(c)校正后

2. 校正

旋下目镜分划板护盖，松开 4 个压环螺丝，慢慢转动十字丝分划板座。然后再作检验，待条件满足后再拧紧压环螺丝，旋上护盖。

(三) 望远镜视准轴垂直于横轴的检校

望远镜视准轴不垂直于横轴所偏离的角度 C 称为视准轴误差。它是由于十字丝分划板平面左右移动，使十字丝交点位置不正确而产生的。有视准轴误差的望远镜绕横轴旋转时，视准轴扫出的面不是一个竖直平面，而是一个圆锥面。因此，当望远镜瞄准同一竖直面内不同高度的点，它们的水平度盘读数各不相同，从而产生测量水平角的误差。当目标的竖直角相同时，盘左观测与盘右观测中，此项误差大小相等，符号相反。利用这个规律进行检验与校正。

1. 检验

如图 3-19 所示，在一平坦场地上，选择相距约 100m 的 A、B 两点，在 AB 的中点 O 安置经纬仪。在 A 点设置一观测目标，在 B 点横放一把有毫米分划的小尺，使其垂直于 OB，且与仪器大致同高。以盘左位置瞄准 A 点，固定照准部，倒转望远镜，在 B 点尺上读数为 B_1；再以盘右位置瞄准 A 点，倒转望远镜在 B 尺上读数为 B_2。若 B_1、B_2 两点相等，则此项条件满足，否则需要校正。

2. 校正

设视准轴误差为 C，在盘左位置时，视准轴 OA 与其延长线与 OB_1 之间的夹角为 $2C$。同理，OA 延长线与 OB_2 之间的夹角也是 $2C$，所以 $\angle B_1OB_2=4C$。校正时只需校正一个 C 角。在尺上定出 B_3 点，使 $B_3=B_1B_2/4$，此时 OB_3 垂直于横轴 OH。然后松开望远镜目镜端护盖，用校正针先稍微拨松上、下的十字丝校正螺丝后，拨动左右两个校正螺丝(图 3-20)，一松一紧，左右移动十字丝分划板，使十字丝交点对准 B_3 点。

图 3-19 视准轴垂直于横轴的检验

图 3-20 视准轴垂直于横轴的校正

此项检验校正也要反复进行。

由于盘左、盘右观测时,视准轴误差为大小相等、方向相反,故取盘左和盘右观测值的平均值,可以消除视准轴误差的影响。

两倍照准差 $2C$ 可用来检查测角质量,如果观测中 $2C$ 变动较大,则可能是视准轴在观测过程中发生变化或观测误差太大。为了保证测角精度,$2C$ 的变化值不能超过一定限度,见表 3-2 所规定,DJ_6 级光学经纬仪测量水平角一测回,其 $2C$ 变动范围不能超过 $30''$。

(四)横轴垂直于竖轴的检验与校正

横轴不垂直于竖轴所产生的偏差角值,称为横轴误差。产生横轴误差的原因,是由于横轴两端在支架上不等高。由于有横轴误差,望远镜绕横轴旋转时,视准轴扫出的面将是一倾斜面,而不是竖直面。因此,在瞄准同一竖直面内高度不同的目标时,将会得到不同的水平度盘读数,从而影响测角精度。

1. 检验

如图 3-21 所示,在距一垂直墙面 20～30m 处,安置好经纬仪。以盘左位置瞄准墙上高处的 P 点(仰角宜大于 $30°$),固定照准部,然后将望远镜大致放平,根据十字丝交点在墙上定出 P_1 点。倒转望远镜成盘右位置,瞄准原目标 P 点后,再将望远镜放平,在 P_1 点同样高度上定出 P_2 点。如果 P_1 与 P_2 点重合,则仪器满足此几何条件,否则需要校正。

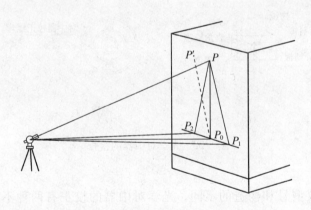

图 3-21 横轴垂直于竖轴的检校

2. 校正

取 P_1、P_2 的中点 P_0,将十字丝交点对准 P_0 点,固定照准部,然后抬高望远镜至 P 点附近。此时十字丝交点偏离 P 点,而位于 P' 处。打开仪器没有竖盘一侧的盖板,拨动横轴一端的偏心轴承,使横轴的一端升高或降低,直至十字丝交点照准 P 点为止。最后把盖板合上。

对于近代质量较好的光学经纬仪,横轴是密封的,此项条件一般能够满足,使用时通常只作检验,若要校正,须由仪器检修人员进行。

由图 3-21 可知,当用盘左和盘右观测一目标时,横轴倾斜误差大小相等,方向相反。因此,同样可以采用盘左和盘右观测取平均值的方法,消除它对观测结果的影响。

（五）竖盘指标差的检校

1. 检验

安置经纬仪，以盘左、盘右位置瞄准同一目标 P，分别调竖盘指标水准管气泡居中后，读取竖盘读数 L 和 R，然后按式(3-5)计算竖盘指标差 x。若 $x>40''$，说明存在指标差；当 $x>60''$ 时，则应进行校正。

2. 校正

保持望远镜盘右位置瞄准目标 P 不变，计算盘右的正确读数 $R_0=R-x$，转动竖盘指标水准管微动螺旋使竖盘读数为 R_0，此时竖盘指标水准管气泡必定不居中。用校正针拨动竖盘指标水准管一端的校正螺丝，使气泡居中即可。

此项校正需反复进行，直至指标差 x 的绝对值小于 $30''$ 为止。

（六）光学对中器的检校

1. 检验

如图 3-22(a)所示，将经纬仪安置到三脚架上，在一张白纸上画一个十字交叉并放在仪器正下方的地面上，整平对中。旋转照准部，每转 90°，观察对中点的中心标志与十字交叉点的重合度，如果照准部旋转时，光学对中器的中心标志一直与十字交叉点重合，则不必校正，否则进行校正。

图 3-22 光学对中器的检校

2. 校正

根据经纬仪型号和构造的不同，光学对中器的校正有两种不同的方法，如图 3-22(b)所示，一种是校正分划板，另一种是校正直角棱镜。下面是两种校正方法的具体步骤。

(1) 校正分划板法。如图 3-22(c)所示，将光学对中器目镜与调焦手轮之间的改正螺丝护盖取下，固定好十字交叉白纸并在纸上标记出仪器每旋转 90°时对中器中心标志的四个落点，用直线连接对角点，两直线交点为 O。用校正针调整对中器的四个校正螺丝，使对中器的中心标志与 O 点重合。重复检验、检查和校正，直至符合要求。调整须在 1.5m 和 0.8m 两个目标距离上，同时达到上述要求为止，再将护盖安装回原位。

(2) 校正直角棱镜法。如图 3-22(d)所示，用表托子松开位于光学对中器上方小圆盖中心的螺钉，取下盖板，可见两个圆柱头螺钉头和一个小的平端紧定螺钉。稍为松开两个圆柱头螺钉，用表托子轻轻敲击，可使位于螺钉下面棱镜座前后、左右移动，平端紧定螺钉可使棱镜座稍微转动到转动照准部至任意位置，测站点均位于分划板小圆圈中心为止（允许目标有 0.5mm 的偏离），固定两圆柱头螺钉。调整须在 1.5m 和 0.8m 两个目标距离上，同时达到上述要求为止，再将小圆盖装回原位。

第七节　水平角测量误差与注意事项

在水平角测量中影响测角精度的因素很多，主要有仪器误差、观测误差以及外界条件的影响。

一、仪器误差

仪器误差的来源主要有两个方面：一是由于仪器加工装配不完善而引起的误差，如度盘刻划误差、度盘中心和照准部旋转中心不重合而引起的度盘偏心误差等。这些误差不能通过检校来消除或减小，只能用适当的观测方法来予以消除或减弱。如度盘刻划误差，可通过在不同的度盘位置测角来减小它的影响。度盘偏心误差可采用盘左、盘右观测取平均值的方法来消除或减弱。

二是由于仪器检校不完善而引起的误差，如视准轴不完全垂直于横轴，横轴不完全垂直于竖轴等。这些经检校后的残余误差的影响，可采用盘左、盘右观测取平均值的方法予以消除或减弱。

二、观测误差

1. 仪器对中误差

仪器存在对中误差时，仪器中心偏离目标的距离称为偏心距。对中误差使正确角值与实测角值之间存在误差。测角误差与偏心距成正比，即偏心距愈大，误差愈大；与测站到测点的距离成反比，即距离愈短，误差愈大。因此在进行水平角观测时，为保证测角精度，仪器对中误差不应超出相应规范的规定，特别是当测站到测点的距离较短时，更要严格对中。

2. 仪器整平误差

仪器整平误差是指安置仪器时没有将其严格整平，或在观测中照准部水准管气泡中心偏离零点，以致仪器竖轴不竖直，水平度盘不水平的误差。整平误差是不能用观测方法消除其影响的，因此，在观测过程中，若发现水准管气泡偏离零点在一格以上，通常应在下一测回开始之前重新整平仪器。

整平误差与观测目标的竖直角有关，当观测目标的竖直角很小时，整平误差对测角的影响较小，随着竖直角增大，尤其当目标间的高差较大时，其影响亦随之增大。因此，在山区进行水平角测量时，更要注意仪器的整平。

3. 目标偏心误差

测量水平角时，所瞄准的目标偏斜或目标没有准确安放在地面标志中心，因而产生目标偏心误差，偏差的大小称为偏心距，它对水平角的影响与仪器对中误差类似，即误差与目标偏心距成正比，与边长成反比。因此，在测角时，应使观测目标中心和地面标志中心在一条铅垂线上。当用标杆作为观测目标时，应尽量瞄准标杆的底部。

4. 照准误差

影响望远镜照准精度的因素主要有人眼的分辨能力，望远镜的放大倍率，目标的形状、大小、颜色以及大气的温度、透明度等。为了减弱照准误差的影响，除了选择合适的经纬仪测角外，还应尽量选择适宜的标志，有利的气候条件和合适的观测时间，在瞄准目标时必须仔细对光并消除视差。

5. 读数误差

读数误差主要取决于仪器的读数设备，同时也与照明情况和观测者的经验有关。DJ_6级光学经纬仪的读数误差，对于读数设备为单平板玻璃测微器的仪器，主要有估读和平分双指标线两项误差；若是分微尺测微器读数设备，则只有估读误差一项。一般认为DJ_6级经纬仪的极限估读误差可以不超过分微尺最小格值的十分之一，即可以不超过6″。如果反光镜进光情况不佳，读数显微镜调焦不恰当以及观测者的技术不熟练，则估读的极限误差会远远超过上述数值。为保证读数的准确，必须仔细调节读数显微镜目镜，使度盘与测微尺分划影像清晰；对小数的估读一定要细心；使用测微轮时，一定要使双指标线夹准度盘分划线。

三、外界条件的影响

外界条件的影响很多，如大风、松软的土质会影响仪器的稳定；大气透明度会影响照准精度；温度的变化会影响仪器的整平；受地面辐射热的影响，物像会跳动等等。在观测中完全避免这些影响是不可能的，只能选择有利的观测时间和条件，尽量避开不利因素，使其对观测的影响降低到最小程度。例如，安置仪器时要踩实三脚架腿；晴天观测时要撑伞，不让阳光直照仪器；观测视线应避免从建筑物旁、冒烟的烟囱上面和靠近水面的空间通过。这些地方都会因局部气温变化而使光线产生不规则的折光，使观测成果受到影响。

第八节　电子经纬仪简介

电子经纬仪是在光学经纬仪的基础上发展起来的新一代测角仪器，故仍然保留着许多光学经纬仪的特征。这种仪器采用的电子测角方法，不但可以消除人为影响，提高测量精度，更重要的是能使测角过程自动化，从而大大地减轻了测量工作的劳动强度，提高了工作效率。

一、电子经纬仪测角原理

电子测角仪器仍然采用度盘来进行测角，但电子测角的度盘不是在度盘上按某一个角度单位刻上刻划线，然后根据刻划线来读取角值，而是从特殊格式的度盘上取得电信号，根据电信号再转换成角度，并且自动地以数字方式输出，显示在显示器上或记录在贮存器，需要时可将贮存器中的信息输入到电子计算机内，实现自动数据处理。

电子测角度盘按取得电信号的方式不同，分为编码度盘和光栅度盘等。图3-23(a)为编码度盘示意图，图3-23(b)为光栅度盘示意图。

编码度盘为绝对式光电扫描度盘，即在编码度盘的每一个位置上都可以直接读出度、分、秒的数值。编码盘上透光和不透光的两种状态分别表示二进制的

图 3-23 编码度盘和光栅度盘

"0"和"1"。在编码盘的上方,沿径向在各条码道相应的位置上分别安装 4 个照明器,一般采用发光二极管作照明光源。同样,在码盘下方相应的位置上安装 4 个接收光电二极管作接收器。光源发出的光经过码盘,就产生了透光与不透光信号,被光电二极管接收。由此,光信号转变为电信号,4 位组合起来就是码盘某一径向的读数,再经过译码器,将二进制数转换成十进制数显示输出。测角时码盘不动,而发光管和接收管(统称传感器或读数头)随照准部转动,并可在任何位置读出码盘径向的二进制读数,并显示十进制读数。

光栅度盘上均匀地刻有许多一定间隔的细线。光栅的基本参数是刻线的密度和栅距(相邻两刻线之间的距离)。栅线为不透光区,缝隙为透光区,它们都对应一角度值。在光栅盘的上下对应位置上装有光源、指示光栅和接收器(光电二极管),称为读数头,可随照准部相对于光栅盘转动。由计数器累计读数头所转动的栅距数,从而求得所转动的角度值。因为光栅盘上没有绝对度数,只是累计移动光栅的条数计数,故称为增量式光栅度盘,其读数系统为增量式读数系统。

电子经纬仪内部不但装有自动扫描读数系统,还装有单片微处理机及竖轴倾斜补偿器等,可以更加完善地对轴系误差自动加以改正与补偿。在一般的电子经纬仪中都具有仪器误差自动改正的功能,不仅提高了仪器的精度,同时也简化了角度测量的作业步骤,减轻了劳动强度,节约了作业时间,这些正是电子经纬仪的优越性。目前一些较高精度的电子经纬仪都装有双轴液体补偿器,以补偿(自动改正)竖轴倾斜对水平角和竖直角的影响。精确的双轴液体补偿器,仪器整平到 3′ 范围以内时,其自动补偿精可达 0.1″。

二、电子经纬仪的使用

下面以南方测绘仪器公司生产的 ET-02/05 电子经纬仪为例,介绍电子经纬仪的构造与使用方法。

1. ET-02/05 电子经纬仪的构造

如图 3-24 所示,ET-02/05 电子经纬仪采用增量式光栅度盘读数系统,配有自动垂直补偿装置,最小读数为 1″,测角精度为 2″(ET-02 型)和 5″(ET-05 型)。ET-02/05 电子经纬仪上有数据输入和输出接口,可与光电测距仪和电子记录手簿连接。该仪器使用可充镍氢电池,连续工作时间约 10 小时;望远镜十字丝和显示屏有照明光源,便于在黑暗环境中操作。

图 3-24 电子经纬仪的构造

2. ET-02/05 电子经纬仪的使用

ET-02/05 电子经纬仪的使用时,首先要对中整平,其方法与普通光学经纬仪相同,然后按 PWR 键开机,屏幕上即显示出水平度盘读数 HR,再上下摇动一下望远镜,屏幕上即显示出竖盘读数 V,图 3-25 所示的水平度盘读数为 $299°10'48''$,竖盘读数为 $85°26'41''$。角度观测时,只要瞄准好目标,屏幕上便自动显示出相应的角度读数值,瞄准目标的操作方法与普通光学经纬也完全一样。

电池新充电时可供仪器使用 8~10 小时。显示屏右下角的符号"$\overline{BAT}$"显示电池消耗信息,"$\overline{BAT}$"及"$\overline{BAT}$"表示电量充足,可操作使用;"$\overline{BAT}$"表示尚有少量电源,应准备随时更换电池或充电后再使用;"$\overline{BAT}$"闪烁表示即将没电(大约可持续几分钟),应立即结束操作更换电池并充电。每次取下电池盒时,都必须先关掉仪器电源,否则仪器易损坏。

3. ET-02/05 电子经纬仪按键的功能与使用方法

图 3-25 是 ET-02/05 电子经纬仪的操作键盘及显示屏。每个按键具有一键两用的双重功能,按键上方所标示的功能为第一功能,直接按此键时执行第一功能,当按下"MODE"键后再按此键时执行第二功能。下面分别介绍各功能键的作用:

图 3-25 电子经纬仪操作键盘

"PWR"——电源开关键,按键开机;按键大于 2 秒则关机。

"R/L"——显示右旋/左旋水平角选择健,连续按此键两种角值交替显示。所谓右旋是指水平度盘读数顺时针方向增大,左旋是指水平度盘读数逆时针,一般采用右旋状态观测。

"CONS"——专项特种功能模式键,按住此键开机,可进入参数设置状态,对仪器的角度测量单位、最小显示单位、自动关机时间等进行设置,设置完成后按[CONS]键予以确认,仪器返回测量模式。

"HOLD"——水平角锁定键。在观测水平角过程中,若需保持所测(或对某方向需预置)方向水平度盘读数时,按[HOLD]键两次即可。水平度盘读数被锁定后,显示左下角"HR"符号闪烁,再转动仪器水平度盘读数也不发生变化。当照准至所需方向后,再按[HOLD]键一次,解除锁定功能,进行正常观测。

"MEAS"——测距键(此功能无效)。

"0 SET"——水平角置零键,按此键两次,水平度盘读数置为 $0°00'00''$。

"TRK"——跟踪测距键(此功能无效)。

"V%"——竖直角和斜率百分比显示转换键,连续按键交替显示。在测角模式下测量。竖直角可以转换成斜率百分比。斜率百分比值=高差/平距×100%,斜率百分比范围从水平方向至±45°,若超过此值,则仪器不显示斜率值。

"▲"——增量键,在特种功能模式中按此键,显示屏中的光标可上下移动或数字向上增加。

"MODE"——测角、测距模式转换键。连续按键,仪器交替进入一种模式,分别执行键上或键下标示的功能。

"REC"——望远镜十字丝和显示屏照明键,按一次开灯照明,再按则关(如不按键,10秒钟后自动熄灭)。在与电子手簿连接时,此键为记录键。

在角度测量时,根据需要按键,即可方便地读取有关的角度数据,必要时,还可把数据记录在电子手簿中,然后将电子手簿与计算机连接,把数据输入到计算机中进行处理。

4. ET-02/05 电子经纬仪测水平角的方法

将望远镜十字丝中心照准目标 A 后,按[0 SET]键两次,使水平角读数为 $0°00'00''$,即显示目标 A 方向为 HR $0°00'00''$;顺时针方向转动照准部,以十字丝中心照准目标 B,此时显示的 HR 值即为盘左观测角。倒转望远镜,依次照准目标 B 和 A,读取并记录所显示的 HR 值,经计算得到盘右观测角,具体计算及成果检核的方法与光学经纬仪水平观测相同。

5. ET-02/05 电子经纬仪测竖直角的方法

ET-02/05 电子经纬仪采用了竖盘指标自动补偿归零装置,出厂时设置为望远镜指向天顶,读数为 $0°$,所以竖直角等于 $90°$ 减去瞄准目标时所显示的 V 读数,这与光学经纬仪一致,竖直角的具体观测、记录与计算与光学经纬仪基本相同,在此不再复述。

思考题与习题

1. 何谓水平角?若某测站与两个不同高度的目标点位于同一竖直面内,那么测站与这两个目标构成的水平角是多少?

2. 经纬仪由哪几大部分组成?各有何作用?

3. DJ$_6$ 级光学经纬仪的分微尺测微器的读数方法和 DJ$_6$ 级光学经纬仪的对径分划线测微器的读数方法有什么不同？

4. 观测水平角时，对中整平的目的是什么？试述经纬仪用光学对中器法对中整平的步骤与方法。

5. 观测水平角时，若测四个测回，各测回起始方向读数应是多少？

6. 何谓竖直角？如何推断经纬仪的竖直角计算公式？

7. 什么是竖盘指标差？观测竖直角时如何消除竖盘指标差的影响？

8. 整理表 3-3 所示的用测回法观测水平角的记录，并在备注栏内绘出测角示意图。

测回法观测水平角的记录　　　　表 3-3

测站	测回	竖盘位置	目标	水平度盘读数 ° ′ ″	半测回角值 ° ′ ″	一测回角值 ° ′ ″	各测回平均角值 ° ′ ″	备 注
A	1	盘左	1	0 12 00				
			2	91 45 30				
		盘右	1	180 11 24				
			2	271 45 12				
	2	盘左	1	90 11 48				
			2	181 44 54				
		盘右	1	270 12 12				
			2	1 45 18				

9. 整理表 3-4 所示的竖直角观测记录。

竖直角观测记录　　　　表 3-4

测站	目标	竖盘位置	竖盘读数 ° ′ ″	半测回竖直角 ° ′ ″	指标差 ′ ″	一测回竖直角 ° ′ ″	备 注
A	1	盘左	84 12 42				
		盘右	275 46 54				
A	2	盘左	115 21 06				
		盘右	244 38 48				

10. 经纬仪上有哪些主要轴线？它们之间应满足什么条件？

11. 观测水平角时，为什么要用盘左、盘右观测？盘左、盘右观测是否能消除因竖轴倾斜引起的水平角测量误差？

12. 水平角观测时，应注意哪些事项？

13. 电子经纬仪的主要特点是什么？

第四章 距离测量与直线定向

学习要求：

通过本章学习，熟悉直线定线的方法；掌握钢尺量距的基本工作方法，会进行作业观测数据的简单处理及精度评定；熟悉直线定向的方法、方位角与象限角的对称。

距离测量是测量的基本工作之一。所谓距离，通常是指地面两点的连线铅垂投影到水平面上的长度，亦称水平距离，简称平距。地面上高程不同的两点的连线长度称为倾斜距离，简称斜距。测量时要注意把斜距换算为平距。如果不加特别说明，"距离"即指水平距离。距离测量的常用方法有：钢尺量距、视距测量和光电测距等。

直线定向是指确定地面两点铅垂投影到水平面上的连线的方向，一般用方位角表示直线的方向，直线定向也是测量中经常遇到的问题。本章先介绍距离测量的三种主要方法，然后介绍直线定向。

第一节 钢尺量距

钢尺量距具有操作简便，精度较高，成果可靠的特点，再加上钢尺价格低，携带方便，钢尺量距在施工测量中应用非常广泛。

一、钢尺量距工具

钢尺量距用到的工具有钢尺、标杆、测钎及垂球等，有时还用到温度计和弹簧秤。

(1) 钢尺。指钢制带状尺，尺宽10~15mm，厚约0.4mm，长度有20m、30m和50m等。钢尺卷放在圆形盒内的称为盒装钢卷尺，如图4-1(a)所示；卷放在金属架或塑料架内的称为摇把式钢卷尺，如图4-1(b)所示。钢尺的基本分划为厘米，在米和分米处有数字注记，零至10cm内有毫米刻划。有的钢尺整个尺长均有毫米刻划。钢尺由于变形小，精度较高，在测量中应用广泛。

(a)　　　　　　　　　　(b)

图 4-1 钢卷尺

钢尺按零点位置不同有端点尺和刻线尺之分。端点尺是以尺的最外端作为尺的零点,如图4-2(a)所示;刻线尺是在尺的起点一端的某位置刻一横线作为尺的零点,如图4-2(b)所示。量距时要十分注意钢尺零点位置,以免出错。

图 4-2 钢卷尺的零点

(2) 标杆。又名花杆,直径约3cm,长2~3m,杆身用油漆涂成红白相间,每节20cm,如图4-3(a)所示。在距离丈量中,标杆主要用于两标点间分段点的定线。

(3) 测钎。由粗铁丝或细钢筋加工制成,长30~40cm,一般6根或11根为一组,如图4-3(b)所示。测钎用于分段丈量时,标定每段尺端点位置和记录整尺段数。

(4) 垂球。用于在不平坦的地面直接量水平距离时,将平拉的钢尺的端点投影到地面上。

(5) 弹簧秤。用于对钢尺施加规定的拉力,避免因拉力太小或太大造成的量距误差。

(6) 温度计。用于钢尺量距时测定温度,以便对钢尺长度进行温度改正,消除或减小因温度变化使尺长改变而造成的量距误差。

图 4-3 花杆和测钎

二、直线定线

当地面两点间距离较远或起伏较大时,在距离丈量之前,需在地面两点连线的方向上定出若干分段点的位置,以便分段量取,这项工作称为直线定线。

1. 目估定线

在一般量距中,通常采用目估法定线。如图4-4所示,A、B为地面上待测距离的两个端点,现要在AB直线上定出几个分段点。先在A、B点各立一根花杆,甲在A点花杆后通过同一侧的A、B花杆边缘,指挥乙左右移动1点附近的花杆,直到A、1、B三杆在同一竖直面内时,定出1点;同法定出其他各分段点。定线也可与距离丈量同时进行。

2. 经纬仪定线

当直线定线精度要求较高时,可用经纬仪定线。如图4-5所示,欲在AB线内精确定出1、2等点的位置。可由甲将经纬仪安置于A点,用望远镜照准B点,固定照准部制动螺旋。然后将望远镜

图 4-4 目估定线

向下俯视，用手势指挥乙移动标杆，当标杆与十字丝纵丝重合时，便在标杆的位置打下木桩，再根据十字丝在木桩上钉下铁钉，准确定出 1 点的位置。同理定出 2 点和其他各点的位置。

图 4-5　经纬仪定线

3. 拉小线定线

距离测量时，也常用拉小线进行直线定线，即在 A、B 两点间拉一细绳，然后沿着细绳按照定线点间的间距要小于一整尺段定出各点，并作上相应标记，此法应用于场地平整地区。

三、钢尺量距的一般方法

1. 平坦地面的距离丈量

在平坦地面上，可直接沿地面丈量水平距离。如图 4-6 所示，欲测 A、B 两点之间的水平距离 D，其丈量工作可由后尺手、前尺手两人进行。后尺手先在直线起点 A 插一测钎，并将钢尺零点一端放在 A 点。前尺手持钢尺末端和一束测钎沿 AB 线行至一尺段距离后停下。后尺手以手势指挥前尺手将钢尺拉在 AB 直线上，待钢尺拉平、拉紧、拉稳后，前尺手喊"预备"，后尺手将钢尺零点对准 A 点后说"好"，前尺手立即将测钎对准钢尺末端分划插入地下，得第一尺段距离。后尺手拔出 A 点测钎，二人持尺前进，待后尺手到达 1 点时，再用同样方法丈量第二段后，后尺手又拔出 1 点测钎同法继续丈量。每量完一段，后尺手增加一根测钎，因此，后尺手手中的测钎数为所量整尺段数。最后不足一整尺段的长度称为余长，用 q 表示，则 A、B 两点间的水平距离 D 为

$$D = n \times l + q \tag{4-1}$$

式中 n 为整尺段数，l 为钢尺长度。如测量场地为硬地面，可在分段点上用笔或油漆作记号，此时要注意记录整尺段数。

图 4-6　钢尺丈量

为了检核丈量结果和提高成果精度，通常采用往返丈量进行比较，符合精度要求时，取往返丈量平均值作为丈量结果。即

$$D = \frac{1}{2}(D_{往} + D_{返}) \tag{4-2}$$

距离丈量的精度，一般用相对误差 K 表示。

$$K = \frac{|D_{往} - D_{返}|}{D} \tag{4-3}$$

相对误差通常化为分子为 1 的分式。如丈量某直线，$D_{往} = 248.12\text{m}$，$D_{返} =$

248.18m，则

$$K = \frac{|248.12 - 248.18|}{248.15} \approx \frac{1}{4100}$$

相对误差分母越大，则量距精度越高。平坦地面钢尺量距精度不应低于 1/3000，困难地区不低于 1/2000。

2. 倾斜地面量距

(1) 平量法。当地势不平坦但起伏不大时，为了直接量取 A、B 两点间的水平距离，可目估拉钢尺水平，由高处往低处丈量两次。如图 4-7 所示，甲在 A 点指挥乙将钢尺拉在 AB 线上，甲将钢尺零点对准 A 点，乙将钢尺抬高，并目估使钢尺水平，然后用垂球线紧贴钢尺上某一整刻划线，将垂球尖投入地面上，用测钎插在垂球尖所指的 1 点处，此时尺上垂球线对应读数即为 A_1 的水平距离 d_1，同法丈量其余各段，直至 B 点。则有

$$D = \Sigma d \tag{4-4}$$

图 4-7 平量法

图 4-8 斜量法

用同样的方法对该段进行两次丈量，若符合精度要求，则取其平均值作为最后结果。

(2) 斜量法。如图 4-8 所示，当地面倾斜坡度较大时，可用钢尺量出 AB 的斜距 L，然后用水准测量或其他方法测出 A、B 两点的高差 h，则

$$D = \sqrt{L^2 - h^2} \tag{4-5}$$

斜量法也需测量两次，符合精度要求时，取平均值作为最后结果。

四、钢尺量距注意事项

利用钢尺进行直线丈量时，产生误差的可能性很多，主要有：尺长误差、拉力误差、温度变化的误差、尺身不水平的误差、直线定线误差、钢尺垂曲误差、对点误差、读数误差等等。因此，在量距时应按规定操作并注意检核。此外还应注意以下几个事项：

(1) 量距时拉钢尺要既平又稳，拉力要符合要求，采用斜拉法时要进行倾斜改正。

(2) 注意钢尺零刻划线位置，即是端点尺还是刻线尺，以免量错。

(3) 读数应准确，记录要清晰，严禁涂改数据，要防止 6 与 9 误读、10 和 4 误听。

(4) 钢尺在路面上丈量时，应防止人踩、车碾。钢尺卷结时不能硬拉，必须解除卷结后再拉，以免钢尺折断。

(5) 量距结束后，用软布擦去钢尺上的泥土和水，涂上机油，以防止生锈。

第二节 视 距 测 量

视距测量是用经纬仪、水准仪等测量仪器的望远镜内的视距装置，根据几何光学和三角学原理，同时测定水平距离和高差的方法。这种方法操作简便、迅速，不受地面起伏的限制。虽然精度比较低(约 1/300)，但可广泛应用于地形图碎部测量等精度要求不很高的场合。

一、视距测量原理

(一) 视线水平时的水平距离与高差公式

1. 水平距离公式

如图 4-9 所示，在 A 点上安置经纬仪，B 点处竖立标尺，置望远镜视线水平，瞄准 B 点标尺，此时视线垂直于标尺。尺上 M、N 点成像在视距丝上的 m、n 处，MN 的长度可由上、下视距丝读数之差求得。上、下视距丝读数之差称为尺间隔。

在图 4-9 中，l 为尺间隔；p 为视距丝间距；f 为物镜焦距；δ 为物镜至仪器中心的距离。由相似三角形 MNF 与 $m'n'F$ 可得

$$\frac{d}{l}=\frac{f}{p}$$

图 4-9 视距测量原理

则

$$d=\frac{f}{p}l$$

由图看出

$$D=d+f+\delta$$

则

$$D=\frac{f}{p}l+f+\delta$$

令 $f/p=K$，$f+\delta=C$，则有

$$D=Kl+C$$

式中，K 为视距乘常数，C 为视距加常数。目前使用的内对光望远镜的视距常数，设计时已使 $K=100$，C 接近于零，故水平距离公式可写为

$$D=Kl \tag{4-6}$$

2. 高差公式

在图 4-10 中，i 为地面标志到仪器望远镜中心线的高度，可用尺子量取；v 为十字丝中丝在标尺上的读数，称为瞄准高，h 为 A、B 两点间的高差。从图中可以看出高差公式为

$$h=i-v \tag{4-7}$$

图 4-10 视距测量原理

（二）视线倾斜时的水平距离和高差公式

1. 水平距离公式

当地面起伏较大或通视条件较差时，必须使视线倾斜才能读取尺间隔。这时视距尺仍是竖直的，但视线与尺面不垂直，如图 4-10 所示，因而不能直接应用上述视距公式。需根据竖直角 α 和三角函数进行换算。

由于图 4-10 中所示上下丝视线所夹的角度很小，可以将 $\angle GM'M$ 和 $\angle GN'N$ 近似地看成直角，并且可以证明 $\angle MGM'$ 和 $\angle NGN'$ 均等于 α，则可以进行下列推导：

$$M'N'=M'G+GN'$$
$$=MG\cos\alpha+GN\cos\alpha$$
$$=MN\cos\alpha$$

即

$$l'=l\cos\alpha$$

代入式(4-6)可推出斜距为

$$L=Kl\cos\alpha$$

再将斜距化算为水平距离得公式：

$$D=Kl\cos^2\alpha \tag{4-8}$$

式中 D 为水平距离，K 为常数(100)，l 为视距间隔，α 为竖直角。

2. 高差公式

由图 4-10 可以看出，A、B 两点的高差 h 为
$$h = h' + i - v$$
式中 h' 为初算高差，由图中可以看出
$$h' = D \cdot \tan\alpha$$
故得高差计算公式为
$$h = D \cdot \tan\alpha + i - v \tag{4-9}$$

二、视距测量的观测与计算

欲测定 A、B 两点间的平距和高差，已知 A 点高程求 B 点高程。观测和计算步骤如下：

(1) 安置经纬仪于测站 A 点上，对中、整平、量取仪器高 i，置望远镜于盘左位置。

(2) 瞄准立于测点上的标尺，读取下、上丝读数（读到毫米）求出视距间隔 l，或将上丝瞄准某整分米处下丝直接读出视距 Kl 之值。

(3) 调竖盘指标水准管气泡居中，读取标尺上的中丝读数 v（读到毫米）和竖盘读数 L（读到分）。

(4) 计算

1) 尺间隔 $l = $ 下丝读数 $-$ 上丝读数；
2) 视距 $Kl = 100l$；
3) 竖直角 $\alpha = 90° - L$；
4) 水平距离 $D = Kl\cos^2\alpha$；
5) 高差 $h = D \cdot \tan\alpha + i - v$；
6) 测点高程 $H_B = H_A + h$。

以上各项，可用电子计算器计算，当在一个测站上观测多个点的距离和高程时，可列表（见表 4-1）记录读数和计算结果。

【例 4-1】 表 4-1 中，测站 A 点的高程为 $H_A = 312.673\text{m}$，仪器高 $i = 1.46\text{m}$，1 点的上、下丝读数分别为 2.317m 和 2.643m，中丝读数 $v = 2.480\text{m}$，竖盘读数 $L = 87°42'$，求 1 点的水平距离和高程。

视距测量手簿　　　　表 4-1

测站：A　　测站高程：312.673m　　仪器高：1.46m

点号	视距(Kl)(m)	中丝读数(m)	竖盘读数	竖直角	水平距离(m)	高差(m)	高程(m)	备注
1	32.6	2.48	87°42′	2°18′	32.5	0.28	312.953	
2	58.7	1.69	96°15′	−6°15′	58.0	−6.58	306.093	
3	89.4	2.17	88°51′	1°09′	89.4	1.08	313.753	

【解】 根据上述计算方法，具体计算过程如下：

尺间隔　$l = 2.643 - 2.317 = 0.326\text{m}$

视距　$Kl = 100 \times 0.326 = 32.6\text{m}$

竖直角　$\alpha = 90° - 87°42' = 2°18'$

水平距离　$D=32.6\times\cos^2 2°18'=32.5\text{m}$

高差　$h=32.5\times\tan 2°18'+1.46-2.48=0.28\text{m}$

测点高程　$H_1=312.673+0.28=312.953\text{m}$

三、视距测量误差及注意事项

1. 读数误差

由于人眼分辨力和望远镜放大率的限制，再加上视距丝本身具有一定宽度，它将遮盖尺上分划的一部分，因此会有估读误差。它使尺间隔 l 产生误差，该误差与距离远近成正比。由视距公式可知，如果尺间隔有 1mm 误差，将使视距产生 0.1m 误差。因此，有关测量规范对视线长度有限制要求。另外，由上丝对准整分米数，由下丝直接读出视距间隔可减小读数误差。

2. 视距乘常数 K 的误差

由于温度变化，改变了物镜焦距和视距丝的间隔，因此乘常数 K 不完全等于 100。通过测定求出 K，若 K 值在 100 ± 0.1 时，便可视其为 100。

3. 视距尺倾斜误差

视距尺倾斜对水平距离的影响较大，当视线倾角大时，影响更大，因此在山区观测时此项误差较严重。为减少此项误差影响，应在尺上安置水准器，严格使尺竖直。

4. 外界条件影响

主要是垂直折光影响，由于大气密度不均匀，越靠近地面，密度越大。视线越靠近地面，其受到的垂直折光影响越大，且上、下丝受到的影响不同。其次是空气对流使视距尺成像不清晰稳定。这种影响也是视线接近地面时较为明显，在烈日暴晒下尤为突出。一般要求在烈日下作业时，应使视线高出地面 1m 以上。

第三节　光　电　测　距

光电测距仪是以光电波作为载波的精密测距仪器，在其测程范围内，能测量任何可通视两点间的距离，如高山之间，大河两岸。光电测距与传统的钢尺量距相比，具有精度高、速度快、灵活方便、受气候和地形影响小等特点，是目前精密量距的主要方法。

光电测距仪按其测程可分为短程光电测距仪（3km 以内）、中程光电测距仪（3～15km）和远程光电测距仪（大于 15km）；按其采用的光源可分为激光测距仪和红外光测距仪等。本节以普通测量工作中广泛应用的短程红外光电测距仪为例，介绍光电测距仪的工作原理和测距方法。

一、光电测距原理

如图 4-11 所示，欲测定 A、B 两点间的距离 D，在 A 点安置能发射和接收光波的光电测距仪，B 点安置反射棱镜，光电测距的基本原理是：测定光波在待测距离两端点间往返传播一次的时间 t，根据光波在大气中的传播速度 c，按下式计算距离 D。

$$D = \frac{1}{2}ct \tag{4-10}$$

图 4-11 光电测距原理

光电测距仪根据测定时间 t 的方式,分为直接测定时间的脉冲测距法和间接测定时间的相位测距法。高精度的短程测距仪,一般采用相位测距法,即直接测定测距信号的发射波与回波之间的相位差,间接测得传播时间 t,按式(4-10)求出距离 D。

相位测距法的大致工作过程是:给光源(如砷化镓发光二极管)注入频率为 f 的高频交变电流,使光源发出光的光强成为按同样频率变化的调制光,这种光射向测线另一端,经棱镜反射后原路返回,被接收器接收。由相位计将发射信号与接收信号进行相位比较,获得调制光在测线上往返传播引起的相位差 φ,从而求出传播时间 t。为说明方便,将棱镜返回的光波沿测线方向展开,如图 4-12 所示。

图 4-12 相位测距法原理

由物理学可知,调制光在传播过程中产生的相位差 φ 等于调制光的角频率 ω 乘以传播时间 t,即 $\varphi = \omega \cdot t$,又因 $\omega = 2\pi f$ 则传播时间为

$$t = \frac{\varphi}{\omega} = \frac{\varphi}{2\pi f}$$

由图 4-12 还可看出

$$\varphi = N \cdot 2\pi + \Delta\varphi = 2\pi(N + \Delta N)$$

式中,N 为零或正整数,表示相位差中的整周期数;$\Delta N = \Delta\varphi/2\pi$ 为不足整周期的相位差尾数。将上列各式整理得

$$D = u(N + \Delta N) \tag{4-11}$$

式中,$u = c/2f = \lambda/2$,λ 为调制光波长。

式(4-11)为相位法测距基本公式。将此式与钢尺量距公式(4-1)比较,若把 u 当作整尺长,则 N 为整尺数,$u \cdot \Delta N$ 为余长,所以,相位法测距相当于用"光尺"代替钢尺量距,而 u 为光尺长度。

相位式测距仪中，相位计只能测出相位差的尾数 ΔN，测不出整周期数 N，因此对大于光尺的距离无法测定。为了扩大测程，应选择较长光尺。但由于仪器存在测相误差，一般为 1/1000，测相误差带来的测距误差与光尺长度成正比，光尺越长，测距精度越低，例如：1000m 的光尺，其测距精度为 1m。为了解决扩大测程与保证精度的矛盾，短程测距仪上一般采用两个调制频率，即两种光尺。例如：$f_1=150\text{kHz}$，$u=1000\text{m}$（称为粗尺），用于扩大测程，测定百米、十米和米；$f_2=15\text{MHz}$，$u=10\text{m}$（称为精尺)用于保证精度，测定米、分米、厘米和毫米。这两种尺联合使用，可以准确到毫米的精度测定 1km 以内的距离。

二、光电测距方法

较早的光电测距仪器一般是将测距主机通过连接器安置在经纬仪上部，现在的测距仪则与电子经纬仪集成在一起，组成能光电测距、电子测角并自动计算、存储坐标和高程的功能强大的电子全站仪，简称全站仪。下面介绍我国南方测绘仪器公司生产的 NTS-350 全站仪的测距方法，全站仪的其他功能与使用方法见本书其他有关章节。

（一）南方 NTS-350 全站仪简介

南方 NTS-350 系列全站仪的测距精度为 3mm＋2ppm，即固定测距中误差为 ±3mm，与距离成比例增大的测距中误差为 ±2mm/km；使用单反光镜的最大测程为 1.8km，使用三反光镜的最大测程为 2.6km。南方 NTS-350 系列全站仪具体包括 NTS-352、NTS-355 和 NTS-355S 三种型号，其主要区别是 NTS-352 全站仪的测角精度为 ±2″，NTS-355 全站仪的测角精度为 ±5″，NTS-355S 全站仪只有单面显示屏和键盘，其他为双面显示屏和键盘，三种全站仪的基本构造与使用方法相同。南方 NTS-350 系列全站仪的基本构造如图 4-13 所示。

图 4-13 南方 NTS-350 全站仪

南方 NTS-350 系列全站仪除能进行测量角度和距离外，还能进行高程测量、坐标测量，坐标放样以及对边测量、悬高测量、偏心测量、面积测量等。测量数据可存储到仪器的内存中，能存储 8000 个点的坐标数据，或者存储 3000 个点的坐标数据和 3000 个点的测量数据(原始数据)。所存数据能进行编辑、查阅和删除等操作，能方便地与计算机相互传输数据。南方 NTS-350 系列全站仪的竖直角采用电子自动补偿装置，可自动测量竖直角。

与全站仪配套使用的反光棱镜与觇牌如图 4-14 所示，由于全站仪的望远镜视准轴与测距发射接收光轴是同轴的，故反光棱镜中心与觇牌中心一致。对中杆棱镜组的对中杆与两条铝脚架一起构成简便的三脚架系统，操作灵活方便，在低等级控制测量和施工放线测量中应用广泛。在精度要求不很高时，还可拆去其两条铝脚架，单独使用一根对中杆，携带和使用更加方便。

图 4-14　全站仪反光棱镜组
(a)单棱镜组；(b)对中杆棱镜组

使用对中杆棱镜组时，将对中杆的下尖对准地面测量标志，两条架腿张开合适的角度并踏稳，双手分别握紧两条架腿上的握式锁紧装置，伸缩架腿长度，使圆气泡居中，便完成对中整平工作。对中杆的高度是可伸缩的，在接头处有杆高刻划标志，可根据需要调节棱镜的高度。

(二) 南方 NTS350 全站仪的使用

1. 安置仪器

将全站仪安置在测站上，对中整平，方法与经纬仪相同，注意全站仪脚架的中心螺旋与经纬仪脚架不同，两种脚架不能混用。安置反光镜于另一点上，经对中整平后，将反光镜朝向全站仪。

2. 开机

按面板上的 POWER 键打开电源，按 F1(↓)或 F2(↑)键调节屏幕文字的对比度，使其清晰易读；上下转动一下望远镜，完成仪器的初始化，此时仪器一般处于测角状态。面板如图 4-15 所示，有关键盘符号的名称与功能如下：

ANG(▲)——角度测量键(上移键)，进入角度测量模式(上移光标)；

◢(▼)——距离测量键(下移键),进入距离测量模式(下移光标);

◣(◀)——坐标测量键(左移键),进入坐标测量模式(左移光标);

MENU(▶)——菜单键(右移键),进入菜单模式(右移光标),可进行各种程序测量、数据采集、放样和存储管理等;

ESC 退出键——返回上一级状态或返回测量模式;

图 4-15 南方 NTS-350 全站仪面板

POWER 电源开关键——短按开机,长按关机;

F1～F4 功能键——对应于显示屏最下方一排所示信息的功能,具体功能随不同测量状态而不同;

0～9 数字键——输入数字和字母、小数点、负号;

★星键——进入参数设置状态;

开机时要注意观察显示窗右下方的电池信息,判断是否有足够的电池电量并采取相应的措施,电池信息意义如下:

☰——电量充足,可操作使用。

☲——刚出现此信息时,电池尚可使用 1 小时左右;若不掌握已消耗的时间,则应准备好备用的电池或充电后再使用。

▬——电量已经不多,尽快结束操作,更换电池并充电。

▬闪烁到消失——从闪烁到缺电关机大约可持续几分钟,电池已无电应立即更换电池。

3. 温度、气压和棱镜常数设置

全站仪测中时发射红外光的光速随大气的温度和压力而改变,进行温度和气压设置,是通过输入测量时测站周围的温度和气压,由仪器自动对测距结果实施大气改正。棱镜常数是指仪器红外光经过棱镜反射回来时,在棱镜处多走了一段距离,这个距离对同一型号的棱镜来说是个固定的,例如南方全站仪配套的棱镜为 30mm,测距结果应加上 −30 mm,才能抵消其影响,−30mm 即为棱镜常数,在测距时输入全站仪,由仪器自动进行改正,显示正确的距离值。

预先测得测站周围的温度和气压。例:温度+25°C,气压 1017.5。按 ◢ 键进入测距状态,按 F3 键执行〔S/A〕功能,进入温度、气压和棱镜常数设置状态,再按 F3 键执行〔T−P〕功能,先进入温度、气压设置状态,依次输入温度 15.0 和气压 1017.5,按 F4 回车确认,如图 4-16(a)所示。按 ESC 键退回到温度、气压和棱镜常数设置状态,按 F1 键执行〔棱镜〕功能,进入棱镜常数设置状态,输入棱镜常数(-30),按 F4 回车确认,如图 4-16(b)所示。

图 4-16 温度、气压、棱镜常数设置和测距屏幕

4. 距离测量

照准棱镜中心,按 ◀ 键,距离测量开始,1~2秒钟后在屏幕上显示水平距离 HD,例如"HD:235.342m",同时屏幕上还显示全站仪中心与棱镜中心之间的高差 VD,例如"VD:36.551m",如图4-16(c)所示。如果需要显示斜距,则按 ◀ 键,屏幕上便显示斜距 SD,例如"SD:241.551"。

测距结束后,如需要再次测距,按 F1 键执行[测量]即可。如果仪器连续地反复测距,说明仪器当时处于"连续测量"模式,可按 F1 键,使测量模式由"连续测量"转为"N 次测量",当光电测距正在工作时,再按 F1 键,测量模式又由"N 次测量"转为"连续测量"。

仪器在测距模式下,即使还没有完全瞄准棱镜中心,只要有回光信号,便会进行测距,因此一般先按 ANG 键进入角度测量状态,再瞄准棱镜中心,然后才按 ◀ 键测距。

5. 角度测量

角度测量是南方 NTS350 全站仪的基本功能之一,开机一般默认进入测量角状态,也可按 ANG 键进入测角状态,屏幕上的"V"为竖直角读数,"HR"或"HL"为水平角读数,水平角置零等操作按 F1 ~ F4 功能键完成,具体操作方法与电子经纬仪基本相同。

第四节 直 线 定 向

确定地面两点在平面上的相对位置,除了测定两点之间的距离外,还应确定两点所连直线的方向。一条直线的方向,是根据某一标准方向来确定的。确定直线与标准方向之间的关系,称为直线定向。

一、标准方向

1. 真北方向

包含地球北南极的平面与地球表面的交线称为真子午线。过地面点的真子午线切线方向,指向北方的一端,称为该点的真北方向,如图 4-17(a)所示。真北方

向用天文观测方法或陀螺经纬仪测定。

图 4-17 三个北方向及其关系

2. 磁北方向

包含地球磁北南极的平面与地球表面的交线称为磁子午线。过地面点的磁子午线切线方向，指向北方的一端称为该点的磁北方向，如图 4-17(a)所示。磁北方向用指南针或罗盘仪测定。

3. 坐标北方向

平面直角坐标系中，通过某点且平行于坐标纵轴（X 轴）的方向，指向北方的一端称为坐标北方向，如图 4-17(b)所示。高斯平面直角坐标系中的坐标纵轴，是高斯投影带的中央子午线的平行线；独立平面直角坐标系中的坐标纵轴，可以由假定获得。

上述三种北方向的关系如图 4-17(c)所示。过一点的磁北方向与真北方向之间的夹角称为磁偏角，用 δ 表示；过一点的坐标北方向与真北方向之间的夹角称为子午线收敛角，用 γ 表示。磁北方向或坐标北方向偏在真北方向东侧时，δ 或 γ 为正；偏在真北方向西侧时，δ 或 γ 为负。

二、方位角的概念

测量工作中，主要用方位角表示直线的方向。由直线一端的标准方向顺时针旋转至该直线的水平夹角，称为该直线的方位角，其取值范围是 0°～360°。我国位于地球的北半球，选用真北、磁北和坐标北方向作为直线的标准方向，其对应的方位角分别被称为真方位角、磁方位角和坐标方位角。

用方位角表示一条直线的方向，因选用的标准方向不同，使得该直线有不同的方位角值。普通测量中最常用的是坐标方位角，用 α_{AB} 表示。直线是有向线段，下标中 A 表示直线的起点，B 表示直线的终点，如 4-18 所示，例如直线 A 至 B 的方位角为 125°，表示为 $\alpha_{AB}=125°$，A 点至 1 点直线的方位角为 320°38′20″，表示为 $\alpha_{A1}=320°38′20″$。

三、坐标方位角的计算

1. 正反坐标方位角

由图 4-19 可以看出，任意一条直线存在两个坐标方位角，它们之间相差 180°，即

图 4-18 坐标方位角　　图 4-19 正反坐标方位角

$$\alpha_{21} = \alpha_{12} \pm 180° \tag{4-12}$$

如果把 α_{12} 称为正方位角，则 α_{21} 便称为其反方位角，反之也一样。在测量工作中，经常要计算某方位角的反方位角，例如若 $\alpha_{12}=125°$，则其反方位角为

$$\alpha_{21} = 125° + 180° = 305°$$

再若 $\alpha_{AB}=320°38'20''$，则其反方位角为

$$\alpha_{BA} = 320°38'20'' - 180° = 140°38'20''$$

有时为了计算方便，可将上式中的"±"号改为只取"+"号，即

$$\alpha_{21} = \alpha_{12} + 180° \tag{4-13}$$

若此式计算出的反方位角 α_{21} 大于 360°，则将此值减去 360° 作为 α_{21} 的最后结果。

2. 同始点直线坐标方位角的关系

如图 4-20 所示，若已知直线 AB 的坐标方位角，又观测了它与直线 A1、A2 所夹的水平角分别为 β_1、β_2，由于方位角是顺时针方向增大，由图可知

$$\alpha_{A1} = \alpha_{AB} - \beta_1 \tag{4-14}$$
$$\alpha_{A2} = \alpha_{AB} + \beta_2 \tag{4-15}$$

如图 4-20 所示，若已知直线 AB 的坐标方位角为 $\alpha_{AB}=116°18'42''$，观测水平夹角 $\beta_1=47°06'36''$，$\beta_2=148°23'24''$，求其他各边的坐标方位角。

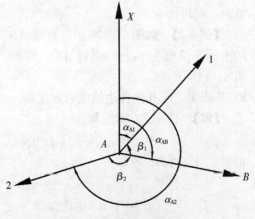

图 4-20 方位角的增减

$$\alpha_{A1}=\alpha_{AB}-\beta_1=116°18'42''-47°06'36''=69°12'06''$$
$$\alpha_{A2}=\alpha_{AB}+\beta_2=116°18'42''+148°23'24''=264°42'06''$$

3. 坐标方位角推算

实际工作中，为了得到多条直线的坐标方位角，把这些直线首尾相接，依次观测各接点处两条直线之间的转折角，若已知第一条直线的坐标方位角，便可根据上述两种算法依次推算出其他各条直线的坐标方位角。

图 4-21 坐标方位角推算

如图 4-21 所示，已知直线 12 的坐标方位角为 α_{12}，2、3 点的水平转折角分别为 β_2 和 β_3，其中 β_2 在推算路线前进方向左侧，称为左角；β_3 在推算路线前进方向的右侧，称为右角。欲推算此路线上另两条直线的坐标方位角 α_{23}、α_{34}。

根据反方位角计算公式(4-13)得
$$\alpha_{21}=\alpha_{12}+180°$$
再由同始点直线坐标方位角计算公式(4-15)可得
$$\alpha_{23}=\alpha_{21}+\beta_2=\alpha_{12}+180°+\beta_2$$
上式计算结果如大于 360°，则减 360°即可。同理可由 α_{23} 和 β_3 计算直线 34 的坐标方位角。
$$\alpha_{34}=\alpha_{23}+180°-\beta_3$$
上式计算结果如为负值，则加 360°即可。

上述二个等式分别为推算 23 和 34 各直线边坐标方位角的递推公式。由以上推导过程可以得出坐标方位角推算的规律为：下一条边的坐标方位角等于上一条边坐标方位角加 180°，再加上或减去转折角(转折角为左角时加，转折角为右角时减)，即：

$$\alpha_{下}=\alpha_{上}{{-\beta(右)}\atop{+\beta(左)}}+180° \tag{4-16}$$

若结果≥360°，则再减 360°；若结果为负值，则再加 360°。

【**例 4-2**】 如图 4-22 所示，直线 AB 的坐标方位角为 $\alpha_{AB}=36°18'42''$，转折角 $\beta_A=47°06'36''$，$\beta_1=228°23'24''$，$\beta_2=217°56'54''$，求其他各边的坐标方位角。

图 4-22 坐标方位角推算略图

【**解**】 根据式(4-15)得
$$\alpha_{A1}=\alpha_{AB}+\beta_A=36°18'42''+47°06'36''=83°25'18''$$
根据式(4-16)得
$$\alpha_{12}=\alpha_{A1}+\beta_1+180°$$
$$=83°25'18''+228°23'24''+180°(-360°)$$
$$=131°48'42''$$

$$\alpha_{23} = \alpha_{12} - \beta_2 + 180°$$
$$= 131°48'42'' - 217°56'54'' + 180°$$
$$= 93°51'48''$$

四、象限角

如图 4-23 所示，由标准方向线的北端或南端，顺时针或逆时针量到某直线的水平夹角，称为象限角，用 R 表示，其值在 $0°\sim90°$ 之间。象限角不但要表示角度的大小，而且还要注记该直线位于第几象限。象限角分别用北东、南东、南西和北西表示。

象限角一般只在坐标计算时用，这时所说的象限角是指坐标象限角。坐标象限角与坐标方位角之间的关系见表 4-2。

图 4-23 象限角与方位角的关系

坐标象限角与坐标方位角关系表 表 4-2

象 限	方 向	坐标方位角推算方位角	象限角推算坐标方位角
第一象限	北东	$R=\alpha$	$\alpha=R$
第二象限	南东	$R=180°-\alpha$	$\alpha=180°-R$
第三象限	南西	$R=\alpha-180°$	$\alpha=180°+R$
第四象限	北西	$R=360°-\alpha$	$\alpha=360°-R$

思考题与习题

1. 影响钢尺量距精度的因素有哪些？如何提高钢尺量距精度？
2. 若钢尺实际长度比名义长度短，用此钢尺量距，其结果是使距离观测值增大还是减小？
3. 用钢尺量得 AB、CD 两段距离为：$D_{AB往}=126.885$m，$D_{AB返}=126.837$m，$D_{CD往}=204.576$m，$D_{CD返}=204.624$m。这两段距离的相对误差各为多少？哪段精度高？
4. 什么是视距测量？观测时应读取哪些读数？
5. 设竖角计算公式为 $\alpha=90°-L$，试计算表 4-3 中视距测量各栏数据。

测站：B　　测站高程：82.893m　　仪器高：1.42m　　表 4-3

点号	视距(Kl)(m)	中丝读数(m)	竖盘读数	竖直角	水平距离(m)	高差(m)	高程(m)	备注
1	48.8	3.84	85°12′					
2	32.7	0.89	99°45′					
3	86.4	2.23	78°41′					

6. 光电测距有什么特点？全站仪测距的基本过程是什么？
7. 标准方向有哪几种？表示直线的方向的方位角有哪几种？

8. 如图 4-24 所示，$\alpha_{12}=236°$，五边形各内角分别为 $\beta_1=76°$，$\beta_2=129°$，$\beta_3=80°$，$\beta_4=135°$，$\beta_5=120°$，求其他各边的坐标方位角和象限角。

9. 如图 4-25 所示，$\alpha_{AB}=76°$，$\beta_1=96°$，$\beta_2=79°$，$\beta_3=82°$，求 α_{B1}，α_{B2}，α_{B3}。

图 4-24

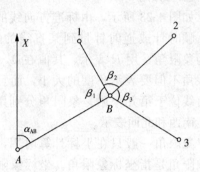

图 4-25

第五章 测量误差的基本知识

学习要求：

通过本章学习，熟悉测量误差及其来源，测量误差的分类及偶然误差的基本规律；衡量测量成果的中误差、容许误差及相对误差的精度标准。了解算术平均值及其中误差、误差传播定律。

第一节 测量误差概述

在测量工作实践中我们发现，不论测量仪器多么精密，观测者多么仔细认真，当对某一未知量，如一段距离，一个角度或两点间的高差进行多次重复观测时，所测得的各次结果总是存在着差异。这些现象说明观测结果中不可避免地存在着测量误差。

研究测量误差的目的是：分析测量误差产生的原因和性质；掌握误差产生的规律，合理地处理含有误差的测量结果，求出未知量的最可靠值；正确地评定观测值的精度。

需要指出的是，错误（粗差）在观测结果中是不允许存在的。例如：水准测量时，转点上的水准尺发生了移动；测角时测错目标；读数时将9误读成6；记录或计算中产生的差错等。所以，含有错误的观测值应舍去不用。为了杜绝和及时发现错误，测量时必须严格按测量规范去操作，工作中要认真仔细，同时必须对观测结果采取必要的检核措施。

一、测量误差产生的原因

测量误差的来源很多，其产生的原因主要有以下三个方面。

（一）仪器的原因

观测工作中所使用的仪器，由于制造和校正不可能十分完善，受其一定精度的限制，使其观测结果的精确程度也受到一定限制。

（二）人的原因

在观测过程中，由于观测者的感觉器官鉴别能力的限制，如人的眼睛最小辨别的距离为0.1mm，所以，在仪器的对中、整平、瞄准、读数等工作环节时都会产生一定的误差。

（三）外界条件的原因

观测是在一定的外界自然条件下进行的，如温度、亮度、湿度、风力和大气折光等因素的变化，也会使测量结果产生误差。

观测结果的精度简称为精度，其取决于观测时所处的条件，上述三个方面综合起来就称作观测条件。观测条件相同的各次观测，称为同精度观测；观测条件不同的各次观测，则称为非等精度观测。

二、测量误差的分类

由于测量结果中含有各种误差，除需要分析其产生的原因，采取必要的措施消除或减弱对观测结果的影响之外，还要对误差进行分类。测量误差按照对观测结果影响的性质不同，可分为系统误差和偶然误差两大类。

（一）系统误差

1. 系统误差

在相同的观测条件下，对某量进行一系列的观测，如果误差出现的符号相同，数值大小保持为常数，或按一定的规律变化，这种误差称为系统误差。例如，某钢尺的注记长度为30m，鉴定后，其实际长度为30.003m，即每量一整尺段，就会产生0.003m的误差，这种误差的数值和符号都是固定的，误差的大小与所量距离成正比。又如，水准仪经检验校正后，水准管轴与视准管轴之间仍会存在不平行的残余误差i角，使得观测时在水准尺上读数会产生误差，这种误差的大小与水准尺至水准仪的距离成正比，也保持同一符号。这些误差都属于系统误差。

2. 系统误差消除或减弱的方法

系统误差具有积累性，对测量结果的质量影响很大，所以，必须使系统误差从测量结果中消除或减弱到允许范围之内，通常采用以下方法。

（1）用计算的方法加以改正。对某些误差应求出其大小，加入测量结果中，使其得到改正，消除误差影响。例如，用钢尺量距时，可以对观测值加入尺长改正数和温度改正数，来消除尺长误差和温度变化误差对观测值的影响。

（2）检校仪器。对测量时所使用的仪器进行检验与校正，把误差减小到最小程度。例如，水准仪中水准管轴是否平行于视准轴检校后，i角不得大于$20''$。

（3）采用合理的观测方法，可使误差自行消除或减弱。例如，在水准测量中，用前后视距离相等的方法能消除i角的影响；在水平角测量中，用盘左、盘右观测值取中数的方法，可以消除视准轴不垂直于横轴和横轴不垂直于竖轴及照准部偏心差等影响。

（二）偶然误差

1. 偶然误差

在相同的观测条件下，对某量进行一系列的观测，如果误差在符号和大小都没有表现出一致的倾向，即每个误差从表面上来看，其符号上或数值上都没有任何规律性，这种误差称为偶然误差。例如，测角时照准误差，水准测量在水准尺上的估读误差等。

由于观测结果中系统误差和偶然误差是同时产生的，但系统误差可以用计算改正或适当的观测方法等消除或减弱，所以，本章中讨论的测量误差以偶然误差为主。

2. 偶然误差的特性

偶然误差就其单个而言，看不出有任何规律，但是随着对同一量观测次数的增加，大量的偶然误差就能表现出一种统计规律性，观测次数越多，这种规律性越明显。例如，在相同的观测条件下，观测了某测区内168个三角形的全部内角，由于观测值存在着偶然误差，使三角形内角观测值之和不等于真值180°，其差值Δ称为真误差，可由下式计算，真值用x表示。

$$\Delta = l - x \tag{5-1}$$

由上式计算出168个真误差，按其绝对值的大小和正负，分区间统计相应真误差个数，列于表5-1中。

误差个数统计表　　　　　　　　　　　　　　　　　　　表 5-1

误差区间	正误差个数	负误差个数	总数
0″～0.4″	25	24	49
0.4″～0.8″	21	22	43
0.8″～1.2″	16	15	31
1.2″～1.6″	10	10	20
1.6″～2.0″	6	7	13
2.0″～2.4″	3	3	6
2.4″～2.8″	2	3	5
2.8″～3.2″	0	1	1
3.2″以上	0	0	0
总和	83	85	168

从上表中可以看出，绝对值小的误差比绝对值大的误差出现的个数多，例如误差在0″～0.4″内有49个，而2.8″～3.2″内只有1个。绝对值相同的正、负误差个数大致相等，例如上表中正误差为83个，负误差为85个。本例中最大误差不超过3.2″。

大量的观测统计资料结果表明，偶然误差具有如下特性：
(1) 在一定的观测条件下，偶然误差的绝对值不会超过一定的限值。
(2) 绝对值较小的误差比绝对值较大的误差出现的机会多。
(3) 绝对值相等的正负误差出现的机会相同。
(4) 偶然误差的算术平均值，随着观测次数的无限增加而趋近于零，即

$$\lim_{n \to \infty} \frac{[\Delta]}{n} = 0 \tag{5-2}$$

式中　n——观测次数；$[\Delta] = \Delta_1 + \Delta_2 + \cdots + \Delta_n$。

偶然误差的第四个特性是由第三个特性导出的，说明大量的正负误差有互相抵消的可能，当观测次数无限增加时，偶然误差的算术平均值必然趋近于零。事实上对任何一个未知量不可能进行无限次的观测，因此，偶然误差不能用计算改正或用一定的观测方法简单地加以消除。只能根据偶然误差的特性，合理地处理观测数据，减少偶然误差的影响，求出未知量的最可靠值，并衡量其精度。

第二节　衡量精度的标准

精度，就是观测成果的精确程度。为了衡量观测成果的精度，必须建立衡量

的标准,在测量工作中通常采用中误差、容许误差和相对误差作为衡量精度的标准。

一、中误差

设在相同的观测条件下,对真值为 x 的某量进行了 n 次观测,其观测值为 l_1,l_2,…,l_n,由式(5-1)得出相应的真误差为 Δ_1,Δ_2,…,Δ_n,为了防止正负误差互相抵消的可能和避免明显的反应个别较大误差的影响,取各真误差平方和的平均值的平方根,作为该组各观测值的中误差(或称为均方误差),以 m 表示,即

$$m=\pm\sqrt{\frac{[\Delta\Delta]}{n}} \tag{5-3}$$

上式表明,观测值的中误差并不等于它的真误差,只是一组观测值的精度指标,中误差越小,相应的观测成果的精度就越高,反之精度就越低。

【例 5-1】 设有 A、B 两个小组,对一个三角形同精度的进行了十次观测,分别求出其真误差 Δ 为:

A 组　$-6''$、$+5''$、$+2''$、$+4''$、$-2''$、$+8''$、$-8''$、$-7''$、$+9''$、$-4''$
B 组　$-11''$、$+6''$、$+15''$、$+23''$、$-7''$、$-2''$、$+13''$、$-21''$、$0''$、$-18''$

试求 A、B 两组观测值的中误差。

【解】 按式(5-3)得

$$m_A=\pm\sqrt{\frac{(-6)^2+(+5)^2+(+2)^2+(+4)^2+(-2)^2+(+8)^2+(-8)^2+(-7)^2+(+9)^2+(-4)^2}{10}}=\pm 6.0''$$

$$m_B=\pm\sqrt{\frac{(-11)^2+(+6)^2+(+15)^2+(+23)^2+(-7)^2+(+13)^2+(-21)^2+0+(-18)^2}{10}}=\pm 13.8''$$

比较 m_A 和 m_B 可知,A 组的观测值的精度高于 B 组。

在观测次数 n 有限的情况下,中误差计算公式首先能直接反映出观测成果中是否存在着大误差,如上面 B 组就受到几个较大误差的影响。中误差越大,误差分布越离散,说明观测值的精度较低。中误差越小,误差分布就越密集,说明观测值的精度较高,如上面 A 组误差的分布要比 B 组密集得多。另外,对于某一个量同精度观测值中的每一个观测值,其中误差都是相等的,如上例中,A 组的十个三角形内角和观测值的中误差都是 $\pm 6.0''$。

二、容许误差

由偶然误差的第一个特性可知,在一定的观测条件下,偶然误差的绝对值不会超过一定的限值。根据大量的实践和误差理论统计证明,在一系列同精度的观测误差中,偶然误差的绝对值大于中误差的出现个数约占总数的 32%;绝对值大于 2 倍中误差的出现个数约占总数的 4.5%;绝对值大于 3 倍中误差的出现个数约占总数的 0.27%。因此,在测量工作中,通常取 2~3 倍中误差作为偶然误差的容许值,称为容许误差,即

$$|\Delta_{容}|=2|m|$$
$$|\Delta_{容}|=3|m| \tag{5-4}$$

如果观测值的误差超过了 3 倍中误差,可认为该观测结果不可靠,应舍去不用或重测。现行作业规范中,为了严格要求,确保测量成果质量,常以 2 倍中误差作为容许误差。

三、相对误差

在某些情况下,用中误差还不能完全表达出观测值的精度高低。例如丈量了两段距离,第一段为 100m,第二段为 200m,它们的中误差都是 ±0.01m,显然,后者的精度要高于前者。因此,观测量的精度与观测量本身的大小有关时,还必须引入相对误差的概念。相对误差是中误差的绝对值与相应观测值之比。相对误差是个无名数,测量中常用分子为 1 的分式表示,即

$$K = \frac{|m|}{D} = \frac{1}{\frac{D}{|m|}} \tag{5-5}$$

在上例中

$$K_1 = \frac{|m_1|}{D_1} = \frac{0.01}{100} = \frac{1}{10000}$$

$$K_2 = \frac{|m_2|}{D_2} = \frac{0.01}{200} = \frac{1}{20000}$$

可直观的看出,后者的精度高于前者。

真误差、中误差、容许误差都是带有测量单位的数值,统称为绝对误差,而相对误差是个无名数,分子与分母的长度单位要一致,同时要将分子约化为 1。

第三节 算术平均值及其中误差

一、算术平均值

设在相同精度观测条件下,对某一量进行了 n 次观测,其观测值为 l_1, l_2, $\cdots$, l_n 算术平均值为 L,未知量的真值为 x,对应观测值的真误差为 Δ_1, Δ_2, $\cdots \Delta_n$,显然

$$L = \frac{l_1 + l_2 + \cdots + l_n}{n} = \frac{[l]}{n} \tag{5-6}$$

又

$$\Delta_1 = l_1 - x$$
$$\Delta_2 = l_2 - x$$
$$\cdots$$
$$\Delta_n = l_n - x$$

将上面式子取和除以 n 得

$$\frac{[\Delta]}{n} = \frac{[l]}{n} - x$$

顾及式(5-6),得

$$L = \frac{[\Delta]}{n} + x$$

根据偶然误差的第四个特性,当观测次数无限增加时,其偶然误差的算术平均值趋近于零,即

$$\lim_{n\to\infty}L=x \tag{5-7}$$

由上式可知,当观测次数无限增加时,算术平均值就趋近于未知量的真值。但是在实际测量工作中,观测次数 n 总是有限的,通常取算术平均值作为最后结果,它比所有的观测值都可靠,故把算术平均值称为"最可靠值"或"最或然值"。

未知量的最或然值与观测值之差称为观测值的改正数,以 v 表示,即

$$v_1=L-l_1$$
$$v_2=L-l_2$$
$$\cdots$$
$$v_n=L-l_n$$

将上面式子两端求和得

$$[v]=0 \tag{5-8}$$

二、用观测值的改正数计算中误差

由前述可知,观测值的精度主要是由中误差来衡量的,用式(5-3)计算观测值的中误差的前提条件是要知道观测值的真误差 Δ,但是,在大多数的情况下,未知量的真值 x 是不知道的,因而真误差通常也是不知道的。因此,在测量实际工作中,通常利用观测值的改正数计算中误差。

即

$$m=\pm\sqrt{\frac{[vv]}{n-1}} \tag{5-9}$$

这就是用观测值的改正数计算中误差的公式,称为白塞尔公式。

三、算术平均值的中误差

由式(5-6)算术平均值的计算公式有

$$L=\frac{l_1+l_2+\cdots+l_n}{n}=\frac{1}{n}l_1+\frac{1}{n}l_2+\cdots+\frac{1}{n}l_n$$

上式中 $\frac{1}{n}$ 为常数,而各观测值是同精度的,所以,它们的中误差均为 m,根据误差传播定律,可得出算术平均值的中误差

$$M^2=\frac{1}{n^2}m^2+\frac{1}{n^2}m^2+\cdots+\frac{1}{n^2}m^2=\frac{1}{n^2}nm^2=\frac{m^2}{n}$$

所以

$$M=\pm\frac{m}{\sqrt{n}} \tag{5-10}$$

从上式可知,算术平均值的中误差 M 要比观测值的中误差 m 小 $\sqrt{n}$ 倍,观测次数越多,算术平均值的中误差就越小,精度就越高。适当增加观测次数 n,可以提高观测值的精度,当观测次数增加到一定次数后,算术平均值的精度提高就很

微小，所以，应该根据需要的精度，适当确定观测的次数。

【例 5-2】 对某一段水平距离同精度丈量了 6 次，其结果列于表 5-2，试求其算术平均值、一次丈量中误差、算术平均值中误差及其相对误差。

同精度观测结果 表 5-2

序 号	观测值 l_i(m)	改正数 v_i(mm)	vv
1	136.658	−3	9
2	136.666	−11	121
3	136.651	+4	16
4	136.662	−7	49
5	136.645	+10	100
6	136.648	+7	49
总 和	819.930	0	344

【解】
$$L=\frac{819.930}{6}=136.655\text{m}$$

$$m=\pm\sqrt{\frac{344}{6-1}}=\pm 8.3\text{mm}$$

$$M=\frac{\pm 8.3}{\sqrt{6}}=\pm 3.4\text{mm}$$

$$K=\frac{1}{\frac{136.655}{3.4\times 10^{-3}}}\approx\frac{1}{40000}$$

第四节 误差传播定律

在测量工作中，有一些未知量是不能直接测定，而且与观测值有一定的函数关系，通过间接计算求得。例如：高差 $h=a-b$，是独立观测值后视读数 a 和前视读数 b 的函数。建立独立观测值中误差与观测值函数中误差之间的关系式，测量上称为误差传播定律。

一、线性函数

1. 倍数函数

设函数
$$Z=kx$$

式中，k 为常数；x 为独立观测值；Z 为 x 的函数。当观测值 x 含有真误差 Δx 时，使函数 Z 也将产生相应的真误差 ΔZ，设 x 值观测了 n 次，则

$$\Delta Z_n=k\Delta x_n$$

将上式两端平方，求其总和，并除以 n，得

$$\frac{[\Delta Z\Delta Z]}{n}=k^2\frac{[\Delta x\Delta x]}{n}$$

根据中误差的定义，则有
$$m_z^2 = k^2 m_x^2$$
或
$$m_z = k m_x \tag{5-11}$$

由此得出结论：倍数函数的中误差，等于倍数与观测值中误差的乘积。

【例 5-3】 在 1:500 的图上，量得某两点间的距离 $d=51.2$mm，d 的量测中误差 $m_d=\pm 0.2$mm。试求实地两点间的距离 D 及其中误差 m_D。

【解】
$$D = \frac{500 \times 51.2}{1000} = 25.6\text{m}$$

$$m_D = \frac{500 \times (\pm 0.2)}{1000} = \pm 0.1\text{m}$$

所以 $D = 25.6 \pm 0.1$m

2. 和差函数

设有函数
$$Z = x \pm y$$

式中 x 和 y 均为独立观测值；Z 是 x 和 y 的函数。当独立观测值 x、y 含有真误差 Δx、Δy 时，函数 Z 也将产生相应的真误差 ΔZ，如果对 x、y 观测了 n 次，则

$$\Delta Z_n = \Delta x_n + \Delta y_n$$

将上式两端平方，求其总和，并除以 n，得

$$\frac{[\Delta Z \Delta Z]}{n} = \frac{[\Delta x \Delta x]}{n} + \frac{[\Delta y \Delta y]}{n} + \frac{2[\Delta Z \Delta Z]}{n}$$

根据偶然误差的抵消性和中误差定义，得
$$m_Z^2 = m_x^2 + m_y^2$$
或
$$m_Z = \pm \sqrt{m_x^2 + m_y^2} \tag{5-12}$$

由此得出结论：和差函数的中误差，等于各个观测值中误差平方和的平方根。

【例 5-4】 分段丈量一直线上两段距离 AB、BC，丈量结果及其中误差为：$AB = 180.15 \pm 0.10$m，$BC = 200.18 \pm 0.13$m。试求全长 AC 及其中误差。

【解】
$$AC = 180.15 + 200.18 = 380.33\text{m}$$
$$m_{AC} = \pm \sqrt{0.10^2 + 0.13^2} = \pm 0.17\text{m}$$

若各观测值的中误差相等，即 $m_{x_1} = m_{x_2} = \cdots = m_{x_n} = m$ 时，则有
$$m_z = \pm m \sqrt{n}$$

【例 5-5】 在水准测量中，若水准尺上每次读数的中误差为 ± 1.0mm，则根据后视读数减前视读数计算所得高差中误差是多少？

【解】 一个测站的高差 $h = a - b$，$m_{读} = \pm 1.0$mm，
$$m_h = \sqrt{m_{读}^2 + m_{读}^2} = m_{读} \sqrt{2} = \sqrt{2} \times (\pm 1.0) = \pm 0.14\text{cm}$$

3. 一般线性函数

设有线性函数
$$Z = k_1 x_1 + k_2 x_2 + \cdots + k_n x_n$$

式中 $x_1, x_2, \cdots, x_n$ 为独立观测值；$k_1, k_2, \cdots, k_n$ 为常数，根据式(5-11)和(5-12)可得

$$m_Z^2 = (k_1 m_1)^2 + (k_2 m_2)^2 + \cdots + (k_n m_n)^2$$

$$m_Z=\sqrt{(k_1m_1)^2+(k_2m_2)^2+\cdots+(k_nm_n)^2}$$

式中 m_1，m_2，$\cdots$，m_n 分别是 x_1，x_2，$\cdots$，x_n 观测值的中误差。

由此得出结论：线性函数中误差，等于各常数与相应观测值中误差乘积的平方和的平方根。

根据上式可导出等精度观测算术平均值中误差的计算公式

$$M=\pm\frac{m}{\sqrt{n}} \tag{5-13}$$

【例 5-6】 用测回法观测某一水平角，按等精度观测了 3 个测回，各测回的观测中误差，$m=\pm 8''$，试求 3 个测回的算术平均值的中误差 M。

【解】
$$M=\pm\frac{m}{\sqrt{n}}=\pm\frac{8''}{\sqrt{3}}=\pm 4.6''$$

二、非线性函数

设有函数
$$Z=f(x_1,x_2,\cdots,x_n)$$

上式中，x_1，x_2，$\cdots$，x_n 为独立观测值，其中误差为 m_1，m_2，$\cdots$，m_n。当观测值 x_i 含有真误差 Δx_i 时，函数 Z 也必然产生真误差 ΔZ，但这些真误差都是很小值，故对上式全微分，并以真误差代替微分，即

$$\Delta Z=\frac{\partial f}{\partial x_1}\Delta x_1+\frac{\partial f}{\partial x_2}\Delta x_2+\cdots+\frac{\partial f}{\partial x_n}\Delta x_n$$

上式中 $\frac{\partial f}{\partial x_1}$，$\frac{\partial f}{\partial x_2}$，$\cdots$，$\frac{\partial f}{\partial x_n}$ 是函数 Z 对 x_1，x_2，$\cdots$，x_n 的偏导数，当函数值确定后，则偏导数值恒为常数，故上式可以认为是线性函数，于是有

$$m_Z=\pm\sqrt{\left(\frac{\partial f}{\partial x_1}\right)^2 m_{x_1}^2+\left(\frac{\partial f}{\partial x_2}\right)^2 m_{x_2}^2+\cdots+\left(\frac{\partial f}{\partial x_n}\right)^2 m_{x_n}^2} \tag{5-14}$$

由此得出结论：非线性函数中误差等于该函数按每个观测值所求得的偏导数与相应观测值中误差乘积之和的平方根。

【例 5-7】 已知矩形的宽 $x=30\text{m}$，其中误差 $m_x=0.010\text{m}$，矩形的长 $y=40\text{m}$，其中误差 $m_y=0.012\text{m}$，计算矩形面积 A 及其中误差 m_A。

【解】

已知计算矩形面积公式
$$A=xy$$

对各观测值取偏导数
$$\frac{\partial f}{\partial y}=x,\quad \frac{\partial f}{\partial x}=y$$

根据误差传播定律，得
$$m_A=\pm\sqrt{\left(\frac{\partial f}{\partial y}\right)^2 m_y^2+\left(\frac{\partial f}{\partial x}\right)^2 m_x^2}=\pm\sqrt{x^2 m_y^2+y^2 m_x^2}$$

矩形面积 $\quad A=xy=30\times 40=1200\text{m}^2$

面积 A 的中误差 $\quad m_A=\pm\sqrt{40^2\times 0.010^2+30^2\times 0.012^2}$
$$=\pm\sqrt{0.2896}\text{m}^2$$

$$m_A = \pm 0.54 \text{m}^2$$

通常写成 $A = 1200 \pm 0.54 \text{m}^2$

【例5-8】 设沿倾斜面上 A、B 两点间量得距离 $D = 32.218 \pm 0.003 \text{m}$，并测得两点之间的高差 $h = 2.35 \pm 0.005 \text{m}$。求水平距离 D_0 及其中误差 m_{D_0}。

【解】 $D_0 = \sqrt{D^2 - h^2} = \sqrt{32.218^2 - 2.35^2} = 33.132 \text{m}$

对 $D_0 = \sqrt{D^2 - h^2}$ 求全微分，得

$$dD_0 = \frac{\partial f}{\partial D}dD + \frac{\partial f}{\partial h}dh = \frac{D}{\sqrt{D^2-h^2}}dD - \frac{h}{\sqrt{D^2-h^2}}dh$$

$$= \frac{D}{D_0}dD - \frac{h}{D_0}dh$$

$$\frac{D}{D_0} = \frac{32.218}{32.132} = 1.0027, \quad \frac{h}{D_0} = \frac{2.35}{32.132} = 0.0731$$

根据式(5-14)可得

$$m_{D_0} = \pm \sqrt{1.0027^2 \times 0.003^2 - 0.0731^2 \times 0.005^2}$$

$$= \pm 0.003 \text{m}$$

$$D_0 = 32.132 \pm 0.003 \text{m}$$

思考题与习题

1. 产生观测误差的原因有哪些？
2. 偶然误差与系统误差有何区别？偶然误差具有哪些特性？
3. 什么叫中误差？容许误差？相对误差？
4. 为什么说观测值的算术平均值是最或然值？
5. 在一组等精度观测中，观测值中误差与算术平均值中误差有什么区别？
6. 在水准测量中，设每一个测站的观测值中误差为 $\pm 5 \text{mm}$，若从已知点到待定点一共测 10 个测站，试求其高差中误差。
7. 设对某直线测量 8 次，其观测结果为：
258.741、258.752、258.763、258.749、258.775、258.770、258.748、258.766m。
试计算其算术平均值、算术平均值的中误差及相对中误差。
8. 设同精度观测了某水平角 6 个测回，观测值分别为：56°32′12″、56°32′24″、56°32′06″、56°32′18″、56°32′36″、56°32′18″。试求观测一测回中误差、算术平均值及其中误差。如果要算术平均值中误差小于 $\pm 2.5″$，问共需测多少个测回？
9. 有一长方形，测得其边长为 $15 \pm 0.003 \text{m}$ 和 $20 \pm 0.004 \text{m}$。试求该长方形面积及其中误差。

第六章 全站仪及 GPS 应用

学习要求：

通过本章学习，了解全站仪测量及 GPS 的基本原理；熟悉全站仪测量及 GPS 定位测量的基本方法；掌握全站仪的基本操作，能正确使用全站仪进行基本测设工作。

第一节 概 述

全站仪又称全站型电子速测仪，是一种可以同时进行角度测量和距离测量，由机械、光学、电子元件组合而成的测量仪器。在测站上安置好仪器后，除照准需人工操作外，其余可以自动完成，而且几乎是在同一时间得到平距、高差和点的坐标。全站仪是由电子测距仪、电子经纬仪和电子记录装置三部分组成。从结构上分，全站仪可分为组合式和整体式两种。组合式全站仪是用一些连接器将测距部分、电子经纬仪部分和电子记录装置部分连接成一组合体。它的优点是能通过不同的构件进行灵活多样的组合，当个别构件损坏时，可以用其他的构件代替，具有很强的灵活性。整体式全站仪是在一个仪器内装配测距、测角和电子记录三部分。测距和测角共用一个光学望远镜，方向和距离测量只需一次照准，使用十分方便。

全站仪的电子记录装置是由存储器、微处理器、输入和输出部分组成。由微处理器对获取的斜距、水平角、竖直角、视准轴误差、指标差、棱镜常数、气温、气压等信息进行处理，可以获得各种改正后的数据。在只读存储器中固化了一些常用的测量程序，如坐标测量、导线测量、放样测量、后方交会等，只要进入相应的测量程序模式，输入已知数据，便可依据程序进行测量过程，获取观测数据，并解算出相应的测量结果。通过输入、输出设备，可以与计算机交互通信，将测量数据直接传输给计算机，在软件的支持下，进行计算、编辑和绘图。测量作业所需要的已知数据也可以从计算机输入全站仪，可以实现整个测量作业的高度自动化。

全站仪的应用可归纳为四个方面：一是在地形测量中，可将控制测量和碎部测量同时进行；二是可用于施工放样测量，将设计好的道路、桥梁、管线、工程建设中的建筑物、构筑物等的位置按图纸设计数据测设到地面上；三是可用全站仪进行导线测量、前方交会、后方交会等，不但操作简便且速度快、精度高；四是通过数据输入/输出接口设备，将全站仪与计算机、绘图仪连接在一起，形成一套完整的测绘系统，从而大大提高测绘工作的质量和效率。

第二节 全站仪的基本构造及功能

全站仪的种类很多，各种型号仪器的基本结构大致相同。现以日本拓普康公司生产的 GTS-330 系列全站仪为例进行介绍。GTS-330 系列的外观与普通电子经纬仪相似，是由电子经纬仪和电子测距仪两部分组成。

一、仪器部件的名称

图 6-1 标示出了仪器各个部件的名称。

图 6-1　GTS-330(332、335)结构图

二、显示

1. 显示屏

显示屏采用点阵式液晶显示(LCD)，可显示 4 行，每行 20 个字符，通常前三行显示的是测量数据，最后一行显示的是随测量模式变化的按键功能。

2. 对比度与照明

显示窗的对比度与照明可以调节，具体可在菜单模式或者星键模式下依据其中文操作指示来调节。

3. 加热器(自动)

当气温低于 0℃时，仪器的加热器就自动工作，以保持显示屏正常显示，加热器开/关的设置方法依据菜单模式下的操作方法进行。加热器工作时，电池的工作时间会变短一些。

4. 显示符号

在显示屏中显示的符号见表 6-1。

显示符号及其含义　　　　　　　　表 6-1

显示	内容	显示	内容
V%	垂直角(坡度显示)	*	EDM(电子测距)正在进行
HR	水平角(右角)	m	以 m 为单位
HL	水平角(左角)	f	以英尺(ft)/英尺与英寸(in)为单位
HD	水平距离		
VD	高差		
SD	倾斜		
N	北向坐标		
E	东向坐标		
Z	高程		

三、操作键

显示屏上的各操作键如图 6-2 所示，具体名称及功能说明见表 6-2。

图 6-2 显示屏操作键示意图

操作键名称及功能说明 表 6-2

键	名 称	功 能
★	星键	星键模式用于如下项目的设置或显示：(1)显示屏对比度；(2)十字丝照明；(3)背景光；(4)倾斜改正；(5)定线点提示器(仅适用于有定线点指示器类型)；(6)设置音响模式
↙	坐标测量键	坐标测量模式
◢	距离测量键	距离测量模式
ANG	角度测量键	角度测量模式
POWER	电源键	电源开关
MENU	菜单键	在菜单模式和正常测量模式之间切换，在菜单模式下可设置应用测量与照明调节、仪器系统误差改正
ESC	退出键	• 返回测量模式或上一层模式 • 从正常测量模式直接进入数据采集模式或放样模式 • 也可用做为正常测量模式下的记录键
ENT	确认输入键	在输入值末尾按此键
F1～F4	软键(功能键)	对应于显示的软键功能信息

四、功能键（软键）

软键共有四个，即 F1、F2、F3、F4 键，每个软键的功能见相应测量模式的相应显示信息，在各种测量模式下分别有其不同的功能。

标准测量模式有三种，即角度测量模式、距离测量模式和坐标测量模式。各测量模式又有若干页，可以用 F4 键翻页。具体操作及模式说明见图 6-3 及表 6-3、表 6-4、表 6-5。

```
角度测量模式              距离测量模式              坐标测量模式

V:        90°10′20″     HR:     120°30′40″     N:        123.456m
HR:       120°30′40″    HD*[r]     <<m         E:         34.567m
                        VD:         m          Z:         78.912m
置零  锁定  置盘  P1↓    测量  模式  S/A  P1↓    测量  模式  S/A  P1↓
倾斜  复测  V%   P2↓    偏心  放样  m/f/i P2↓   镜高  仪高  测站  P2↓
H-蜂鸣 R/L  竖角 P3↓                            偏心  ---  m/f/i P3↓

[F1] [F2] [F3] [F4]
   (a)                        (b)                       (c)
```

图 6-3 标准测量模式

角度测量模式　　　　　　　　　　　　　　　　　　　　　　　　表 6-3

页数	软键	显示符号	功能
1	F1	置零	水平角置为 0°00′00″
	F2	锁定	水平角读数锁定
	F3	置盘	通过键盘输入数字设置水平角
	F4	P1↓	显示第2页软键功能
2	F1	倾斜	设置倾斜改正开或关,若选择开,则显示倾斜改正值
	F2	复测	角度重复测量模式
	F3	V%	垂直角百分比坡度(%)显示
	F4	P2↓	显示第3页软键功能
3	F1	H-蜂鸣	仪器每转动水平角90°是否要发出蜂鸣声的设置
	F2	R/L	水平角右/左计数方向的转换
	F3	竖盘	垂直角显示格式(高度角/天顶距)的切换
	F4	P3↓	显示下一页(第1页)软键功能

距离测量模式　　　　　　　　　　　　　　　　　　　　　　　　表 6-4

页数	软键	显示符号	功能
1	F1	测量	启动测量
	F2	模式	设置测距模式精测/粗测/跟踪
	F3	S/A	设置音响模式
	F4	P1↓	显示第2页软键功能
2	F1	偏心	偏心测量模式
	F2	放样	放样测量模式
	F3	m/f/i	米、英尺或者英尺、英寸单位的变换
	F4	P2↓	显示第1页软键功能

坐标测量模式　　　　　　　　　　　　　　表 6-5

页数	软键	显示符号	功　能
1	F1	测量	开始测量
1	F2	模式	设置测量模式，精测/粗测/跟踪
1	F3	S/A	设置音响模式
1	F4	P1↓	显示第 2 页软件功能
2	F1	镜高	输入棱镜高
2	F2	仪高	输入仪器高
2	F3	测站	输入测站点（仪器站）坐标
2	F4	P2↓	显示第 3 页软件功能
3	F1	偏心	偏心测量模式
3	F3	m/f/i	米、英尺或者英尺、英寸单位的变换
3	F4	P3	显示第 1 页软件功能

五、星键模式

如图 6-4 所示，按下（★）键即可看到下列仪器设置选项，具体说明见表 6-6。

(1) 调节显示屏的黑白对比度（0～9 级）［按▲或▼键］。

(2) 调节十字丝照明亮度（1～9 级）［按◀或▶键］。

(3) 显示屏照明开/关 ［F1 键］。

(4) 设置倾斜改正 ［F2 键］。

(5) 定线点指示灯开/关 ［F3 键］（仅适用于有定线点指示器的仪器）。

(6) 设置音响模式（S/A）［F4 键］。

注：当通过主程序运行与星键相同的功能时，则星键模式无效。

图 6-4　星键模式菜单

星键模式操作说明　　　　　　　　　　表 6-6

键	显示符号	功能
F1	照明	显示屏背景光开关
F2	倾斜	设置倾斜改正，若设置为开，则显示倾斜改正值
F3	定线	定线点指示器开关（仅适用于有定线点指示器类型）
F4	S/A	显示 EDM 回光信号强度（信号）、大气改正值（PPM）和棱镜常数值（棱镜）
▲或▼	黑白	调节显示屏对比度（0～9 级）
◀或▶	亮度	调节十字丝照明亮度（1～9 级） 十字丝照明开关和显示屏背景光开关是联通的

六、RS-232C 串行信号接口

GTS-330 系列上的串行信号接口用来与计算机或者拓普康公司数据采集器进行连接，使得计算机或者采集器能够从仪器接收到数据或发送预置数据（如水平角等）到 GTS-330。

七、反射棱镜

可根据需要选用拓普康公司生产的各种棱镜框、棱镜、标杆连接器、三角基座连接器以及三角基座等系统组件，并可根据测量的需要进行组合，形成满足各种距离测量所需的棱镜组合。

不同的棱镜数量，测程不同，棱镜数越多，测程越大，但全站仪的测程是有限的。所以棱镜数应根据全站仪的测程和所测距离来选择。

单棱镜、三棱镜等在使用时一般安置在三脚架上，用于控制测量。在放样测量和精度要求不高的测量中，采用测杆棱镜是十分便利的。

八、全站仪的有关设置

无论何种类型的全站仪，在开始测量前，都应进行一些必要的准备工作，如水平度盘及竖直度盘指标设置、仪器参数和使用单位的设置、棱镜常数改正值和气象改正值的设置等。准备工作完成后，方可开始进行测量。下面以 GTS-330 系列为例介绍其设置方法。

（一）单位设置

1. 温度和气压单位设置

其内容为选择大气改正用的温度单位和气压单位。温度单位有 C、F 两个选项；气压单位有 hPa、mmHg、inHg 三个选项。

2. 角度单位设置

选择测角单位，有 deg、gon、mil（度、哥恩、密位）三个选项。

3. 距离单位设置

选择测距单位，有 m、ft、ft.in（米、英尺、英寸）三个选项。

下面将以示例的形式叙述单位参数的设置方法。

【例 6-1】 设置气压和温度单位为 hPa 和℉的设置方法。其操作步骤如图 6-5 所示（其他设置方法依照此例进行相应操作即可）。

操作过程	操作	显示
①按住［F2］键开机	［F2］ ＋ 开机	参数组 2 F1：单位设置 F2：模式设置 F3：其他设置
②按［F1］（单位设置）键	［F1］	单位设置　　　　　　1/2 F1：温度和气压 F2：角度 F3：距离　　　　　　P↓
③按［F1］（温度和气压）键	［F1］	温度和气压设置 温度：　　　　　　　℃ 气压：　　　　　　mmHg ℃　　℉　　---　　回车
④按［F2］（℉）键，再按［F4］（回车）键	［F2］ ［F4］	温度和气压设置 温度：　　　　　　　℉ 气压：　　　　　　mmHg hPa mmHg　inHg　回车
⑤按［F1］（hPa）键，再按［F4］（回车）键返回单位设置菜单	［F1］ ［F4］	单位设置　　　　　　1/2 F1：温度和气压 F2：角度 F3：距离　　　　　　P↓
⑥按［ESC］键返回参数设置（参数组 2）菜单	［ESC］	参数组 2 F1：单位设置 F2：模式设置 F3：其他设置

图 6-5

（二）模式设置

模式设置项目有开机模式、精测/粗测/跟踪、平距/斜距、竖角、ESC 键模式及坐标检查等。具体设置方法依据模式设置菜单进行，可参照单位设置操作方法进行设置。

（三）其他设置

该项设置有许多项，一般选择仪器的默认值即可。

第三节　全站仪的操作

一、仪器的安置

将仪器安置在三脚架上，精确对中和整平。在操作时应使用中心连接螺旋直径为 5/8 英寸（1.5875cm）的拓普康宽框木制三脚架。其具体操作方法同光学经纬仪的安置相同。一般采用光学对中器完成对中；利用长管水准器精平仪器。

二、仪器的开机

首先确认仪器已经整平，然后打开电源开关（POWER 键），仪器开机后应确认棱镜常数（PSM）和大气改正值（PPM）并可调节显示屏。然后根据需要进行各项测量工作。

三、字母数字输入方法

在此介绍该仪器字母数字的输入方法，如仪器高、棱镜高、测站点和后视点的参数的输入。具体操作如图 6-6 所示。

图 6-6

若要修改字符，可按 [←] 或 [→] 键将光标移到修改的字符上，并再次输入。

四、角度测量

1. 水平角（右角）和垂直角测量

将仪器调为角度测量模式，按图 6-7 所示操作进行。

操作过程	操作	显示
①照准第一个目标A	照准A	V: 90°10′20″ HR: 120°30′40″ 置零 锁定 置盘 P1↓
②设置目标A水平角为0°00′00″ 按[F1](置零)键和(是)键	[F1]	水平角置零 ＞OK? --- --- [是] [否]
	[F3]	V: 90°10′20″ HR: 0°00′00″ 置零 锁定 置盘 P1↓
③照准第二个目标B，显示目标B的 V/H	照准目标B	V: 96°48′24″ HR: 153°29′21″ 置零 锁定 置盘 P1↓

图 6-7

2. 水平角(右角/左角)的切换

将仪器调为角度测量模式，按图 6-8 所示操作进行水平角(右角/左角)的切换。

操作过程	操作	显示
①按[F4](↓)键两次转到第3页功能	[F4] 两次	V: 90°10′20″ HR: 120°30′40″ 置零 锁定 置盘 P1↓ 倾斜 复测 V% P2↓ H-蜂鸣 R/L 竖角 P3↓
②按[F2](R/L)键，右角模式HR 切换到左角模式HL ③以左角HL模式进行测量	[F2]	V: 90°10′20″ HR: 239°29′20″ H-蜂鸣 R/L 竖角 P3↓

图 6-8

3. 水平角的设置方法

(1) 通过锁定角度值进行设置。将仪器调为角度测量模式，按图 6-9 所示操作进行锁定角度值。

(2) 通过键盘输入进行设置。将仪器调为角度测量模式，按图 6-10 所示操作通过键盘输入锁定水平角度值。

4. 垂直角百分度(％)模式

将仪器调为角度测量模式，按以下操作进行。

图 6-9

图 6-10

(1) 按[F4](↓)键转到显示屏第二页。

(2) 按[F3](V%)键,显示屏即显示 V%,进入垂直角百分度(%)模式。

五、距离测量

1. 棱镜常数的设置

拓普康的棱镜常数为 0,设置棱镜改正为 0。若使用其他厂家生产的棱镜,则在使用之前应先设置一个相应的常数,即使电源关闭,所设置的值也仍将被保存在仪器中。

2. 距离测量(连续测量)

将仪器调为角度测量模式,然后按 4 中所述步骤进行操作。

3. 距离测量(N 次测量/单次测量)

当输入测量次数后,GTS-330 系列就将按设置的次数进行测量,并显示出距离平均值。当输入测量次数为 1 时,因为是单次测量,仪器不显示距离平均值,该仪器出厂时已经被设置为单次测量。首先将仪器调为角度测量模式,然后按图 6-11 所示操作步骤进行。

操作过程	操作	显示
①照准棱镜中心	照准	V: 90°10′20″ HR: 120°30′40″ 置零　锁定　置盘　P1↓
②按距离测量键,距离测量开始	[▰]	HR: 120°30′40″ HD*[r]: <<m VD: m 测量　模式　S/A　P1↓
显示测量的距离		HR: 120°30′40″ HD*: 123.456m VD: 5.678m 测量　模式　S/A　P1↓
• 再次按 [▰] 键,显示变为水平角(HR)、垂直角(V)和斜距(SD)	[▰]	V: 90°10′20″ HR: 120°30′40″ SD: 131.678m 测量　模式　S/A　P1↓
①照准棱镜中心	照准	V: 90°10′20″ HR: 120°30′40″ 置零　锁定　置盘　P1↓
②按 [▰] 键,连续测量开始	[▰]	HR: 120°30′40″ HD*[r]: <<m VD: m 测量　模式　S/A　P1↓
③当连续测量不再需要时,可按[F1](测量)键,"﹡"标志消失并显示平均值	[F1]	HR: 120°30′40″ HD*[r]: <<m VD: m 测量　模式　S/A　P1↓
• 当光电测距(EDM)正在工作时,再按[F1](测量)键,模式转变为连续测量模式		HR: 120°30′40″ HD: 123.456m VD: 5.678m 测量　模式　S/A　P1↓

图 6-11

4. 精测模式/跟踪模式/粗测模式

精测模式:这是正常的测距模式,最小显示单位为 0.2mm 或 1mm,其测量时间为:0.2mm 模式下大约为 2.8s,1mm 模式大约为 1.2s。

跟踪模式:此模式观测时间要比精测模式短,最小显示单位为 10mm,测量时间约为 0.4s。

粗测模式:该模式观测时间比精测模式短,最小显示单位为 10mm 或 1mm,测量时间约为 0.7s。具体操作如图 6-12 所示。

操作过程	操作	显示
		HR: 120°30′40″ HD* 123.456m VD: 5.678m 测量 模式 S/A P1↓
①在距离测量模式下按[F2]（模式）键，设置模式的首字符(F/T/C)将显示出来(F：精测 T：跟踪 C：粗测)	[F2]	HR: 120°30′40″ HD* 123.456m VD: 5.678m 精测 跟踪 粗测 F
②按[F1]（粗测）键,[F2]（跟踪）键或[F3]（粗测）键	[F1]—[F3]	HR: 120°30′40″ HD* 123.456m VD: 5.678m 测量 模式 S/A P1↓

图 6-12

六、放样测量

该功能可显示出测量的距离与输入的放样距离之差。测量距离－放样距离＝显示值，其操作步骤如图 6-13 所示，操作时注意以下两点：

操作过程	操作	显示
①在距离测量模式下按[F4]（↓）键，进入第二页功能	[F4]	HR: 120°30′40″ HD* 123.456m VD: 5.678m 测量 模式 S/A P1↓ 偏心 放样 m/f/iP2↓
②按[F2]（放样）键，显示出上次设置的数据	[F2]	放样 HD: 0.000m 平距 高差 斜距 ------
③通过按[F1]～[F3]键选择测量模式，例：水平距离	[F1]	放样 HD: 0.000m 输入 --- --- 回车 1234 5678 90.-[ENT]
④输入放样距离	[F1] 输入数据 [F4]	放样 HD: 100.000m 输入 --- --- 回车
⑤照准目标(棱镜)测量开始。显示出测量距离与放样距离之差	照准 P	HR: 120°30′40″ dHD* [r] <<m VD: m 测量 模式 S/A P1
⑥移动目标棱镜，直至距离差等于 0m 为止		HR: 120°30′40″ dHD* [r] 23.456m VD: 5.678m 测量 模式 S/A P1↓

图 6-13

(1) 放样时可选择平距（HD），高差（VD）和斜距（SD）中的任意一种放样模式。

(2) 若要返回到正常的距离测量模式，可设置放样距离为0m或关闭电源。

七、坐标测量

1. 测站点坐标的设置

设置仪器（测站点）相对于测量坐标原点的坐标，仪器可自动转换和显示未知点（棱镜点）在该坐标系中的坐标，如图6-14所示，其具体操作如图6-15所示。

图6-14 测站点坐标设置

操作过程	操作	显示
①在坐标测量模式下，按[F4]（↓）键进入第2页功能	[F4]	N: 123.456m E: 34.567m Z: 78.912m 测量　模式　S/A　P1↓ ---- 镜高　仪高　测站　P2↓
②按[F3]（测站）键	[F3]	N→　　　　　0.000m E:　　　　　0.000m Z:　　　　　0.000m 输入　---　---　回车 ---- 1234　5678　.90.-[ENT]
③输入N坐标	[F1] 输入数据 [F4]	N　　　　　51.456m E→　　　　　0.000m Z:　　　　　0.000m 输入　---　---　回车
④按同样方法输入E和Z坐标。输入数据后，显示屏返回坐标测量模式		N:　　　　51.456m E:　　　　34.567m Z:　　　　78.912m 测量　模式　S/A　P1↓

图 6-15

2. 仪器高的设置

电源关闭后，可保存仪器高，具体操作步骤如图 6-16 所示。

操作过程	操作	显示
①在坐标测量模式下，按[F4]（↓）键，进入第2页功能	[F4]	N: 123.456m E: 34.567m Z: 78.912m 测量 模式 S/A P1↓ ---- 镜高 仪高 测站 P2↓
②按[F2]（仪高）键，显示当前值	[F2]	仪器高 输入 仪高： 0.000m 输入 --- --- 回车 ---- 1234 5678 90.-[ENT]
③输入仪器高	[F1] 输入仪器高 [F4]	N: 123.456m E: 34.567m Z: 78.912m 测量 模式 S/A P1↓

图 6-16

3. 目标高（棱镜高）的设置

此项功能用于获取 Z 坐标值，电源关闭后，可保存目标高，具体操作步骤如图 6-17 所示。

操作过程	操作	显示
①在坐标测量模式下，按[F4]（↓）键，进入第2页功能	[F4]	N: 123.456m E: 34.567m Z: 78.912m 测量 模式 S/A P1↓ ---- 镜高 仪高 测站 P2↓
②按[F2]（镜高）键，显示当前值	[F1]	镜高 输入 镜高： 0.000m 输入 --- --- 回车 ---- 1234 5678 90.-[ENT]
③输入棱镜高	[F1] 输入棱镜高 [F4]	N: 123.456m E: 34.567m Z: 78.912m 测量 模式 S/A P1↓

图 6-17

4. 坐标测量的过程

通过输入仪器高和棱镜高后进行坐标测量时,可直接测定未知点的坐标。具体步骤如下:

(1) 设置测站点的坐标值。

(2) 设置仪器高和目标高。

(3) 计算未知点的坐标并显示计算结果。测站点坐标为(N_0, E_0, Z_0),仪器高为i,棱镜高为v,高差为$z(VD)$,相对于仪器中心点的棱镜中心坐标为(n, e, z),如图 6-18 所示。

未知点坐标为(N_1, E_1, Z_1),其中 $N_1=N_0+n$,$E_1=E_0+e$,$Z_1=Z_0+i+z-v$。

图 6-18 未知点坐标计算原理图

(4) 在测站点的坐标未输入的情况下,缺省的测站点坐标为(0,0,0)。

(5) 当仪器高未输入时,以 0 计算;当棱镜高未输入时,以 0 计算。

用全站仪测量时,具体操作步骤如图 6-19 所示。

操作过程	操作	显示
①设置已知点 A 的方向角	设置方向角	V: 90°10′20″ HR: 120°30′40″ 置零 锁定 置盘 P1↓
②照准目标 B	照准目标	
③按 [↙↗] 键,开始测量	[↙↗]	N* [r] <<m E: m Z: m 测量 模式 S/A P1↓
显示测量结果		N: 123.456m E: 34.567m Z: 78.912m 测量 模式 S/A P1↓

图 6-19

八、数据采集测量

GTS-330 系列可将测量数据存储于仪器内存中,内存划分为测量数据文件和坐标文件,文件数最大可达 30 个。

被采集的数据(测量数据)存储在测量数据文件中。仪器测点数目(在未使用内存于放样模式的情况下)最多可达 8000 个点,由于内存供数据采集模式和放样模式使用,因此当放样模式在使用时,可存储测点的数目就会减少。

在关闭电源时,应确认仪器处于主菜单显示屏或角度测量模式,这样可以确保存储器输入、输出过程完成,避免存储数据时可能出现丢失现象。

具体的数据采集菜单操作为:

按下[MENU]键,仪器进入主菜单 1/3 模式;按下[F1](数据采集)键,显示数据采集菜单 1/2,具体操作步骤如图 6-20 所示。

图 6-20 数据采集菜单

1. 数据采集准备工作

(1) 选定或建立一个数据采集文件。在启动数据采集模式之前，即会出现文件选择显示屏，由此可选定一个文件，文件选择也可在该模式下的数据采集菜单中进行，具体操作步骤如图 6-21 所示。

操作过程	操作	显示
		菜单　　　　　　　　　　1/3 F1：数据采集 F2：放样 F3：存储管理　　　　　　P↓
①由主菜单 1/3 按 [F1]（数据采集）键	[F1]	选择文件 FN：_____ 输入　　调用　　---　　回车
②按 [F2]（调用）键，显示文件目录	[F2]	AMIDATA　　/M0123 →*HILDATA　　/M0345 　　TOPDATA　　/M0789 ---　　查找　　---　　回车
③按 [▲] 或 [▼] 键使文件表向上下滚动，选定一个文件	[▲] 或 [▼]	TOPDATA　　/M0789 →*RAPDATA　　/M0345 　　SATDATA　　/M0789 　　　　查找　　　　　回车
④按 [F4]（回车）键，文件即被确认显示数据采集菜单 1/2	[F4]	数据采集　　　　　　　　1/2 F1：测站点输入 F2：后视 F3：前视/侧视　　　　　P↓

图 6-21

(2) 坐标文件的选择（供数据采集用）。若需调用坐标数据文件中的坐标作为测站点或后视点坐标用，则预先应由数据采集菜单 2/2 选择一个坐标文件，具体操作步骤如图 6-22 所示。

操作过程	操作	显示
		数据采集　　　　　　　　2/2 F1：选择文件 F2：编码输入 F3：设置　　　　　　　　P↓
①由数据采集菜单 2/2 按 [F1]（选择文件）键	[F1]	选择文件 F1：测量数据 F2：坐标数据
②按 [F2]（坐标数据）键	[F2]	
③按 5.1.4.8 下的 1.1 数据采集文件的选择介绍的方法选择一个坐标文件		选择文件 FN：_____ 输入　　调用　　---　　回车

图 6-22

(3) 测站点与后视点。测站点与定向角在数据采集模式和正常坐标测量模式是相互通用的,可以在数据采集模式下输入或改变测站点和定向角数值。

1) 测站点坐标可调用内存中的坐标数据或直接由键盘输入数据两种方法设定。

2) 后视点定向角可按如下三种方法设定:利用内存中的坐标数据设定;直接由键盘输入后视点坐标;直接由键盘输入设置的定向角,方向角设置的具体操作步骤介绍如图 6-23 所示。

操作过程	操作	显示
①由数据采集菜单1/2按[F2](后视)即显示原有数据	[F2]	后视点→ 编码: 镜高: 0.000m 输入 置零 测量 后视
②按[F4](后视)键	[F4]	后视 点号: 输入 调用 NE/AZ 回车
③按[F1](输入)键	[F1]	后视 点号= 1234 5678 90.-[ENT]
④输入PT#,按[F4](ENT)键 用同样方法输入点编码、反射镜高	输入点号 [F4]	后视点→PT-22 编码: 镜高: 0.000m 输入 置零 测量 后视
⑤按[F3](测量)键	[F3]	后视点→PT-22 编码: 镜高: 0.000m *角度 斜距 坐标 ---
⑥照准后视点,选择一种测量模式并按相应的软键。如:[F2](斜距)键进行斜距测量。 根据定向角计算结果设置水平度盘读数,测量结果被寄存,显示屏返回到数据采集菜单1/2		V: 90°00′00″ HR: 0°00′00″ SD*[n] ≪ m >测量…
		数据采集 1/2 F1: 测站点输入 F2: 后视 F3: 前视/侧视 P↓

图 6-23

2. 数据采集的操作步骤

数据采集的操作具体步骤如图 6-24 所示。其中,点编码可以通过输入编码库中的登记号来输入,为了显示编码库文件内容,可按[F2]查找键,其具体操作见仪器说明书相关内容。

操作过程	操作	显示
		数据采集　　　　　　　　　1/2 F1：测站点输入 F2：后视 F3：前视/后视　　　　　　　P↓
①由数据采集菜单 1/2 按 [F3]（前视/后视）即显示原有数据	[F3]	点号→ 编码： 镜高：　　　　　　　　0.000m 输入　查找　测量　同前
②按 [F1]（输入）键，输入点号后，按 [F4]（ENT）确认	[F1] 输入点号 [F4]	点号=PT-01 编码： 镜高：　　　　　　　　0.000m 1234　　5678　　90.-[ENT]
		点号=PT-01 编码：→ 镜高：　　　　　　　　0.000m 输入　查找　测量　同前
③用同样方法输入编码，棱镜高	[F1] 输入编码 [F4] [F1] 输入镜高 [F4]	点号→PT-01 编码：TOPCON 镜高：　　　　　　　　1.200m 输入　查找　测量　同前 ―――――――――――――― 角度　*斜距　坐标　偏心
④按 [F3]（测量）键 ⑤照准目标 ⑥按 [F1] 到 [F3] 中的一个键，如： [F2]（斜距）键，开始测量斜距，测量数据被存储，显示屏变换到下一个镜点，且点号自动增加	[F3] 照准 [F2]	V：　　　　　　　　90°10′20″ HR：　　　　　　　120°30′40″ SD *[n]　　　　　　　　　< m >测量… ―――――――――――――― ＜完成＞
⑦输入下一个镜点数据并照准该点	照准	↓ 点号→PT-02 编码：TOPCON 镜高：　　　　　　　　1.200m 输入　查找　测量　同前
⑧按 [F4]（同前）键，按照上一个镜点的测量方式进行测量，测量数据被存储。用同样方式测量。按 [ESC] 键即可结束数据采集模式	[F4]	V：　　　　　　　　90°10′20″ HR：　　　　　　　120°30′40″ SD *[n]　　　　　　　　　< m >测量… ―――――――――――――― ＜完成＞
		点号　→PT-03 编码：TOPCON 镜高：　　　　　　　　1.200m 输入　查找　测量　同前

图 6-24

第四节 全站仪使用注意事项

全站仪是集电子经纬仪、电子测距仪和电子记录装置为一体的现代精密测量仪器，其结构复杂且价格昂贵，因此必须严格按操作规程进行操作，并注意维护。

一、一般操作注意事项

(1) 使用前应结合仪器，仔细阅读使用说明书。熟悉仪器各功能和实际操作方法。

(2) 在阳光下作业时，必须打伞，防止阳光直射仪器。望远镜的物镜不能直接对准太阳，以避免损坏测距部的发光二极管。仪器如不得已要迎着日光工作，应套上滤色镜。

(3) 迁站时即使距离很近，也应取下仪器装箱后方可移动。

(4) 仪器安装在三脚架上前，应旋紧三脚架的三个伸缩螺旋。仪器安置在三脚架上时，应旋紧中心连接螺旋。

(5) 运输过程中必须注意防振。

(6) 仪器和棱镜在温度的突变中会降低测程，影响测量精度。要使仪器和棱镜逐渐适应周围温度后方可使用。

(7) 作业前检查电压是否满足工作要求。

(8) 尽量避免用全站仪测高程。

二、仪器的维护保养

(1) 每次作业后，应用毛刷扫去灰尘，然后用软布轻擦。镜头不能用手擦，可先用毛刷扫去浮尘，再用镜头纸擦净。

(2) 无论仪器出现任何现象，切不可拆卸仪器，添加任何润滑剂，而应与厂家或维修部门联系。

(3) 电池充电时间不能超过充电器规定的时间。仪器长时间不用，一个月之内应充电一次。电池存储于 $0 \sim \pm 20^{\circ}\text{C}$ 以内。

(4) 应定期检校仪器。

仪器装箱前要先关闭电源并卸出电池。仪器应存放在清洁、干燥、通风、安全的房间内。仪器存放温度保持在 $-30^{\circ}\text{C} \sim +60^{\circ}\text{C}$ 以内，并由专人保管。

第五节 GPS 简 介

一、GPS 概述

GPS 是英文 GLOBAL POSITIONING SYSTEM 的缩写。原名为"导航星"(NAVSTAR)，是美国国防部于 1973 年 11 月授权开始研制的海陆空三军共用的美国第二代卫星导航系统，是美国继阿波罗登月飞船和航天飞机之后第三大航天工程。1994 年全面建成，历时 20 年，耗资 300 亿美元。

GPS 全球定位系统是一个无线电空间定位系统，它利用导航卫星和地面站为全球提供全天候、高精度、连续、实时的三维坐标（纬度，经度，海拔）、三维速度和定位信息，地球表面上任何地点均可以用于定位和导航。由于 GPS 定位具有精度高、速度快和不受时间限制、不受通视条件限制等特点。尤其是 RTK(Real Time Kinematic)实时动态 GPS 测量技术的出现，使得 GPS 在测量领域的应用越来越广泛。

二、GPS 系统组成

GPS 系统包括三大部分：空间部分——GPS 卫星星座；地面控制部分——地面监控系统；用户设备部分——GPS 信号接收机(图 6-25)。

空间部分——GPS 卫星星座。GPS 空间部分使用 24 颗高度约 2.02 万千米的卫星组成卫星星座，其中由 21 颗工作卫星和 3 颗在轨备用卫星组成 GPS 卫星星座，记作(21＋3)GPS 星座。24 颗卫星均匀分布在 6 个轨道平面内，轨道倾角为 55°，各个轨道平面之间相距 60°，即轨道的升交点赤经各相差 60°。每个轨道平面内各颗卫星之间的升交角距相差 90°，一轨道平面上的卫星比西边相邻轨道平面上的相应卫星超前 30°。卫星的分布使得在全球的任何地方，任何时间都可观测到四颗以上的卫星，并能保持良好定位解算精度的几何图形(DOP)。这就提供了在时间上连续的全球导航能力。

图 6-25　GPS 卫星分布图

地面控制部分——地面监控系统。地面监控部分包括四个监控间、一个上行注入站和一个主控站。监控站设有 GPS 用户接收机、原子钟、收集当地气象数据的传感器和进行数据初步处理的计算机。监控站的主要任务是取得卫星观测数据并将这些数据传送至主控站。主控站设在范登堡空军基地。它对地面监控部分实行全面控制。主控站主要任务是收集各监控站对 GPS 卫星的全部观测数据，利用这些数据计算每颗 GPS 卫星的轨道和卫星钟改正值。上行注入站也设在范登堡空军基地。它的任务主要是在每颗卫星运行至上空时把这类导航数据及主控站的指令注入卫星。这种注入对每颗 GPS 卫星每天进行一次，并在卫星离开注入站作用范围之前进行最后的注入。

用户设备部分——GPS 信号接收机。GPS 接收机可接收到可用于授时的准确至纳秒级的时间信息；用于预报未来几个月内卫星所处概略位置的预报星历；用于计算定位时所需卫星坐标的广播星历，精度为几米至几十米(各个卫星不同，随时变化)；以及 GPS 系统信息，如卫星状况等。

GPS 接收机对码的量测就可得到卫星到接收机的距离，由于含有接收机卫星钟的误差及大气传播误差，故称为伪距。对 C/A 码测得的伪距称为 C/A 码伪距，精度约为 20 米左右，对 P 码测得的伪距称为 P 码伪距，精度约为 2m 左右。GPS 接收机对收到的卫星信号，进行解码或采用其他技术，将调制在载波上的信息去掉后，就可以恢复载波。严格而言，载波相位应被称为载波拍频相位，它是收到的受多普勒频移影响的卫星信号载波相位与接收机本机振荡产生信号相位之差。一般在接收机钟确定的历元时刻量测，保持对卫星信号的跟踪，就可记录下相位的变化值，但开始观测时的接收机和卫星振荡器的相位初值是不知道的，起始历元的相位整数也是不知道的，即整周模糊度，只能在数据处理中作为参数解算。相位观测值的精度高至毫米，但前提是解出整周模糊度，因此只有在相对定位、并有一段连续观测值时才能使用相位观测值,而要达到优于米级的定位精度也只能采用相位观测值。

三、GPS定位的基本原理

GPS卫星定位,实际上就是将分布在天空的24颗高轨卫星当作已知点,根据GPS系统的组成原理可知,每颗GPS卫星瞬间位置都是可以计算出的,并且通过卫星信号发送到地面GPS接收机上。当地面某个GPS接收机同时接收到4颗以上的卫星信号时,即可以以后方交会的方式推算出地面接收机的空间坐标位置(图6-26)。

按定位方式,GPS定位分为单点定位和相对定位(差分定位)。单点定位就是根据一台接收机的观测数据来确定接收机位置的方式,它只能采用伪距观测量,可用于车船等的概略导航定位。相对定位(差分定位)是根据两台以上接收机的观测数据来确定观测点之间的相对位置的方法,它既可采用伪距观测量也可采用相位观测量,大地测量或工程测量均应采用相位观测值进行相对定位,相对定位测量的是多台GPS接收机之间的基线向量,所以相对定位也称GPS基线测量(图6-27)。

图6-26 GPS定位原理图　　　　图6-27 差分定位示意图

在GPS观测量中包含了卫星和接收机的钟差、大气传播延迟、多路径效应等误差,在定位计算时还要受到卫星广播星历误差的影响,在进行相对定位时大部分公共误差被抵消或削弱,因此定位精度将大大提高,双频接收机可以根据两个频率的观测量抵消大气中电离层误差的主要部分,在精度要求高,接收机间距离较远时(大气有明显差别),应选用双频接收机。

四、GPS在测量中的应用

GPS应用领域非常广泛,GPS不仅用于导弹、飞船的导航定位,更是广泛用于飞机、汽车、船舶的导航定位,公安、银行、医疗、消防等用它建立监控、报警、救援系统,企业用它建立现代物流管理系统,农业、林业、环保、资源调查、物理勘探、电信等都离不开导航定位,特别是随着卫星导航接收机的集成微型化,出现各种融通信、计算机、GPS于一体的个人信息终端,使卫星导航技术从专业应用走向大众应用,成为继通信、互联网之后的IT第三个新的增长点。以GPS为代表的卫星导航定位应用产业越来越吸引众多人的关注。

在测量领域,GPS主要用于高精度的控制测量:如国家等级控制点和城市控制网以及各种精度的控制点测量。动态DGPS还可以用于精度要求不高(亚米级)的定(勘)界测量和一般GIS前端数据采集。RTK测量用于各种工程放样施工测量和工程设备实时位置控制。也可以用于地形不太复杂的区域的碎部测量。下面以南方公司生产的动态 RTKGPS 灵锐 S86 为例简述 RTK 放样测量的方法。

南方灵锐 S86 是新一代全集成的一体化 RTK 接收机，采用目前最先进的 GPS 主板和数据链技术，提供对自主电台发射和 GPRS/CDMA 等通信技术的支持。主机与手簿采用无线蓝牙通信（图 6-28、图 6-29）。

图 6-28　南方灵锐 S86 移动站　　图 6-29　南方灵锐 S86 基准站

五、S86 RTK 系统的组成

基准站：1. 基准站 GPS 接收主机（内置 GPRS/CDMA 模块）
　　　　2. 基准站无线电数据链电台
　　　　3. 电台发射天线
　　　　4. 高容量蓄电池（12V/38AH）

移动站：1. 移动站 GPS 接收主机（内置 GPRS/CDMA 模块）
　　　　2. 移动站 GPS 数据链接收天线
　　　　3. 安装处理软件的 PSION 控制器
　　　　4. 移动站碳纤对中杆

六、作业准备

检查基准站蓄电池，移动站以及 PSION 控制器的电池电量是否充足（图 6-30），如果使用 GPRS/CDMA 通信方式，要确保手机卡账号有足够的资金。然后将基准站 GPS 天线安置在视野开阔且附近没有电磁干扰的地方，如果基准站是安置在已知点上，还要对 GPS 进行对中整平，并量取 GPS 天线高。如果采用电台通信方式，将电台及电台发射天线连接好并安装在较高的对中杆支架上，确保电台信号的畅通。一切准备就绪后，按开机键先启动基准站，等待基准站初始化后开始发射数据。再打开移动站开始作测量准备。

图 6-30　PSION 手簿控制器

七、放样测量

南方 RTKGPS 采用工程之星手簿控制软件，工程之星中提供各种放样模式：点放样，线放样，曲线放样。在 RTK 放样测量之前，还必须作坐标系转换工作。由于 GPS 测量的原始坐标是基于 WGS-84 坐标系统的，我们需要放样的坐标转换到地方坐标系，工程之星软件提供对各种坐标转换方式，实现任意坐标系作业的转换。

一切准备就绪后,从手簿控制器启动工程之星软件,控制器就会通过蓝牙与移动站连接,如图 6-31 所示。

从工程之星的 测量 进入 点放样 或其他放样,如图 6-32 所示。

图 6-31　启动工程之星软件　　　　图 6-32　工程之星操作

选择 点放样 后软件提示输入或选择放样点坐标,如图 6-33 所示。选择 增加,可以向坐标库中增加放样点,选择 打开 可以打开一个存储放样点坐标的坐标库文件。打开文件后可以选中坐标点名下的任意一点,单击 确定 按钮后,软件就进入放样计算过程并显示放样点位差。并指导仪器操作员向待放样点移动,直至到达目标为止。如图 6-34 所示。

利用 RTKGPS 实施工程放样,不仅可以节省人手,提高效率,而且还具有速度快,直观性强,无误差积累,可以实现现场计算,现场设计等诸多优势,是工程放样,特别是道路、桥梁施工最有力的工具。

图 6-33　选择放样点坐标　　　　图 6-34　放样计算过程

思考题与习题

1. 全站仪由哪几部分组成?
2. 试简述全站仪的基本功能。在用全站仪正式测量之前,应进行什么设置?
3. 试简述 GTS-330 系列仪器进行观测的工作步骤?
4. 试简述采用全站仪进行水平角(测回法)测量的工作步骤?
5. 试简述采用全站仪进行距离测量的工作步骤?
6. 全站仪使用应注意哪些事项?

第七章 小地区控制测量

学习要求：

通过本章学习，熟悉小地区控制测量（平面控制测量和高程控制测量）的概况，掌握用经纬仪与全站仪导线测量的外业工作及内业计算方法；掌握国家三、四等水准测量的观测、记录和计算。

第一节 控制测量概述

在第一章绪论中已经提到，测量工作必须遵循"从整体到局部，先控制后碎部"的原则。这里提到的"整体"指控制测量，即在选定测量区域内，确定数量较少且分布大致均匀的一系列对整体有控制作用的点——控制点，并选择合适的测量方法和测量仪器精确测量各控制点的平面坐标以及高程。这种按照规范要求布设的一系列控制点所组成的网状结构称为测量控制网，简称控制网；在一定区域内为地图测绘或工程测量需要而建立控制网并按相关规范要求进行的测量工作称为控制测量。控制测量应由高等级到低等级逐级加密进行，直至最低等级的图根控制测量。控制测量包括测定控制点的平面位置，获得其平面点位坐标(x, y)——平面控制测量以及测定控制点的高程——高程控制测量。

而"局部"指碎部测量，是在完成控制测量后，为测绘地形图而测量地物点或地貌点的位置，或为地籍测量而确定界址点的位置以及为施工放样而进行现场标定。碎部测量的工作是大量的，但均是建立在控制测量的基础上，以控制点为基础的局部进行，而最终获得的成果仍然符合整体性要求。

本章主要介绍控制测量的相关内容，碎部测量的内容留待后续章节介绍。

一、平面控制测量

我国的平面控制网采用逐级控制、分级布设的原则建立起来的。平面控制网的建立方法有全球定位系统（GPS）、三角测量、导线测量、三边测量和边角测量等。

利用全球定位系统（GPS）建立控制网并进行的测量称为GPS控制测量。在地面上选定一系列点构建成连续的三角形，所形成的网状结构称为三角网，测量三角形顶点的各个内角，再根据基准边长（一般为起始边）和方位角以及起始控制点的坐标来求得各个三角形顶点的平面坐标的方法称为三角测量。将地面上选定的一系列点依次首尾相连成折线形，测定各折线的长度以及转折角，再根据起始的控制点数据来求得各点的平面坐标的方法称为导线测量，相应的控制网称为导线网。如前述建立三角网，测定三角形各边边长，或者测量部分边长、部分内角的测量方法称为三边测量或边角测量。

（一）国家平面控制网

在全国范围内建立的平面控制网称为国家平面控制网。它提供全国统一的空间定位基准，是全国各种比例尺测图和工程建设的基本控制，同时也为空间科学、军事等提供点的坐标、距离及方位资料，也可用于地震预报和研究地球形状大小和地球水平形变等。国家平面控制网是用精密的测量仪器与方法并依据国家相关测量规范测量并建立的。

三角测量与导线测量是传统的测量方法。按精度可以分为一、二、三、四等，如图 7-1 和图 7-2 所示。其中在全国范围内首先建立一等天文大地三角锁，在全国范围内大致沿经线和纬线方向布设成间距约 200km 的格网状，在格网中间再用二等连续网填充，他们是国家平面控制网的骨干与基础。三、四等则是在前者基础上进行进一步加密。

图 7-1　各等三角网示意图　　　图 7-2　城市平面控制网示意

全球定位系统（GPS）测量是随着科技进步以及现代化测量仪器的应用而产生的，三角测量这种传统定位技术已经逐步被 GPS 取代。我国已经制定了 GPS 测量规范，并建立了基本适应需要的控制网。

（二）城市平面控制网

城市平面控制网是在城市区域建立的平面控制网，是国家控制网的延伸，属于区域控制网。主要为城市大比例尺地形图测绘、城市规划、工程建设和城市管理提供基本控制点。

建立城市平面控制网的方法主要有 GPS 测量、三角测量，以及边角组合测量和导线测量。现行《城市测量规范》GJJ8—99 规定了三角网、边角网和导线网的主要技术要求，详见表 7-1～表 7-4。

城市三角网主要技术要求　　　　　　　　　　　　　　　　　　　　表 7-1

等级	平均边长(km)	测角中误差(″)	起始边边长相对中误差	最弱边边长相对中误差
二等	9	≤±1.0	≤1/300000	≤1/120000
三等	5	≤±1.8	≤1/200000(首级) ≤1/120000(加密)	≤1/80000
四等	2	≤±2.5	≤1/120000(首级) ≤1/80000(加密)	≤1/45000
一级小三角	1	≤±5.0	≤1/40000	≤1/20000
二级小三角	0.5	≤±10.0	≤1/20000	≤1/10000

城市边角组合网边长和边长测量的主要技术要求　　　　　　　　　　表 7-2

等级	平均边长(km)	测距中误差(mm)	测距相对中误差
二等	9	≤±30	≤1/300000
三等	5	≤±30	≤1/160000
四等	2	≤±16	≤1/120000
一级	1	≤±16	≤1/60000
二级	0.5	≤±16	≤1/30000

城市光电测距仪导线的主要技术要求　　　　　　　　　　　　　　　表 7-3

等级	闭合或附合导线长度(km)	平均边长(m)	测距中误差(mm)	测角中误差(″)	导线全长相对闭合差
三等	15	3000	≤±18	≤±1.5	≤1/60000
四等	10	1600	≤±18	≤±2.5	≤1/40000
一级	3.6	300	≤±15	≤±5	≤1/14000
二级	2.4	200	≤±15	≤±8	≤1/10000
三级	1.5	120	≤±15	≤±12	≤1/6000

城市钢尺量距导线的主要技术要求　　　　　　　　　　　　　　　　表 7-4

等级	附合导线长度(km)	平均边长(m)	往返丈量较差相对中误差	测角中误差(″)	导线全长相对闭合差
一级	2.5	250	≤1/20000	≤±5	≤1/10000
二级	1.8	180	≤1/15000	≤±8	≤1/7000
三级	1.2	120	≤1/10000	≤±12	≤1/5000

表中所列各等级平面控制网，根据城市规模均可以作为首级控制网，再在首级网下逐级用次级网加密。在条件许可并能满足相应精度要求时，可以越级布设。

二、高程控制测量

高程控制测量的主要方法有水准测量和三角高程测量。其控制点布设的原则类似平面控制网，也是由高级到低级，先整体再局部。

在全国范围内，由一系列按国家规范要求选定的水准点组成的网称为国家水准网，水准点上设置固定标记，以便长期保存和利用。国家水准网建立主要采用精密水准测量的方法。

国家水准网依次分为一、二、三、四等。一、二等水准测量为精密水准测量，在全国范围内沿主要干道、河流等整体布设完成；三、四等水准测量是前者的补充，依附于一、二等水准测量建立的高级控制点之间，并尽可能交叉，形成闭合环，作为全国各地的高程控制基准。

城市高程控制测量的方法有水准测量和三角高程测量，其中水准测量的等级依次为二、三、四等。应根据城市范围大小以及该区域内国家控制点的分布状况，从某一等级开始布设，但城市首级控制网不应低于三等水准；城市内局部测区可视需要，选用合适等级高程控制作为首级控制。光电测距三角高程测量可以代替四等及以下水准测量，经纬仪三角高程测量则主要用于山区的直接测图高程控制。

城市高程控制网的布设应与城市平面控制网相适应，其首级网应布设成闭合环线，加密网可布设成附合路线、结点网和闭合环；非特殊情况不允许布设水准支线。一个城市应只建立一个统一的高程系统。城市各等级水准测量技术要求见表 7-5。

各等水准测量主要技术要求　　　　　　　　　　　　　表 7-5

等级	每千米高差中数全中误差(mm)	路线长度(km)	路线闭合差(mm)		测段往返测高差不符值(mm)	检测已测测段高差之差(mm)
			平原丘陵	山区		
二等	≤±2	400	≤±4$\sqrt{L}$		≤±4$\sqrt{R}$	≤±6$\sqrt{R}$
三等	≤±6	45	≤±12$\sqrt{L}$	≤±15$\sqrt{L}$	≤±12$\sqrt{R}$	≤±20$\sqrt{R}$
四等	≤±10	15	≤±20$\sqrt{L}$	≤±25$\sqrt{L}$	≤±20$\sqrt{R}$	≤±30$\sqrt{R}$
图根	≤±16	—	≤±30$\sqrt{L}$	≤±45$\sqrt{L}$	≤±30$\sqrt{R}$	≤±40$\sqrt{R}$

注：L 为附合路线或环线的长度，R 为测段的长度，其单位均为 km。

三、小地区控制测量概述

在小区域（面积≤15km²）内建立的控制网——小地区控制网。测定小地区控制网的工作称为小地区控制测量。小地区控制网应尽可能以当地已经建立的国家或城市控制网为基础，或者与其联测，并以国家或城市控制网的数据作为起算和校核。若测区范围附近没有合适的高等级控制点，或虽然存在但不方便联测，也可以建立测区独立控制网。高等级公路或城市道路的控制网，一般应与附近的国家或城市控制点联测。

直接供地图测图用的控制点，称为图根控制点，简称为图根点。是测图使用的平面或高程的依据，宜在城市各等级控制点以下进行加密。测定图根点位置的工作称为图根控制测量。

小地区控制测量也分为平面控制测量与高程控制测量。小地区平面控制网，应根据测区范围大小分级建立测区首级控制和图根控制。首级控制可以参照城市控制测量相关要求；图根控制点的密度取决于测图比例尺和地物、地貌的复杂程度，一般地区图根点的密度不宜小于表 7-6 规定。

平坦地区图根点的密度　　　　　　　　　　表 7-6

测图比例尺	1∶500	1∶1000	1∶2000
图根点密度(点/km²)	150	50	15
每图幅图根点数(50cm×50cm)	8	12	15

小地区高程控制网也应根据测区范围和工程需要采用分级的方法建立。一般以区域内存在的或附近的国家或城市高级高程控制点为基础，在测区内建立三、四等水准路线或水准网作为首级控制，再以此为基础，测定图根点的高程。

在本章主要介绍小地区控制网的建立。主要为用导线测量建立平面控制网，用水准测量建立高程控制网的方法。

第二节　导线测量的外业工作

将相邻的控制点依次用直线段首尾相连而组成的折线形状图形称为导线，构成导线的控制点称为导线点，导线点之间的连线称为导线边。导线测量就是依次测量各导线边的水平距离以及相邻导线边的转折角，然后根据起算数据，推算各导线边的坐标方位角，并进一步求出各导线点的平面坐标。

导线测量是建立小地区平面控制网的一种常用方法，特别适合在建筑物比较密集、视线不十分开阔的地区，他只要求相邻导线点之间通视即可，便于布设和测量，精度比较均匀。

图根导线控制测量的技术要求见表 7-7。

图根导线测量的主要技术指标　　　　　　　表 7-7

等级	测图比例尺	附合导线长度(m)	平均边长(m)	往返丈量较差相对误差	测角中误差(″)	导线全长相对中误差	测回数 DJ$_2$	测回数 DJ$_6$	方位角闭合差
图根	1∶500	500	75	1/3000	±20	1/2000		1	±60″$\sqrt{n}$
	1∶1000	1000	110						
	1∶2000	2000	180						

一、导线的布设形式

根据测区的实际情况与要求，导线布设成以下三种形式。

1. 闭合导线

如图 7-3 所示，从一个控制点(A)出发，经过若干点，最后仍回到同一个控制点(A)，控制点的连线组成一个闭合多边形。导线起始边的方位角和起始平面坐标可以分别测定或假定，但导线附近如存在高等级控制点，应尽量与高等级控制点相连，并通过高等级控制点获得起算数据，使之与高等级控制点连成一个整体。闭合导线本身具有严格的几何条件，具有检验观测成果的作用。闭合导线多用在面状地区控制测量。

2. 附合导线

如图 7-3 所示，从一个高级控制点(B)出发，经过若干点，最后到达另一个高级控制点(C)，控制点的连线形成一条连续的折线。导线首尾点的平面坐标已知，起始高等级控制点的坐标方位角也是已知的。其也具有严格的几何条件，便于进行校核。常用于线路的控制测量以及带状地区的控制测量，也是在高等级控制点下进行控制点加密的最常用方式。

3. 支导线

如图 7-3 所示，由一个已知点(C)出发，延伸出去的导线最后既未回到起始点，也没有附合到其他已知控制点。由于缺乏必要的校核条件，无法控制精度，故一条支导线上布设的导线点不宜超过 2 个，最多不得超过 4 个，仅用于图根控制点的补点使用。

图 7-3 导线布设形式

二、导线测量的外业工作

导线测量的外业工作包括：踏勘选点及建立标志、边长测量、角度测量与连接测量。

1. 踏勘选点与建立标志

在开始踏勘选点以前，应先到相关部门收集测量区域内原有地形图和高等级控制点的成果资料，然后在原有地形图上初步设计导线的走向和导线点的位置，再到现场实地踏勘，具体确定各点的位置。当需要分级布设导线时，应首先选定首级导线。

现场选定导线点的位置，应注意以下几个方面：

(1) 导线点应选择在土质坚实、便于设置与保存标志并安置仪器的地方，避免设置在车辆频繁出入或容易磕碰地区；也应避免设置在低洼地，以免雨天积水影响使用。

(2) 各测点周围视野应开阔，便于测绘周围的地物和地貌。

(3) 相邻导线点之间通视良好，便于测角与量距；如采用钢尺量距，则测量沿线应选择地势平缓，没有妨碍量距的障碍物。

(4) 导线点在测区内尽量均匀分布，便于控制整个测区，保证精度。点的密度应满足表 7-6 要求。

(5) 导线边长应符合相关规定（表 7-2～表 7-4、表 7-7），最长不超过平均边长的两倍，避免相邻边长相差悬殊，引起局部测量误差过大。

导线点选定后，如在泥地或沙石地面，可以在点位上打入一木桩，木桩顶部钉一小钉表示具体位置；如为沥青路面，可用顶面刻十字交叉纹的大铁钉代替；在硬质地面上，如测点为临时点，也可以用油漆标示，中间凿一十字；当需要长久保存时，应埋设混凝土制成的导线点标石。

导线点应分等级统一按顺序编号，便于测量资料的保存与管理。为便于以后观测时寻找，可在附近房角或电线杆等起指示作用的地物上，用油漆标示导线点位置。同时应为每一导线点绘制表示与周围地物相对关系的点之记，便于以后寻找与使用。

2. 边长测量

导线边长可以用检定的钢尺丈量，一般用往返丈量的方法，其相对误差不应大于 1/3000。当钢尺的尺长改正数大于尺长的 1/10000、量距时平均温度与检定时温度相差超过±10℃、坡度大于 1% 时，应进行相应的改正。也可以用光电测距仪测量相应水平距离，如视线倾角超过 30′，应进行倾斜改正。

3. 角度测量

角度测量用经纬仪按测回法对转折角进行观测。转折角是相邻两导线边在导线点上形成的水平角，沿导线测量或计算前进方向，水平角度在该方向左侧的称为左角，反之为右角。为了避免后期计算方位角出错，在导线测量时，对附合导线或支导线一般应测量同一侧的转折角。对闭合导线一般测量内角。

4. 连接测量

导线的连接测量是新布设导线与原有高等级控制点之间的联系观测，通过测量与计算，获得新布设导线的起算数据，即起始坐标方位角和起始点的坐标。

现场如已经有高等级控制点，则须测量连接水平角度和连接水平距离，其测量方法与前述角度测量和边长测量方法相同。图 7-3 所示的闭合导线，应测量连接角∠BA1。

如测区内没有可以利用的控制点，则可以用罗盘仪来确定起始边的坐标方位角并假设其起始点的平面坐标，将其作为起算数据。

完成如上工作并满足相应精度要求后，可以转入内业计算。

第三节 导线测量的内业工作

导线测量的内业工作的目的就是根据已知的起始数据和外业的观测成果计算出导线点的平面坐标。进行内业工作以前，要仔细检查所有外业成果有无遗漏、记错、算错，成果是否都符合精度要求，保证原始资料的准确性。然后绘制导线略图，在相应位置上注明已知数据及观测数据，以便进行导线的计算。

一、导线坐标计算的概念

（一）坐标正算

由已知点坐标，已知边长和该边坐标方位角求未知点坐标，称为坐标正算。直线两端点的坐标之差，称为坐标增量。如图 7-4 所示，设 A、B 直线两个端点的坐标分别为 (x_A, y_A) 和 (x_B, y_B)，则 AB 间的纵、横坐标增量 Δx_{AB}、Δy_{AB} 分别为：

$$\left.\begin{array}{l}\Delta x_{AB}=x_B-x_A\\ \Delta y_{AB}=y_B-y_A\end{array}\right\} \quad (7\text{-}1)$$

根据图 7-4 的几何关系可写出坐标增量的计算公式：

$$\left.\begin{array}{l}\Delta x_{AB}=D_{AB}\cos\alpha_{AB}\\ \Delta y_{AB}=D_{AB}\sin\alpha_{AB}\end{array}\right\} \quad (7\text{-}2)$$

图 7-4 导线坐标

坐标增量有方向与正、负之分，其正、负号由

$\sin\alpha$、$\cos\alpha$ 的正负号决定。根据 A 点的坐标及算得的坐标增量，则 B 点的坐标为：

$$\left.\begin{array}{l}x_B=x_A+\Delta x_{AB}\\y_B=y_A+\Delta y_{AB}\end{array}\right\} \tag{7-3}$$

上式中 Δx_{AB}、Δy_{AB} 的正、负号由 α 所在的象限（即直线的方向）确定。

【例 7-1】 已知 A 点的坐标为 $(586.28, 658.63)$，AB 边的边长为 120.25m，AB 边的坐标方位角 $\alpha_{AB}=50°30'$，试求 B 点坐标。

【解】
$$x_B=586.28+120.25\cos 50°30'=662.77$$
$$y_B=658.63+120.25\sin 50°30'=751.42$$

（二）坐标反算

由两个已知点坐标，求其坐标方位角和边长，称为坐标反算。导线测量中的已知边的方位角一般是根据坐标反算求得的。另外，在施工前也需要按坐标反算求出放样数据。

由图 7-4 可直接得到下面公式：

$$\alpha_{AB}=\arctan\frac{\Delta y_{AB}}{\Delta x_{AB}} \tag{7-4}$$

$$D_{AB}=\sqrt{\Delta x_{AB}^2+\Delta y_{AB}^2} \tag{7-5}$$

【例 7-2】 已知 A、B 两点的坐标为 $A(400.00, 672.43)$、$B(316.28, 750.24)$，试计算 AB 的边长及 AB 边的坐标方位角。

【解】
$$D_{AB}=\sqrt{(316.28-400.00)^2+(750.24-672.43)^2}=114.30$$
$$\alpha_{AB}=\arctan\frac{750.24-672.43}{316.28-400.00}=-42°54'17''$$

由于 $\Delta x_{AB}<0$，$\Delta y_{AB}>0$，所以 α_{AB} 应为第 II 象限的角，根据坐标方位角的判别方法：

$$\alpha_{AB}=-42°54'17''+180°=137°05'43''$$

二、闭合导线坐标计算

闭合导线坐标计算的步骤如下：

（一）填闭合导线坐标计算表

将校核过的已知数据和观测数据填入导线计算表 7-8 中相应栏内。

（二）角度闭合差的计算和调整

闭合导线组成一个闭合多边形并观测了多边形的各个内角，应满足内角和理论值，即

$$\sum\beta_{理}=(n-2)\times 180° \tag{7-6}$$

图 7-5 闭合导线坐标计算

n 为导线边数。

由于角度观测值中不可避免地含有误差，使得实测内角和 $\sum\beta_{测}$ 往往与理论数值 $\sum\beta_{理}$ 不等，其差值 f_β 称为角度闭合差，即

$$f_\beta=\sum\beta_{测}-\sum\beta_{理} \tag{7-7}$$

由图 7-5 可知， $\sum\beta_{测}=\beta_1+\beta_2+\beta_3+\beta_4$

表 7-8 闭合导线坐标计算表

点号	转折角(右角) 观测值 (° ′ ″)	改正后值 (° ′ ″)	方位角 (° ′ ″)	边长 (m)	增量计算值(m) $\Delta x'$	增量计算值(m) $\Delta y'$	改正后增量(m) Δx	改正后增量(m) Δy	坐标(m) x	坐标(m) y	点号
1	2	3	4	5	6	7	8	9	10	11	12
1			65 30 00	178.77	+4 +74.13	+5 +162.67	+74.17	+162.72	5608.29	5608.29	1
2	+10″ 87 25 24	87 25 34	158 04 26	136.85	+3 −126.95	+4 +51.10	−126.92	+51.14	5682.46	5771.01	2
3	+10″ 88 36 12	88 36 22	249 28 04	162.92	+3 −57.14	+4 −152.57	−57.11	−152.53	5555.54	5822.15	3
4	+11″ 98 39 36	98 39 47	330 48 17	125.82	+2 +109.84	+4 −61.37	+109.86	−61.33	5498.43	5669.62	4
1	+11″ 85 18 06	85 18 17	65 30 00						5608.29	5608.29	1
2											
Σ	359 59 18	360 00 00		604.36	$f_x = -0.12$	$f_y = -0.17$	0	0			

辅助计算

$f_\beta = -42''$ $f_x = \Sigma \Delta x' = -0.12$ $f_D = \sqrt{f_x^2 + f_y^2} = 0.21$

$f_{\beta 容} = \pm 60''\sqrt{n} = \pm 120''$ $f_y = \Sigma \Delta y' = -0.17$ $K = \dfrac{f_D}{\Sigma D} = \dfrac{0.21}{604.36} \approx \dfrac{1}{2800} < \dfrac{1}{2000}$

按表 7-7 中的规定，图根导线测量的限差要求为 $f_{β容}=\pm60''\sqrt{n}$，式中 n 为转折角个数。

如果 $f_β$ 不超过 $f_{β容}$，将闭合差按相反符号平均分配给各观测角，若有余数时，应遵循短边相邻角多分的原则，然后求出改正后的角值。求出改正角值后，再计算改正角的总和，其值应与理论值相等，作为计算检核。

（三）推算各边的坐标方位角

根据起始边的坐标方位角和改正后的内角推算其余各边坐标方位角的公式为：

$$α_{前}=α_{后}+180°\pm β \tag{7-8}$$

上式中，如果观测的是左角，$β$ 取"+"；若观测的是右角，$β$ 取"−"，计算时，算出的方位角大于 360°时，应减去 360°，为负值时，应加 360°。

闭合导线各边的坐标方位角推算完后，最终还要推回起始边上，看其是否与原来的坐标方位角相等，以此作为计算检核。

（四）坐标增量的计算及其闭合差的调整

式(7-3)表明欲求待定点的坐标，必须先求出坐标增量。坐标增量可由式(7-2)计算得到。

对于闭合导线，各边的纵、横坐标增量代数和的理论值应等于零，即

$$\left.\begin{array}{l}\sum \Delta x_{理}=0\\ \sum \Delta y_{理}=0\end{array}\right\} \tag{7-9}$$

但是由于观测值中不可避免地含有误差，使得纵、横坐标代数和不等于零，而产生纵、横坐标增量闭合差 f_x、f_y，即

$$\left.\begin{array}{l}f_x=\sum \Delta x_{测}\\ f_y=\sum \Delta y_{测}\end{array}\right\} \tag{7-10}$$

如图 7-6 所示，由于 f_x、f_y 的存在，使得导线不能闭合，即 1、1′ 不能重合。其长度 1—1′ 称为导线全长闭合差 f_D，即

$$f_D=\sqrt{f_x^2+f_y^2} \tag{7-11}$$

f_D 与导线全长的比值，并将分子化为 1 的形式，称为导线全长相对闭合差，用 K 表示，即

$$K=\frac{f_D}{\sum D}=\frac{1}{\dfrac{\sum D}{f_D}} \tag{7-12}$$

图 7-6 闭合差

上式中，K 值的分母越大，精度就越高。其容许值 $K_{容}$ 应满足表 7-7 的要求。若 $K>K_{容}$，则说明成果的精度不合格，应对内、外业成果进行仔细检查，必要时需重测。如果 $K\leqslant K_{容}$，则说明精度合格，可对 f_x、f_y 进行调整。调整的原则是将其反号按边长成正比例地分配到各边的纵、横坐标增量中。坐标增量改正数用 $δ_x$、$δ_y$ 表示，第 i 边的改正数为：

$$\left.\begin{array}{l}\delta_{xi}=-f_x\dfrac{D_i}{\Sigma D}\\[6pt]\delta_{yi}=-f_y\dfrac{D_i}{\Sigma D}\end{array}\right\} \qquad(7\text{-}13)$$

坐标增量、改正数取位到 0.01m，改正数之和应等于坐标增量闭合差的反号，即

$$\left.\begin{array}{l}\Sigma\delta_{xi}=-f_x\\ \Sigma\delta_{yi}=-f_y\end{array}\right\} \qquad(7\text{-}14)$$

各边的坐标增量计算值与改正数相加，为改正后坐标增量，对于闭合导线，改正后的纵、横坐标增量代数和应等于零，即

$$\left.\begin{array}{l}\Sigma\Delta x_{改}=0\\ \Sigma\Delta y_{改}=0\end{array}\right\} \qquad(7\text{-}15)$$

（五）计算各点坐标

由起点的已知坐标及改正后的坐标增量，用下式可依次推算出其余各点坐标。

$$\left.\begin{array}{l}x_{前}=x_{后}+\Delta x_{改}\\ y_{前}=y_{后}+\Delta y_{改}\end{array}\right\} \qquad(7\text{-}16)$$

【例 7-3】 闭合导线坐标计算

（1）将图 7-7 的已知数据填入表 7-8

图 7-7

（2）计算 f_β 并对其进行调整

$$f_\beta=\Sigma\beta_{测}-(n-2)\cdot180°=-42''$$

$$f_{\beta容}=\pm60''\sqrt{n}=\pm120''$$

满足限差要求，可以对 f_β 进行调整。1、4 角为 +11″，2、3 角为 +10″，见表 7-8 的 2 栏。

（3）由 α_{12} 和改正后的内角推算各边方位角，见表 7-8 的 3 栏。

（4）求 f_x、f_y 并对其调整

$$f_x=\Sigma\Delta x_{测}=-0.12,\quad f_y=\Sigma\Delta y_{测}=-0.17$$

$$f_D=\sqrt{f_x^2+f_y^2}=\sqrt{0.12^2+0.17^2}=0.21$$

$$K=\frac{f_D}{\Sigma D}=\frac{0.21}{604.36}\approx\frac{1}{2800}<\frac{1}{2000}(合格)$$

$$\delta_{x_{12}}=-\frac{-0.12}{604.36}\times178.77=+0.04$$

$$\delta_{y_{12}}=-\frac{-0.17}{604.36}\times178.77=+0.05$$

$$\Sigma\Delta x_{改}=0,\quad \Sigma\Delta y_{改}=0$$

见表 7-8 的辅助计算及 6、7、8、9 栏。

（5）求各点的 x、y

$$x_2 = x_1 + \Delta x_{12} = 5608.29 + 74.17 = 5682.46$$
$$y_2 = y_1 + \Delta y_{12} = 5608.29 + 162.72 = 5771.01$$

....

见表 7-8 的 10、11 栏。

三、附合导线坐标计算

附合导线的坐标计算方法和闭合导线基本相同，但由于二者的布设形式不同，使得角度闭合差和坐标增量闭合差的计算稍有不同，下面仅介绍这两项的计算方法。

（一）角度闭合差的计算

图 7-8 所示为一附合导线，A、B、C、D 为已知点，1、2、3、4 为布设的导线点，根据起始边 AB 的坐标方位角 α_{AB} 及观测的各转折角 $\beta_{左}$，由式(7-8)可计算出终边 CD 的坐标方位角 α'_{CD}。

$$\alpha_{B1} = \alpha_{AB} + 180° + \beta_B$$
$$\alpha_{12} = \alpha_{B1} + 180° + \beta_1$$
$$\alpha_{23} = \alpha_{12} + 180° + \beta_2$$
$$\alpha_{34} = \alpha_{23} + 180° + \beta_3$$
$$\alpha_{4C} = \alpha_{34} + 180° + \beta_4$$
$$\alpha_{CD} = \alpha_{4C} + 180° + \beta_C$$

将以上各式相加，得：

$$\alpha'_{CD} = \alpha_{AB} + 6 \times 180° + \Sigma\beta_{左} \tag{7-17}$$

由上面计算过程，可写出一般公式：

$$\alpha'_{终} = \alpha_{始} + n \times 180° \pm \Sigma\beta \tag{7-18}$$

式中，n 为转折角个数，转折角为左角时，$\Sigma\beta$ 取正号；转折角为右角时，$\Sigma\beta$ 取负号。

附合导线的角度闭合差 f_β 可用下式计算：

$$f_\beta = \alpha'_{终} - \alpha_{终} \tag{7-19}$$

当 f_β 不超限时，如果观测的是左角，则将 f_β 反号平均分配给各观测角；如果观测的是右角，应将 f_β 同号平均分配给各观测角。

（二）坐标增量闭合差的计算

附合导线的各边坐标增量代数和的理论值应该等于终点与始点的已知坐标值之差，如图 7-8 所示，有：

$$\left.\begin{array}{l}\Sigma\Delta x_{理} = x_C - x_B \\ \Sigma\Delta y_{理} = y_C - y_B\end{array}\right\} \tag{7-20}$$

图 7-8 坐标增量闭合差

由式(7-2)可计算 $\Delta x_{测}$、$\Delta y_{测}$，则纵、横坐标增量闭合差 f_x、f_y 为：

$$\left.\begin{array}{l}f_x=\Sigma\Delta x_{测}-(x_{终}-x_{始})\\ f_y=\Sigma\Delta y_{测}-(y_{终}-y_{始})\end{array}\right\} \tag{7-21}$$

附合导线的坐标增量闭合差的分配方法与闭合导线相同。

【例 7-4】 附合导线坐标计算

将图 7-9 的已知数据填入表 7-9，下面仅介绍与闭合导线计算的两点不同之处。

图 7-9

(1) 计算 f_β 并对其进行调整

$$f_\beta=\alpha'_{CD}-\alpha_{CD}=+16''$$

$$f_{\beta容}=\pm 60''\sqrt{n}=\pm 60''\sqrt{5}=\pm 2'14''$$

满足限差要求，可以对 f_β 进行调整。因为观测角为左角，所以，f_β 反号平均分配，即 1 角为 $-4''$（短边相邻夹角），其余角为 $-3''$，见表 7-9 中 2 栏。

(2) 求 f_x、f_y 并对其调整

$$f_x=\Sigma\Delta x'-(x_C-x_B)=+0.02$$

$$f_y=\Sigma\Delta y'-(y_C-y_B)=+0.06$$

$$f_D=\sqrt{f_x^2+f_y^2}=0.06$$

$$K=\frac{f_D}{\Sigma D}=\frac{0.06}{529.81}\approx\frac{1}{8800}<\frac{1}{2000}（合格）$$

$$\delta_{x_{B1}}=-\frac{+0.02}{529.81}\times 86.09=0$$

$$\delta_{y_{B1}}=-\frac{+0.06}{529.81}\times 86.09=-0.01$$

....

$$\Sigma\Delta x_{改}=x_C-x_B,\quad \Sigma\Delta y_{改}=y_C-y_B$$

见表 7-9 的辅助计算及 6、7、8、9 栏。

四、注意事项

(1) 导线测量内业计算必须在导线计算表中进行。辅助计算应写全，各项检核认真进行。

(2) 计算中要遵循"4 舍 6 入"、"5 看奇偶，奇进偶不进"的取位原则。

第七章 小地区控制测量

表 7-9 附合导线坐标计算表

点号	转折角(左角)(° ′ ″) 观测值	改正后值	方位角 (° ′ ″)	边长 (m)	增量计算值 (m) Δx′	增量计算值 (m) Δy′	改正后增量 (m) Δx	改正后增量 (m) Δy	坐标 (m) x	坐标 (m) y	点号
1	2	3	4	5	6	7	8	9	10	11	12
A			93 56 05								A
B	−3″ 186 35 22	186 35 19	100 31 24	86.09	−15.72	−1 +84.64	−15.72	+84.63	267.91	219.27	B
1	−4″ 163 31 14	163 31 10	84 02 34	133.06	+13.81	−1 +132.34	+13.81	+132.33	252.19	303.90	1
2	−3″ 184 39 00	184 38 57	88 41 31	155.64	+3.55	−2 +155.60	+3.54	+155.58	260.00	436.23	2
3	−3″ 194 22 47	194 22 44	103 04 15	155.02	−35.06	−2 +151.00	−35.07	+150.98	269.54	591.81	3
C	−3″ 163 02 30	163 02 27	86 06 42	529.81	−33.42	+523.58	−34.44	+523.52	234.47	742.79	C
D											D
Σ	892 10 53	892 10 37									Σ

辅助计算

$f_\beta = \alpha'_{CD} - \alpha_{CD} = +16''$

$f_{\beta容} = \pm 60''\sqrt{n} = \pm 60''\sqrt{5} = \pm 2'14''$

$f_x = \Sigma\Delta x' - (x_C - x_B) = +0.02$

$f_y = \Sigma\Delta y' - (y_C - y_B) = +0.06$

$f_D = \sqrt{f_x^2 + f_y^2} = 0.06$

$K = \dfrac{f_D}{\Sigma D} = \dfrac{0.06}{529.81} \approx \dfrac{1}{8800} < \dfrac{1}{2000}$

第四节 全站仪导线测量

全站仪在市政工程测量中得到了广泛的应用。由于全站仪具有坐标测量和高程测量的功能,因此在外业观测时,可直接得到观测点的坐标和高程。在成果处理时,可将坐标和高程作为观测值进行平差计算。

一、外业观测工作

以图 7-10 所示的附合导线为例,全站仪导线三维坐标测量的外业工作除踏勘选点及建立标志外,主要应测得导线点的坐标、高程和相邻点间的边长,并以此作为观测值。其观测步骤如下:

图 7-10 全站仪附合导线三维坐标测量

将全站仪安置于起始点 B(高级控制点),按距离及三维坐标的测量方法测定控制点 B 与 1 点的距离 D_{B1}、1 点的坐标 (x_1', y_1') 和高程 H_1'。再将仪器安置在已测坐标的 1 点上,用同样的方法测得 1、2 点间的距离 D_{12}、2 点的坐标 (x_2', y_2') 和高程 H_2'。依此方法进行观测,最后测得终点 C(高级控制点)的坐标观测值 (x_C', x_C')。

由于 C 为高级控制点,其坐标已知。在实际测量中,由于各种因素的影响,C 点的坐标观测值一般不等于其已知值,因此,需要进行观测成果的平差计算。

二、以坐标和高程为观测值的导线近似平差计算

在图 7-9 中,设 C 点坐标的已知值为 (x_C, y_C),其坐标的观测值为 (x_C', y_C'),则纵、横坐标闭合差为:

$$\left.\begin{aligned} f_x &= x_C' - x_C \\ f_y &= y_C' - y_C \end{aligned}\right\} \tag{7-22}$$

由此可计算出导线全长闭合差:

$$f_D = \sqrt{f_x^2 + f_y^2} \tag{7-23}$$

导线全长闭合差 f_D 是随着导线的长度增大而增大的,所以,导线测量的精度是用导线全长相对闭合差 K(即导线全长闭合差 f_D 与导线全长 ΣD 之比值)来衡量的,即:

$$K = \frac{f_D}{\Sigma D} = \frac{1}{\Sigma D / f_D} \tag{7-24}$$

式中 D——导线边长。

导线全长相对闭合差 K 通常用分子是 1 的分数形式表示，不同等级的导线全长相对闭合差的容许值 K 列于表 7-10 中，用时可查阅。

若 $K \leqslant K_{容}$ 表明测量结果满足精度要求，则可按下式计算各点坐标的改正数：

$$\left. \begin{array}{l} v_{x_i} = -\dfrac{f_x}{\Sigma D} \cdot \Sigma D_i \\ v_{y_i} = -\dfrac{f_y}{\Sigma D} \cdot \Sigma D_i \end{array} \right\} \quad (7\text{-}25)$$

式中 ΣD——导线全长；

ΣD_i——第 i 点之前的导线边长之和。

根据起始点的已知坐标和各点坐标的改正数，可按下列公式依次计算各导线点坐标：

$$\left. \begin{array}{l} x_i = x'_i + v_{x_i} \\ y_i = y'_i + v_{y_i} \end{array} \right\} \quad (7\text{-}26)$$

式中 x'_i、y'_i——第 i 点的坐标观测值。

因全站仪测量可以同时测得导线点的坐标和高程，因此高程的计算可与坐标计算一并进行，高程闭合差为：

$$f_H = H'_C - H_C \quad (7\text{-}27)$$

式中 H'_C——C 点的高程观测值；

H_C——C 点的已知高程。

各导线点的高程改正数为：

$$v_{H_i} = -\dfrac{f_H}{\Sigma D} \cdot \Sigma D_i \quad (7\text{-}28)$$

式中 ΣD——导线全长；

ΣD_i——第 i 点之前的导线边长之和。

改正后导线点的高程为：

$$H_i = H'_i + v_{H_i} \quad (7\text{-}29)$$

式中 H'_i——第 i 点的高程观测值。

以坐标和高程为观测量的近似平差计算全过程的算例，可见表 7-10。

全站仪附合导线三维坐标计算表 表 7-10

点号	坐标观测值(m)			距离 D (m)	坐标改正数(mm)			坐标值(m)			点号
	x'_i	y'_i	H'_i		v_{x_i}	v_{y_i}	v_{H_i}	x_i	y_i	H_i	
1	2	3	4	5	6	7	8	9	10	11	12
A								110.253	51.026		A
B								200.000	200.000	72.126	B
1	125.532	487.855	72.543	297.262	−10	+8	+4	125.522	487.863	72.547	1
2	182.808	666.741	73.233	187.814	−17	+13	+7	182.791	666.754	73.240	2
C	155.395	756.046	74.151	93.403	−20	+15	+8	155.375	756.061	74.159	C
D				$\Sigma D=$ 578.479				86.451	841.018		D

续表

点号	坐标观测值(m)			距离 D (m)	坐标改正数(mm)			坐标值(m)			点号
	x_i'	y_i'	H_i'		v_{x_i}	v_{y_i}	v_{H_i}	x_i	y_i	H_i	
辅助计算	$f_x = x_C' - x_C = +20\text{mm}$ $f_y = y_C' - y_C = -15\text{mm}$ $f_D = \sqrt{f_x^2 + f_y^2} = 25\text{mm}$ $K = \dfrac{f_D}{\Sigma D} \approx \dfrac{0.025}{578.479} \approx \dfrac{1}{23000}$ $f_H = H_C' - H_C = -8\text{mm}$										

第五节 高程控制测量

小地区高程控制测量一般以三等或四等水准网作为首级高程控制,在地形测量时,再用图根水准测量或三角高程测量来进行加密,三角高程测量主要用于地形起伏较大的区域。三、四等水准点一般应引自附近的一、二等水准点,如附近没有高等级控制点,也可以布设成独立的水准网,这时起算点数据采用假设值。

图根水准测量的方法已经在第二章中进行介绍,本节主要介绍三、四等水准测量的方法和三角高程测量的基本原理。

一、三、四等水准测量

1. 点位布设与技术要求

三、四等水准点一般布设成附合或闭合水准路线。点位应选择在土质坚硬、周围干扰较少、能长期保存并便于观测使用的地方,同时应埋设相应的水准标志。一般一个测区需布设三个以上水准点,以便在其中某一点被破坏时能及时发现与恢复。水准点可以独立于平面控制点单独布设,也可以利用有埋设标志的平面控制点兼作高程控制点,布设的水准点应作相应的点之记,以利于后期使用与寻找检查。

三、四等水准测量主要技术要求见表7-11。

三、四等水准测量的主要技术指标　　　　　表7-11

等级	视线长度(m)	水准尺	前后视距差(m)	任一测站上前后视距累积差(m)	红黑面读数差(mm)	红黑面测高差之差(mm)	高差闭合差(mm)	
							平原	山地
三等	≤65	双面	≤3.0	≤6.0	≤2	≤3	$12\sqrt{L}$	$4\sqrt{n}$
四等	≤80	双面	≤5.0	≤10.0	≤3	≤5	$20\sqrt{L}$	$6\sqrt{n}$
图根	≤100	单面	大致相等	—	—	—	$40\sqrt{L}$	$12\sqrt{n}$

2. 三、四等水准观测方法

三、四等水准测量观测应在通视良好、望远镜成像清晰与稳定的情况下进行,应避免在日出前后、日正午及其他气象不稳定状况下进行观测,观测时应避免在测区附近有持续振动干扰源而对水准测量带来影响。

三、四等水准测量一般采用双面尺法,且应采用一对水准尺(两根,一根红面起点4.687m,另一根红面起点4.787m)。下面以一个测站为例介绍双面尺法的观测过程。

先在距离两把水准尺距离大致相等的位置安置水准仪,整平后照准后尺的黑面,按上、中、下顺序读数并记入表 7-12 中(1)~(3)对应位置;再转动水准仪照准前尺黑面同样按上、中、下顺序读数并记录表 7-12 中(4)~(6)位置;转动前尺翻转为红面,水准仪瞄准前尺红面并读中丝读数及记录入表 7-12 中(7);同样转动后尺为红面并照准读数然后记入表 7-12 中(8)。然后进入下一测站,仪器搬站,前尺在原位不变成为下一站的后视,后尺移动到前一点成为下一站的前视,同样方法进行下一站观测。显然在观测中随着测站前移水准尺是交叉移动的。在每一测站上应保证仪器安置点与前尺和后尺的距离大致相等。

三(四)等水准测量观测记录表　　　　　　　　　　表 7-12

日期:_____ 地点:自_____到_____ 观测:_____
天气:_____ 成像:_____仪器:_____ 记录:_____

测站编号	点号	后尺 上丝 / 下丝	前尺 上丝 / 下丝	方向与尺号	水准尺中丝读数		K+黑-红	平均高差(m)	备注
		后视距离	前视距离		黑面	红面			
		前后视距差	累积视距差						
①	②	③	④	⑤	⑥	⑦	⑧	⑨	⑩
		(1)	(4)	后	(3)	(8)	(14)		
		(2)	(5)	前	(6)	(7)	(13)		
		(9)	(10)	后-前	(15)	(16)	(17)	(18)	
		(11)	(12)						
1	BMA — TP1	1102	1628	后 A	1275	5964	-2	-0.528	表中列⑤中 A、B 对应为两把尺编号,尺常数 $K_A=4687$,$K_B=4787$,单位:mm。表中单元格(9)~(12)、(13)~(14)、(17)~(18)单位为 m,其余单元格单位为 mm
		1450	1980	前 B	1805	6590	+2		
		34.8	35.2	后-前	-0.530	-0.626	-4		
		-0.4	-0.4						
2	TP1 — TP2	1376	1244	后 B	1605	6391	+1	+0.136	
		1838	1686	前 A	1467	6157	-3		
		46.2	44.2	后-前	+0.138	+0.234	+4		
		+2.0	+1.6						
3	TP2 — TP3	1635	1554	后 A	1948	6636	-1	+0.064	
		2263	2208	前 B	1883	6672	-2		
		62.8	65.4	后-前	+0.065	-0.036	+1		
		-2.6	-1.0						
……	……	……	……	……	……	……	……	……	

三、四等水准观测在一测站中的观测顺序为"后、前、前、后"(黑、黑、红、红),四等水准时,如测区地面坚实,也可采用"后、后、前、前"(黑、红、黑、红)的顺序来观测以加快观测速度。

四等水准也可以采用改变仪高法进行观测,在改变仪器高度前,读数顺序为后、前,基本上与双面尺法的前半部分相似,即上、中、下三丝均应读数;而改变仪器高度后，读数顺序为前、后，即只读中丝读数，并记入表中相应位置，记录方法与位置与双面尺法相同。

无论采用何种读数方法，在测站上安置好仪器后，水准仪视线应保持在水平状态；如为微倾式水准仪，则在读数以前仪器必须精平，读数完毕后检查是否保持精平。

3. 数据计算与处理

首先检查上表中各点数据(1)~(8)是否准确，在确认正确后，计算视距与视距差，应满足表 7-11 相应要求。

后视距离(9)＝[(1)－(2)]×100

前视距离(10)＝[(4)－(5)]×100

前后视距差(11)＝(9)－(10)　　　　　三等水准小于 3m，四等水准小于 5m

累积视距差(12)＝前一站累积差(12)＋本站视距差(11)

　　　　　　　　　　　　　　　　　三等水准小于 6m，四等水准小于 10m

然后计算同一标尺黑、红面读数之差，合格后计算本站高差与高差之差，同样应满足表 7-11 相关要求。

后视标尺黑红读数之差(14)＝(3)＋K－(8)

前视标尺黑红读数之差(13)＝(6)＋K－(7)

常数 K 对于标准水准尺取 4.687m 或 4.787m，而使用其他尺时如果黑红面起始读数一致时，取 K 为 0。计算得到的(13)或(14)三等水准小于 2mm，四等水准小于 3mm。

黑面高差(15)＝(3)－(6)

红面高差(16)＝(8)－(7)

高差之差(17)＝(15)－(16)±0.100　三等水准小于 3mm，四等水准小于 5mm

同样 (17)＝(14)－(13)

平均高差(18)＝[(15)＋(16)±0.100]/2

计算式中 0.100 系前后尺红面起点读数之差（即两把尺常数之差）。计算中正负具体取值为：当(15)＞(16)时取正；反之取负。

在完成一测站观测后，应立即按前述方法进行相应表格的各项计算并满足限差要求，方能搬站，如此继续，直到测完整条水准路线。然后参照第二章水准测量的要求进行路线的平差，并求取各点的高程。误差分析与平差计算以及最终各点的高程计算请参阅第二章。

二、图根水准测量

图根控制测量可以用于小测区要求较低时的控制点的高程以及图根点的高程，由于其精度一般低于四等水准测量，也称为等外水准测量。

测量与计算方法如采用双面尺法，则基本与四等水准测量的方法相同，而精度要求低于四等水准测量，具体要求见表 7-11；如采用单面尺法，则测量方法可参照第二章水准测量的相关要求。

三、三角高程测量

在地形起伏较大的地区采用水准测量，观测速度较慢且测量有一定困难，可采用三角高程测量的方法，但是测区内必须有一定量高等级水准点作为基准点，或用水准测量方式先布设水准点作为三角高程测量的基准点。

1. 三角高程测量基本原理

三角高程测量是利用获得两点之间的水平距离或倾斜距离以及竖直角，然后用三角的几何关系计算求得两点之间的高差，如图 7-11 所示，A 点的高程已知，求 AB 两点之间的高差 h_{AB}，并获得 B 点的高程。

图 7-11　三角高程测量示意

在 A 点安置经纬仪，并量取仪器横轴中心（一般在仪器固定横轴的支架上有一红点）到 A 点桩顶的高度，称为仪高 i，在 B 点安置标尺或棱镜并量取顶高度，称为觇标高，望远镜十字丝中丝瞄准 B 点觇标高 v 对应位置，测得竖直角 α，若获得 AB 两点间的水平距离 D_{AB} 或斜距 S_{AB}（可以用测距仪测得或视距测量获得），则可以计算出 AB 两点之间的高差及 B 点高程：

$$h_{AB}=D_{AB}\tan\alpha+i-v$$

或
$$h_{AB}=S_{AB}\sin\alpha+i-v$$

及
$$H_B=H_A+h_{AB}=H_A+D_{AB}\tan\alpha+i-v=H_A+S_{AB}\sin\alpha+i-v$$

计算中竖直角 α 为仰角时取正值，为俯角时取负值。

2. 三角高程测量的基本技术要求

对于三角高程测量，控制等级分为四级及五级，其中代替四等水准的光电测距高程路线应起闭于不低于三等的水准点上，其边长不应大于 1km，且路线最大长度不应超过四等水准路线的最大长度。其具体技术要求见表 7-13。

三角高程测量的主要技术指标　　　　表 7-13

等级	仪器	测距边测回数	竖直角测回数		指标差较差(″)	竖直角测回差(″)	对向观测高差较差(mm)	附合路线或环线闭合差(mm)
			三丝法	中丝法				
四等	DJ_2	往返各一次		3	≤7	≤7	$40\sqrt{D}$	$20\sqrt{\Sigma D}$
五等	DJ_2	1	1	2	≤10	≤10	$60\sqrt{D}$	$30\sqrt{\Sigma D}$

3. 三角高程测量的方法及高差改正

(1) 三角高程测量的观测

1) 在测站上安置仪器(经纬仪或全站仪)，量取仪高 i；在目标点上安置觇标(标杆或棱镜)，量取觇标高 v。

2) 用经纬仪或全站仪采用测回法观测竖直角 α，取平均值为最后计算取值。

3) 用全站仪或测距仪测量两点之间的水平距离或斜距。

4) 采用对向观测，即仪器与目标杆位置互换，按前述步骤进行观测。

5) 应用推导出的公式计算出高差及由已知点高程计算未知点高程。

(2) 高差改正与计算

在用三角高程测量两点之间的高差时，若两点之间的距离较远(200m 以上)，则不能用水平面来代替水准面，而应按照曲面计算，即应考虑地球曲率及大气折光的改正。

地球曲率改正　　　　　$f_1 = D^2/2R$

大气折光改正　　　　　$f_2 \approx -f_1/7 = -0.14 D^2/2R$

总改正　　　　　　　　$f = f_1 + f_2 = 0.43 D^2/R$

式中，D 为两点之间的水平距离；R 为地球半径，计算时取 6371km。

表 7-14 所示为不同水平距离下的改正数。

三角高程测量时不同水平距离下的地球曲率与大气折光改正　　　表 7-14

D(m)	f(mm)	D(m)	f(mm)	D(m)	f(mm)
100	0.67	1000	67	2500	422
200	2.7	1500	152	3000	607
500	16.87	2000	270	5000	1687

【例 7-5】 计算例见表 7-15。

三角高程测量计算表　　　表 7-15

起算点	A	
测量点	B	
测量方向	往(A-B)	返(B-A)
倾斜距离 S(m)	581.114	581.114
竖直角 α(° ′ ″)	10 24 30	-10 26 48
$S\sin\alpha$	104.985	-105.368
仪器高 i(m)	2.106	1.875
目标高 v(m)	1.855	1.780
改正数 f(m)	0.022	0.022
高差 h(m)	105.258	-105.251
平均高差(m)	105.254	

思考题与习题

1. 在全国范围、城市地区是如何进行高程控制网与平面控制网的布设的？
2. 导线的布设形式有哪些？平面点位应如何选择？
3. 导线外业测量应包含哪些内容？
4. 何谓坐标的正、反算？
5. 在导线测量内业计算时，怎样衡量导线测量的精度？
6. 闭合导线的点号按顺时针方向编号与逆时针方向编号，其方位角计算有何不同？
7. 附合导线与闭合导线内业计算中有哪些相似？又有哪些不同？
8. 某附合导线如图 7-12 所示，列表并计算 1、2 点的坐标。
9. 某闭合导线如图 7-13 所示，已知 $\alpha_{A5}=45°$，列表计算各点的坐标。

图 7-12　附合导线简图

图 7-13　闭合导线计算略图

10. 四等水准测量建立高程控制时，应如何观测，如何记录及计算？

11. 如采用三角高程测量时，如何观测、记录及计算？

12. 如图 7-11 所示，已知 A 点的高程 25.000m，现用三角高程测量方法进行往返观测，数据见表 7-16，计算 B 点的高程。

三角高程测量数据　　　　表 7-16

测站	目标	直线距离 S(m)	竖直角 α	仪器高 i(m)	标杆高 v(m)
A	B	213.634	3°32′12″	1.50	2.10
B	A	213.643	2°48′42″	1.52	3.32

第八章 大比例尺地形图的测绘与应用

学习要求：

通过本章学习，了解地形图、平面图的概念，比例尺的精度；熟悉地形图符号和地形图的要素内容；熟悉在一个测站上地形图的测绘方法；掌握地形图的基本应用与土方估算。

第一节 地形图的基本知识

一、地形图与比例尺

地球表面固定不动的物体称为地物，如河流、湖泊、道路、建筑等。地球表面高低起伏的形态称为地貌。地物与地貌合称为地形。

地形图是将一定区域内的地物和地貌用正投影的方法按一定比例尺缩小并用规定的符号及方法表达出来的图形。这种图包括了地物与地貌的平面位置以及他们的高程。如果仅表达地物的平面位置，而省略表达地貌的称为平面图。

（一）比例尺的表示方法

图上一段直线的长度与地面上相应线段真实长度的比值，称为地形图的比例尺。根据具体表示方法的不同可以分为数字比例尺和图示比例尺。

1. 数字比例尺

数字比例尺以分子为1，分母为整数的分数表示，如图上一线段的长度为 d，对应实际地面上的水平长度为 D，则其比例尺可以表示为

$$d/D = \frac{1}{\dfrac{D}{d}} = 1/M$$

式中 M 称为比例尺分母，该值越小即上式分数越大则比例尺越大，图上表示的内容越详细，但是相同图面表达内容的范围越小。数字比例尺通常可以表达为 1∶500、1∶1000、1∶2000 等，数字比例尺 1∶1000＜1∶500。

2. 图示比例尺

常用的图示比例尺为直线比例尺，图 8-1 所示为 1∶1000 直线比例尺，取长度 1cm 为基本度量单位，标注的数字为该长度对应的真实水平距离，首格又分为十等分，即可以直接读出基本度量单位的 1/10，可以估读到基本度量单位的 1/100。

图 8-1 图示比例尺示意

图示比例尺一般位于图纸的下方，随图纸一起印刷或复印，一旦发生变形，图上变形基本相同，故可以直接在图纸上量取，能消除图纸伸缩或变形带来的影响。

（二）地形图按比例尺分类及比例尺选用

我国一般把地形图按比例尺的大小分为大比例尺地形图、中比例尺地形图和小比例尺地形图三类。

1. 大比例尺地形图

通常将比例尺分母值小于 10000 的地形图称为大比例尺地形图。如 1：500、1：1000、1：2000、1：5000 等。城市管理和工程建设等普遍采用大比例尺地形图，大比例尺地形图的传统测绘方法是经纬仪测绘法或经纬仪联合平板测绘法，而现代的测绘方法是采用全站仪或动态 GPS 进行外业数据采集，用计算机进行内业数据处理与成图，称为数字化测图。

2. 中比例尺地形图

将采用比例尺分母值在 10000～100000 之间的比例尺的地形图称为中比例尺地形图。其系国家的基本地图，由国家专业测绘部门负责测绘，主要采用航空摄影测量的方式测绘成图，也可以采用卫星遥感测绘的方式。

3. 小比例尺地形图

所采用比例尺的比例尺分母值大于 100000 的地形图称为小比例尺地形图。部分也是国家的基本地图，小比例尺地形图一般由中比例尺地形图缩小编绘而成。

4. 地形图比例尺的选择

在城市或工程建设中，可以根据城市的大小以及不同阶段的用途，按表 8-1 选用相应比例尺的地形图。

地形图比例尺的选用　　　　　　　　　表 8-1

比例尺	用　途
1：10000	城市规划设计（城市总体规划、厂址选择、区域布置、方案比较）等
1：5000	
1：2000	城市详细规划或工业项目的初步设计
1：1000	城市详细规划、管理、地下管线和地下普通建（构）筑工程的现状图、工程项目的施工图设计、竣工图等
1：500	

（三）比例尺精度

在正常情况下，人肉眼可以在图上进行分辨的最小距离是 0.1mm，当图上两点之间的距离小于 0.1mm 时，人眼将无法进行分辨而将其认成同一点。因此可以将相当于图上长度 0.1mm 的实际地面水平距离称为地形图的比例尺精度，即比例尺精度值为 0.1M。

表 8-2 为常用比例尺的比例尺精度。比例尺精度对测图非常重要。如选用比例尺为 1：500，对应的比例尺精度为 0.05m，在实际地面测量时仅需测量距离大

于 0.05m 的物体与距离，而即使测量的再精细，小于 0.05m 的物体也无法在图纸上表达，因此可以根据比例尺精度来确定实地量距的最小尺寸。再比如在测图上需反映地面上大于 0.1m 细节，则可以根据比例尺精度选择测图比例尺为 1：1000，即根据需求来确定合适的比例尺。

常见比例尺对应的比例尺精度　　　　　　　　　　　表 8-2

比例尺	1：500	1：1000	1：2000	1：5000	1：10000
比例尺精度(m)	0.05	0.1	0.2	0.5	1.0

二、地形图的分幅、编号与图廓

（一）地形图的分幅与编号

地形图的分幅与编号主要有两种：一种是按经线和纬线划分的梯形分幅与编号，主要用于中小比例尺的国家基本图的分幅；另一种是按坐标格网划分成的矩形分幅与编号，用于大比例尺地形图的分幅与编号。本章仅介绍矩形分幅与编号的方法。

1：500～1：5000 的大比例尺地形图通常采用矩形分幅，其中 1：5000 地形图采用 40cm×40cm 的正方形分幅，1：500、1：1000 和 1：2000 地形图一般采用 50cm×50cm 的正方形分幅，或 40cm×50cm 的矩形分幅。

矩形分幅的编号方法主要有以下三种。

1. 以 1：5000 地形图图号为基础编号法

正方形图幅以 1：5000 图作为基础，以该图幅西南角之坐标数字（阿拉伯数字，单位 km）作为图号，纵坐标在前，横坐标在后，同时也作为 1：2000～1：500 图的基本编号。图 8-2 所示的 1：5000 地形图的图号为 20-30。

图 8-2　大比例尺地形图正方形分幅

在1∶5000地形图基本图号的末尾，附加一个子号数字（罗马数字，下同）作为1∶2000图的图号。图8-2中将1∶5000图作四等分，便得到四幅1∶2000地形图，其中阴影所示图编号（左下角）为20-30-Ⅲ。同样将1∶2000图四等分，得到四幅1∶1000图，而将1∶1000图四等分得到四幅1∶500图，1∶1000或1∶500图的图号分别以对应1∶2000或1∶1000图的图号末尾再附加一罗马数字形成，如图8-2中阴影所示，1∶1000图（右上角）编号为20-30-Ⅱ-Ⅰ，1∶500图（左上角）编号为20-30-Ⅰ-Ⅰ-Ⅰ。

2. 按图幅西南角坐标千米数编号法

当采用矩形分幅时，大比例尺地形图的编号，可以采用图幅西南角坐标千米数编号法。如图8-11所示，其西南角的坐标 $x=31.0$km，$y=52.0$km，所以编号为"31.0—52.0"。编号时，比例尺为1∶500的地形图坐标值取至0.01km，而1∶1000、1∶2000的地形图的坐标取值至0.1km。

3. 按数字顺序编号法

对于带状地形图或小面积测量区域，可以按测区统一顺序进行编号，编号时一般按从左到右，从上到下用数字1，2，3……编定。对于特定地区，也可以对横行用代号A，B，C……，从上到下排列，纵列用数字1，2，3……排列来编定，编号时先行后列，如B-2。

（二）地形图的图廓

地形图都有内外图廓，内图廓用细实线表示，是图幅的范围线，绘图必须控制在该范围线内；外图廓用粗实线表示，主要起装饰作用。正方形图廓的内图廓同时也是坐标格网线，在内外图廓之间和图内绘有坐标格网的交点，同时在内外图廓之间标注以千米为单位的坐标格网值。

在图廓外，图纸正上方，标注图名和图号。图名即该幅图的名称，以图纸内有代表性的典型地物命名。图纸左上角为接图表，表示本图幅与相邻图幅的关系，其中正中为本图幅位置，周围各格分别为与本图相邻图幅的图名。图纸下方正中为比例尺，标注数字比例尺，部分图纸也在数字比例尺下方绘制直线比例尺。

同时在图纸左下方图廓外应注明测图时间、方法、采用坐标系统以及高程系统等。而在右下侧标注测绘单位与测绘者等信息。

三、地物与地貌在图上的表示方法

为了便于测图与识图，可以用各种简明、准确、易于判断实物的图形或符号，将实地的地物或地貌在图上表示出来，这些符号统称为地形图图式。地形图图式由国家测绘机关编制并颁布，是测绘与识图的重要参考依据。表8-3为国家测绘局颁布的《地形图图式（1∶500、1∶1000、1∶2000）》中部分常用的地物与地貌符号。

（一）地物符号在图上的表示方法

地物在图中用地物符号表示，地物符号可以分为比例符号、半依比例符号、非比例符号和注记。

1. 比例符号

按照测图比例尺缩小后,用规定的符号画出的为比例符号。如房屋、草地、湖泊及较宽的道路等在大比例尺地形图中均可以用比例符号表示。其特点是可以根据比例尺直接进行度量与确定位置。

2. 半依比例符号

对于一些呈长带状延伸的地物,其长度方向可以按比例缩小后绘制,而宽度方向缩小后无法直接在图中表示的符号称为半依比例符号,也称为线性符号。如小路、通信线路、管道、篱笆或围墙等。其特点是长度方向可以按比例度量。

3. 非比例符号

对于有些地物,其轮廓尺寸较小,无法将其形状与大小按比例缩小后展绘到地形图上,则不考虑其实际大小,仅在其中心点位置按规定符号表示,称为非比例符号。如导线点、水准点、路灯、检修井或旗杆等。

4. 文字或数字注记

有些地物用相应符号表示还无法表达清楚,则对其相应的特性、名称等用文字或数字加以注记。如建筑物层数、地名、路名、控制点的编号与水准点的高程等。

常用部分地形图图式　　　　　　表 8-3

编号	符号名称	图 例
1	导线点 a. 土堆上的 I16、I23—等级、点号 84.46、94.40—高程 2.4—比高	
2	湖泊 龙湖—湖泊名称 (咸)—水质	
3	地面河流 a. 岸线 b. 高水位岸线 清江—河流名称	
4	堤 a. 堤顶宽依比例尺 24.5—坝顶高程 b. 堤顶宽不依比例尺 2.5—比高	

续表

编号	符号名称	图例
5	单幢房屋 　a. 一般房屋 　b. 有地下室的房屋 　c. 突出房屋 　d. 简易房屋 混、钢—房屋结构 1、3、28—房屋层数 　—2—地下房屋层数	a 混1　　b 混3-2　　0.5 　　　　　　　　2.0 1.0 c 钢28　　d 简
6	水塔 　a. 依比例尺的 　b. 不依比例尺的	a ⊙　　b 3.6 2.0 ⊙
7	亭 　a. 依比例尺的 　b. 不依比例尺的	a 介　　b 2.4 介 　2.0 1.0
8	围墙 　a. 依比例尺的 　b. 不依比例尺的	a ——————————— 　　10.0　　0.5 b ——·——·——·—— 0.3 　　10.0　　0.5
9	喷水池	⊙
10	内部道路	1.0 1.0
11	高压输电线	a ———○——————— 35 　　4.0
12	等高线及其注记 　a. 首曲线 　b. 计曲线 　c. 间曲线 　25—高程	a　　　　　　　　0.15 b　　25　　　　　0.3 c　　1.0　　6.0　0.15
13	人工陡坎 　a. 未加固的 　b. 已加固的	a 　2.0 b 　3.0

续表

编号	符号名称	图例
14	旱地	1.3 2.5 ⊥ ⊥ 10.0 ⊥ ⊥ 10.0
15	成林	○ ○ 1.6 ○ 松6 ○ 10.0 ○ ○ 10.0

注：《国家基本比例尺地图图式第1部分：1∶500 1∶1000 1∶2000 地形图图式》GB/T 20257.1—2007。

（二）地貌符号的表示方法

地貌形态比较丰富，对于局部地区可以按地形起伏的大小划分为如下四种类型：地面倾斜角在2°以下的地区称为平坦地；地面倾斜角在2°～6°的地区称为丘陵地；地面倾斜角在6°～25°的地区称为山地；而地面倾斜角超过25°的地区称为高山地。

地形图上表示地貌的主要方法为等高线。

1. 等高线的概念

地面上高程相同的相邻点依次首尾相连而形成的封闭曲线称为等高线。如图8-3所示，有一静止水面包围的小山，水面与山坡形成的交线为封闭曲线，曲线上各点的高程是相等的。随着水位的不断上升，形成不同高度的闭合曲线，将其投影到平面上，并按比例缩小后绘制的图形，即为该山头用等高线表示的地貌图。

图8-3 等高线形成示意

相邻等高线之间的高差称为等高距，用 h 表示。在同一幅地形图上等高距是相同的，因此也称为基本等高距。相邻等高线之间的水平距离称为等高线平距，用 d 表示。在同一幅地形图上由于等高距是相同的，则等高线平距的大小反映了地面起伏的状况，等高线平距小，相应等高线越密，则对应地面坡度大，即该地较陡；等高线平距越大，相应等高线越稀疏，则对应地面坡度较小，即该地较缓；如果一系列等高线平距相等，则该地的坡度相等。

在一个区域内，如果等高距过小，则等高线非常密集，该区域将难以表达清楚，因此绘制地形图以前，应根据测图比例尺和测区地面坡度状况，按照规范要求参考表 8-4 选择合适的基本等高距。

地形图的基本等高距(m)　　　　　　　　　　　表 8-4

比例尺 地形类别	1∶500	1∶1000	1∶2000
平地	0.5	0.5	0.5、1
丘陵地	0.5	0.5、1	1
山地	0.5、1	1	2
高山地	1	1、2	2

2. 等高线的种类

等高线可以分为基本等高线和辅助等高线等，如图 8-4 所示。

(1) 按选定的基本等高距绘制的等高线，称为首曲线，是基本等高线的一部分，用 0.15mm 宽的细实线表示。

图 8-4　等高线的种类示意

(2) 从零米开始，每隔四条首曲线绘制的一条加粗等高线，称为计曲线，也是基本等高线的一部分。主要为便于读取等高线上的高程，用 0.3mm 宽的粗实线表示。

(3) 当局部区域比较平缓，用基本等高线无法完全表达时，可以在两条基本等高线中间插入一条辅助等高线，将等高线之间的高差变成 1/2 等高距，称为间曲线，用 0.15mm 宽的长虚线表示。当插入间曲线还是无法清楚表达时，可以再插入描绘 1/4 等高距的等高线，使相邻等高线之间的高差为基本等高距的 1/4，称为助曲线，用 0.15mm 宽的短虚线表示。间曲线与助曲线均为辅助等高线。

3. 典型等高线

地面上的地貌是多种多样的，在这里仅介绍主要的几种，如图 8-5 所示。

图 8-5 典型等高线

(1) 山头与洼地

图 8-5 左上角所示分别为山头与洼地的等高线。它们投影到水平面上均为一组封闭的曲线。从高程注记可以区分山头与洼地。中间高四周低的是山头，而洼地正好相反。也可以在等高线上加示坡线来表示，示坡线方向指向低处。

(2) 山脊与山谷

山脊的等高线为一组凸出向低处的曲线，各条曲线方向改变处的连线即山脊线。山谷正好相反，等高线为一组凸向高处的曲线，各曲线方向改变处的连线为山谷线。

在山脊上，雨水以山脊线为界分别流向山脊的两侧，故也称为分水线，山脊线是该区域中坡度最缓的地方。山谷线是雨水汇集后流出的通道，因此也称为集水线，是该区域内坡度最陡的。

(3) 鞍部

典型的鞍部是处于两个相邻的山头之间的山脊与山谷的会聚处，由于形状类似马鞍而得名。在山区选定越岭道路时，通常从鞍部通过，如图8-5左上角所示。

(4) 悬崖绝壁与陡崖

陡崖是坡度在70°以上的陡峭崖壁，由于坡度较陡，等高线在该区域非常密集，因此可以用锯齿状的断崖符号表示。而当局部区域的崖壁近乎直立且下部向内凹时，等高线会发生重叠，即上部的等高线将部分下部等高线遮盖，看不见部分以虚线表示。

4. 等高线的特性

(1) 同一条等高线上点的高程都相等。

(2) 等高线是一条封闭的曲线，不能中断，如不能在同一图幅内封闭，也必然在图外或其他图幅内封闭。

(3) 不同高程的等高线不得相交。在特殊地貌，如悬崖等是用特殊符号表示其等高线重叠而非相交。

(4) 同一地形图中的等高距相等，等高线平距越大，则该地区坡度愈缓，反之亦然。

(5) 等高线与山脊线或山谷线正交。

第二节 大比例尺地形图的测绘

一、测图前的准备工作

在完成图根控制测量，求得图根控制点的平面坐标与高程以后，就可以开始碎部测量，然后绘制测区的地形图，在开始测图以前，应完成如下准备工作。

1. 图纸的选择

可以选择的图纸有白纸或聚酯薄膜。目前通常选用的是厚度为 0.07~0.1mm 的经热定型处理的聚酯薄膜，其伸缩率小于 0.2‰。该图纸的缺点是易燃、怕折；优点为透明度较高，耐磨耐潮，图纸弄脏后可以水洗，便利野外作业，在上墨后可以直接晒蓝图或制版印刷。使用时可直接用胶带或铁夹固定在图板上即可。为了绘制时能看清楚图上线条，应在图板上先垫一张浅色纸再固定聚酯薄膜。

2. 坐标格网的绘制

采用聚酯薄膜测图时，可以购买已经印刷好格网的图纸，其分幅通常为

40cm×40cm 和 50cm×50cm 两种，使用前应对格网的印刷精度进行检查，合格后方可使用。

如果使用空白的聚酯薄膜或白纸，则需要在聚酯薄膜或白纸上绘制精确的坐标格网，一般每个方格的尺寸为 10cm×10cm。绘制的方法有对角线法和坐标格网尺法等，在这里仅介绍对角线法。

如图 8-6 所示，首先用铅笔轻轻在图纸上绘制两条大致垂直的对角线，设相交于 M 点，以该点为圆心，取合适的半径画圆与对角线分别交于 A、B、C、D 点，连接后得矩形 $ABCD$，再沿各边依次截取 10cm 设点，并将对应各点分别连接，即成坐标格网。

为了保证坐标格网的精度，不论是购买的图纸还时自己绘制的图纸，在坐标格网绘制完成后，应先进行检查，合格后方可使用。如图 8-6 所示，用直尺任意连接一对角线 ab，其连线应通过对应方格角点，偏离不应超过 0.2mm；检查各个方格的对角线长度，理论值为 14.14cm，测量值与理论值之差不超过 0.2mm；用直尺沿各方格边丈量实测值与理论值（每格 10cm）偏差不超过 0.2mm；图廓对角线丈量值与理论值之差不超过 0.3mm。如果超过限差，应查明原因并纠正，待完全正确后方可使用。

3. 控制坐标点的展绘

根据图根平面控制点的坐标，将其点位在图纸上标出，称为控制点的展绘。在展绘以前，应根据地形图分幅及测区具体位置，将坐标格网线的坐标值标于相应格网线外侧，处于内外图廓之间。

展绘控制点时，应先根据该点的坐标值，确定该点在格网中的具体方格，如图 8-7 中 A 点即在 $lmnp$ 方格中，从 p 和 n 分别沿 pl 和 nm 量取超出整数的坐标值定出 c、d 两点，用直线连接后该线即对应 A 点纵坐标值，同样可以从 l 和 p 分别丈量确定 a、b 两点，连线即为 A 点横坐标值，ab 与 cd 的交点为该控制点 A 在图中的位置。可以用同样的方法依次将各控制点 1~4 展绘在图纸上。

图 8-6 对角线法绘制坐标格网

图 8-7 控制点的展绘

展绘完成后，应进行检查，用比例尺丈量相邻点之间的水平距离，实测值与理论值的差值不超过图上距离 0.4mm，否则应重新展绘。

二、经纬仪测图

大比例尺地形图的传统测绘方法有纬仪测图法、经纬仪配合测距仪测图法、大平板仪测图法与小平板仪配合经纬仪测图法等。在这里主要介绍经纬仪测图法。

（一）碎部点的选择

碎部点也称为地形点，即地物与地貌特征点。碎部点选择关系到测图的速度及质量。选择具体碎部点应根据比例尺及测区内部地物和地貌具体状况，选定能反映地物或地貌特征变化的点。

地物特征点一般为地物轮廓线或边界线的交叉或转折点。如建筑物等平面状地物的棱角点或转角点；道路、河流等地物交叉、转折点；电线杆、独立树等点状较小地物的中心点等。如果部分地物形状不规则，则主要地物凹凸变化在图上大于 0.3mm 时应表示，反之可以采用直线直接相连。

地貌特征点为等高线上坡度或方向变化点，如山脊（分水）线、山谷（集水）线、山腰线、山脚线等，只要选择这些转折点或轮廓变化点，就能将不同坡度线段表示，并据此绘制等高线，表示地形。

为了保证测图质量，在平坦地区地面坡度无明显变化时，也应测绘一定数量碎部点，而距离测量时，误差随距离增加而增大，表 8-5 中规定了碎部点的最大间隔与距离丈量的长度。

碎部点的间距及距离丈量最大间隔　　　　　　表 8-5

测图比例尺	碎部点间隔(m)	视距最大长度(m)		测距最大长度(m)	
		地物点	地形点	地物点	地形点
1∶500	15	—	70	80	150
1∶1000	30	80	120	160	250
1∶2000	50	150	200	300	400

（二）碎部测量

经纬仪碎部测量是按照极坐标法定位原理，利用经纬仪测量水平角、水平距离与高程。然后利用各种作图方法绘制成图。其中水平距离也可以采用钢尺或光电测距仪测量，高程可采用水准仪测量。

1. 观测

如图 8-8 所示，A、B 两点为已知控制点，在 A 点安置经纬仪，量取仪器的高度 i，瞄准另一已知点 B，配置度盘读数为 $0°00'00''$，在碎部点 1、2、3 上依次树立标杆，分别测定 A 点与碎部点连线与已知直线 AB 之间的水平角 β_1、β_2、β_3 等，同时用视距测量方法测量竖直角与上、中、下丝读数，计算水平距离和测点高程，视距测量与计算的具体方法请参阅前述相关章节，如图 8-8 中水平距离分别为 D_1、D_2 和 D_3。水平距离也可以用钢尺进行丈量，高程也可以用水准仪测量。有了相关碎部点的测量数据后，即可选择合适的方法绘图了。在用经纬仪测图时，需要现场将测量数据记录和计算,如表 8-6 为经纬仪碎部测量的记录表。

图 8-8 经纬仪测图

经纬仪碎部测量记录与计算表   表 8-6

测站点:_____ 后视点:_____ 仪高 i _____ 指标差 x _____ 测站点高程_____

碎部点	视距丝间隔(m)	中丝读数 a(m)	竖盘读数(°′)	竖直角(°′)	$i-a$ (m)	高差 h(m)	水平角 β(°′)	水平距离 D(m)	高程 H (m)	备注

2. 平面点展绘与地物描绘

在记录并计算相关数据后,可以在测站旁开始平面点的展绘,常采用极坐标法。将量角器中心对准图上对应安置仪器的测站点,零边对准已知边,根据测量水平角度 β 定出方向线,再在该方向线上用比例尺丈量对应水平距离 D 确定碎部点。重复上述步骤可以将各点均展绘出来。

为了便于展点,可采用测图专用的量角器,该量角器中心有一个小孔,可钉在图板上相应的测站点上,角度是逆时针刻划的,只要将水平角度 β 所对应的刻划线对准已知边,则零边或 180°边($\beta > 180°$时)即为测点所在的图上方向线,再根据水平距离 D 的图上长度,在量角器零边或 180°边上定点。

如果条件允许,尽量在现场进行展绘,便于与实际对照。也可以根据测量数据计算出各点的坐标,再参照展绘控制点的方法将各碎部点展绘出来,同时在边上用铅笔标注该点编号。

地物应按照地形图图式中相关规定的符号表示。房屋等轮廓线直接用直线相连,道路、河流等弯曲的曲线部分可以用光滑曲线将相关各点依次相连,不能按比例描绘的地物,如旗杆、路灯等按规定的非比例符号表示。

3. 等高线的绘制

绘制等高线前,先检查各点位置是否基本正常,然后用铅笔轻轻勾绘出山脊线、山谷线等特征线如图 8-9 所示,再根据各点高程勾绘等高线。

在测量时,选择碎部点为地面坡度变化处,则相邻点之间可以认为坡度是均匀的,这样,可以在相邻点连接直线上,按平距与高差成正比例关系,内插各高程整

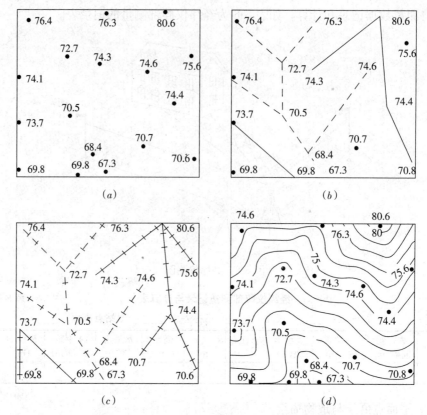

图 8-9 等高线的绘制

数点的位置如图 8-9(c)所示,再将高程相等的点依次首尾相连即成等高线,如图 8-9(d)所示。对于悬崖、裂缝等可以按相应符号表示。绘制完成后应与实际进行对照。

三、地形图的拼接、检查与整饰

1. 地形图的拼接

当测区面积较大或选用比例尺较大时,整个测区可能划分为若干幅图进行测量与绘制,这时,由于测量误差与绘图误差的存在,在相邻图幅的连接处,无论地物轮廓线或等高线均可能无法吻合。

而由图 8-10 可知,两幅图对应相同坐标网格线重叠拼接时,图中建筑、等高线或河流等存在连接错位差。如误差小于表 8-7 规定的 $2\sqrt{2}$ 倍时,可以将误差平均分配,即可以在拼接处粘贴一透明纸,在错位处取两边中间点(在两幅图上各修正一半),再将附近各点重新连接,连接时应保证地物、地貌点相互位置或走向的正确性。如超过限差,应到实地检查并纠正。

图 8-10 地形图的拼接

碎部点平面及高程中误差　　　　　表 8-7

地区分类	图上点位中误差(mm)	图上相邻地物点间距中误差(mm)	等高线高程中误差(等高距)			
			平地	丘陵地	山地	高山地
建筑区、平地或丘陵	0.5	0.4	1/3	1/2	2/3	1
山地或旧街坊内部	0.75	0.6				

2. 地形图的检查

为了保证质量，除了在测量与绘图时加强检查外，在测绘完成后，作业人及测量组应进行成果、资料的自查与互查，尽量减少误差及避免错误。检查包括内业检查与外业检查。

内业检查主要是核对原始资料、数据记录计算是否正确，控制点密度及展绘是否符合要求；计算中各项较差、闭合差是否在规定范围内；地物、地貌点的选择是否合适，数量能否满足要求，测绘数据是否正确、齐全；地形图图廓、方格网精度是否满足要求；各碎部点的展绘、连接是否达到要求，图式符号是否应用合适正确；接边精度是否合格，原始资料是否完备等。

根据内业检查的结果，确定外业巡查的路线，将图纸与实地状况进行对照，检查是否有遗漏，等高线是否与实际一致，符号、注记是否正确等，将相邻地物点间距、地物长宽等用卷尺实量，检查的问题应及时在图上补充或修正。完成后应对部分内容进行实地设站检查，看原图是否符合要求，一般仪器复查量为每幅图内容的10%左右。在外业检查发现问题后，应查明原因并及时在图上加以修正，及补充数据，并对原始记录错误部分加以说明。

3. 地形图的整饰

地形图经过上述拼接、检查与修正后，基本完成，最后，进行清绘与整饰，使图面干净、清晰与美观，并提交保存。清绘地形图时应将仅供测量与绘图用的辅助点与辅助线擦去，仅保留地物与地貌符号，图廓内的坐标格网仅保留格网的交点，并且其不得与其他图线相交，将多余直线擦去。

地形图整饰按下列顺序进行：先图框内，后图框外；先地物，后地貌；先注记，后符号。在等高线经过注记或地物处应断开，不得相交。图上注记、地物、符号或等高线应按相应图式要求进行描绘或书写，一般字头指向北向。在图框外应标注：图名与图号，比例尺，坐标与高程系统，测绘单位人员与日期。

四、数字化测图

随着科学技术的进步，电子技术的迅猛发展及其向各专业的渗透，以及电子测量仪器的广泛应用，促进了地形测量的自动化和数字化。测量成果不止是可以绘制在图纸上的地形图（即以图纸为载体的地形信息），而主要是以计算机磁盘为载体的数字地形信息，其提交的成果是可供计算机处理、远距离传输、多方共享的数字地形图。数字测图是一种全解析的计算机辅助测图方法，与图解法测图相比，其具有明显的优越性和广阔的发展前景。它将成为地理信息系统的重要组成部分。

1. 数字测图系统

数字测图系统是以计算机为核心，连接测量仪器的输入输出设备，在硬件和软件的支持下，对地形空间数据进行采集、输入、编辑、成图、输出、绘图、管理的测绘系统。数字测图系统的综合框图如图 8-11 所示。

图 8-11　数字测图系统综合框图

2. 数字测图图形信息的采集和输入

各种数字测图系统必须首先获取图形信息，地形图的图形信息包括所有与成图有关的资料，如测量控制点资料、解析点坐标、各种地物的位置和符号、各种地貌的形状、各种注记等。对于图形信息，常用的采集和输入方式有以下几种：

（1）地面测量仪器数据采集输入

应用全站仪或其他测量仪器在野外对成图信息直接进行采集。采集的数据载体为全站仪的存储器和存储卡，例如全站仪 SET2000 即配备相应的存储器和存储卡；也可为电子手簿，如 GRE3、GRE4 等；或为各种袖珍计算机及便携机，如 PCE-500 等。采集的数据可通过接口电缆直接送入计算机中。

（2）人机对话键盘输入

对于测量成果资料、文字注记资料等，可以通过人机对话方式由键盘输入计算机之中。

（3）数字化仪输入

应用数字化仪对收集的已有地形图的图形资料进行数字化，也是图形信息获取的一个重要途径。数字化仪主要以矢量数据形式输入各类实体的图形数据，即只要输入实体的坐标。除矢量数据外，数字化仪与适当的程序配合也可在数字化仪选择的位置上输入文本和特殊符号。对原有地形图，可用点方式数字化的形式。点方式为选择最有利于表示图形特征的特征点逐点进行数字化。

（4）扫描仪输入

对已经清绘过的地形图，可以利用扫描仪进行图形输入，由专门程序把扫描获得的栅格数据转换为矢量数据，以从中提取图形的点、线、面信息，然后再进行编辑处理。采用激光扫描仪扫描等高线地形图是最有效的方法，因为等高线地形图绘制精细，并且有许多闭合圈而没有交叉线，故用激光扫描仪扫描时，只要将激光束引导到等高线的起点,激光束会自动沿线移动,并记录坐标,碰到环线的起始点或单线的终点就自动停止,再进行下一条等高线的数字化。其最大优点是能很快地扫描完一条线,几乎是一瞬间就完成扫描。同时,扫描得到的数据直接变成符合比例尺要求的矢量数据。

(5) 航测仪器联机输入

利用大比例尺航摄相片,在航测仪器上建立地形立体模型,通过接口把航测仪器上量测所得的数据直接输入计算机;也可以利用数字摄影测量系统直接得到测区的数字影像,再经过计算机图像处理得到数字地形图及数字地面模型(DTM)。

(6) 由存储介质输入

对于已存入磁盘、磁带、光盘中的图形信息,可通过相应的读取设备进行读取,作为图形信息的一个来源。

3. 地面数字测图模式

常用数字测图方法主要有两种,即数字测记法模式和电子平板模式。

(1) 数字测记法模式

数字测记法模式为野外测记,室内成图,即用全站仪测量,电子手簿记录,同时配以人工画草图和编码系统,到室内将野外测量数据从电子手簿直接传输到计算机中,再配以成图软件,根据编码系统以及参考草图编辑成图。使用的电子手簿可以是全站仪原配套的电子手簿,也可以是专门的记录手簿,或者直接利用全站仪具有的存储器和存储卡作为记录手簿。测记法成图的软件也有许多种。

测记法测定碎部点的操作过程:

1) 绘制草图。进入测区后,绘草图领镜员首先对测站周围的地形、地物分布情况大概看一遍,认清方向,及时按近似比例勾绘一份含主要地物、地貌的草图(若在放大的旧图上会更准确的标明),便于观测时在草图上标明所测碎部点的位置及点号。

2) 安置仪器。量取仪器高,进行测站数据设置,包括:输入测站点的三维坐标和仪器高;

3) 测站定向。瞄准后视点,锁定仪器水平度盘,输入定向参数,即:输入后视点的坐标或定向边的方位角;

4) 定向检核。测量某一已知点的坐标。测量结果符合后,定向结束。否则,应重新定向,以满足要求为准;

5) 碎部点测量。按成图规范要求进行碎部点采集;同时进行绘图信息的采集或者绘制草图;

6) 结束前的定向检查。检查方法同4),如发现定向有误,应查找原因进行改正或重新进行碎步测量。

(2) 电子平板模式

电子平板模式为野外测绘,实时显示,现场编辑成图。所谓电子平板测量,即将全站仪与装有成图软件的便携机联机,在测站上全站仪实测地形点,计算机屏幕现场显示点位和图形,并可对其进行编辑,满足测图要求后,将测量和编辑数据存盘。这样,相当于在现场就得到一张平板仪测绘的地形图,因此,无需画草图,并可在现场将测得图形和实地相对照,如果有错误和遗漏,也能得到及时纠正。

电子平板模式成图的操作过程:

1) 利用计算机将测区的已知控制点及测站点的坐标传输到全站仪的内存中,或手工输入控制点及测站点的坐标到全站仪的内存中。

2) 在测站点上架好仪器,并把笔记本电脑或 PDA 与全站仪用相应的电缆连接。分别在全站仪和笔记本电脑或 PDA 上完成测站、定向点的设置工作。

3) 全站仪照准碎部点,利用计算机控制全站仪的测角和测距,每测完一个点,屏幕上都会及时地展绘显示出来。

4) 根据被测点的类型,在测图系统上找到相应的操作,将被测点绘制出来,现场成图。

第三节 地形图的应用

一、地形图的识读

为了正确应用地形图,应先读懂地形图,即识图。在识读地形图时,一般按如下顺序进行。

1. 图廓外的注记

如图 8-12 所示,在识读地形图时,首先应阅读图廓外的注记,以对该图有一个基本的认识。主要是看正上方的图名与图号,正下方的比例尺,左上方的接图表,以及左下方测图方法、坐标系的选用与高程基准、等高距及采用地形图图式,以及测量单位、测量人员和测量日期,本图为节选部分,所以表示不完整,部分标在右下角。

2. 地物分布

在先阅读图外注记及熟悉有关地物符号的基础上,可以进一步识读地物,如图 8-12 所示,图纸西南部为黄岩村,村北面有小良河自东向西流过,村西侧有一便道,通过一座小桥跨过该河,村子西侧和南侧有电线通过,该村建筑以砖房为主,个别为土房。村子四周有控制点Ⅰ12、A10、A11 和 B17,其中第一点为埋石的,其他各点为不埋石的,该地区标高大致在 287m。村子东侧为菜地与水稻田,北面的山地,上面是树林。山地的东侧与东北侧有采石场。

3. 地貌分布与植被

根据等高线的分布,山地为南侧低、北侧高,其中一座山峰为英山,顶面标高 306.17m。其山脊线向南延伸,在北部格网交点附近为山谷线位置,西北侧还有一山峰在图幅外,南部西侧有一洼地。村子东、南侧为经济作物地,其中南侧为旱地。山上作物比较稀疏。

1991年5月小平板测图
任意直角坐标系:坐标起点以"王家沟"为原点起算。　　　　　　　1:1000
1985年国家高程基准,等高距为1m。
1988年版图式。

图 8-12　地形图的识读

二、地形图的基本应用

1. 求图上某点的坐标

如图 8-13 所示，图中 A 点的坐标，可以根据地形图中坐标格网的坐标值确定，A 点在 $abcd$ 所围成的坐标格网中，其西南点 a 的坐标为

$$x_a = 57100 \text{m}$$
$$y_a = 18100 \text{m}$$

过 A 点作方格的平行线，与格网边分别交于 g、e 点，丈量图上 ag、ae 的长度，可以求得

$$x_A = x_a + \Delta x_{ag} = 57100 + \frac{0.0822}{0.100} \times 100 = 57182.2 \text{m}$$

$$y_A = y_a + \Delta x_{ae} = 18100 + \frac{0.0632}{0.100} \times 100 = 88163.2 \text{m}$$

其中 0.0822、0.0632 分别是图上得到的 ag、ae 的长度，0.100 为格网每格长度，如果图纸有变形，格网每格尺寸发生变化，可以认为图内物体也是同样变化的，则上式同样适用，只是分母中 0.100 应用实际丈量距离代替。而 100 为每一格的

图 8-13 地形图的基本应用

实际长度。同样可以得到 B 点的坐标。我们可以得到考虑图纸变形的坐标计算式

$$\begin{cases} x_A = x_a + \dfrac{ag}{ab} \times l_{ab} \times M \\ y_A = y_a + \dfrac{ae}{ad} \times l_{ad} \times M \end{cases} \tag{8-1}$$

式中 l_{ab}，l_{ad} 为图上格网理论长度，一般为 10cm，M 为比例尺分母。

2. 图上两点间的水平距离

如图 8-13 所示，求 AB 两点之间的水平距离，可以采用图解法或解析法。图解法为直接从图中量出 AB 两点之间直线的长度，再乘比例尺分母 M 即为该点的水平距离。而解析法则是在求得 A、B 两点的坐标后，用公式计算：

$$D_{AB} = \sqrt{(x_B - x_A)^2 + (y_B - y_A)^2} = \sqrt{\Delta x_{AB}^2 + \Delta y_{AB}^2} \tag{8-2}$$

3. 坐标方位角的量测

如图 8-13 所示，过 A、B 分别作 x 坐标的平行线，然后用量角器分别量出角值 α'_{AB} 和 α'_{BA}，并取其平均值为结果。

$$\alpha_{AB} = \frac{1}{2}(\alpha'_{AB} + \alpha'_{BA} \pm 180°) \tag{8-3}$$

也可以先求得 A、B 两点坐标，然后用公式计算：

$$\alpha_{AB} = \arctan \frac{\Delta y_{AB}}{\Delta x_{AB}} = \arctan \frac{y_B - y_A}{x_B - x_A} \tag{8-4}$$

4. 图上点高程的确定

如图 8-14 所示，如果某一点刚好在某条等高线上，如 m、n 点，则该等高线的高程即为该点的高程，图上 m、n 点的高程分别为 17m 和 18m。

图 8-14 求点的高程

如果某点位置不在一条等高线上，如 c，则应用内插法求该点的高程。过 c 点作线段 mn 大致垂直于相邻两条等高线，在相邻等高线之间可以认为坡度是均匀的，则量出 mc 和 mn 的长度分别为 d_1 与 d，则 c 点的高程为：

$$H_C = H_m + \Delta h_{mc} = H_m + h_1 = H_m + \frac{d_1}{d} h_0 \tag{8-5}$$

式中 h_0 为相邻等高线之间的高差，即等高距。$d_{mc} = 4\mathrm{mm}$，$d_{mn} = 11\mathrm{mm}$，则

$$H_c = 17 + \frac{4}{11} \times 1 = 17 + 0.36 = 17.36\mathrm{m}$$

根据等高线勾绘的精度要求，也可以用目估的方法确定图上一定的高程。

5. 确定图上直线的坡度

直线两点之间的高差与该两点之间的水平距离的比值即为该直线的坡度，即

$$i_{AB} = h_{AB} / D_{AB} \tag{8-6}$$

由于高差一般有正负号，而距离恒为正，则坡度的符号即为高差的符号，如图 8-13 中 i_{AB} 和 i_{BA} 是不同的，两者符号相反。坡度一般用百分率（%）或千分率（‰）表示。

如果该两点在两条相邻等高线上或以内，则一般认为其坡度是均匀的，而如果该两点跨越了几条等高线，一般他们是有起伏的，而按上式计算得出的是平均坡度。

三、地形图在工程建设中的应用

（一）沿指定方向绘制纵断面图

在道路、管线等工程设计与施工前，为了合理确定路线的坡度，及平衡挖填方量，需要详细考虑沿线的路面纵坡。因此需要根据等高线图来绘制路面的纵断面图。如图 8-15 所示，首先在等高线图正下方绘制直角坐标系，其纵轴 H 为高程，横轴代表水平距离，一般与地形图的比例尺相同，而为了更好反映地面起伏，可以将纵轴比例尺取为横轴的 10～20 倍，然后在纵轴上按基本等高距与对应高程标注高程，高程范围比等高线图中涉及范围略大，同时分别作水平辅助线。将 AB 用直线相连，与等高线的交点分别依次用 1、2……标注，将各交点到 A 点的距离分别量取到坐标横轴上，其中横轴起点即为 A 点，依次在横轴上分别做 1、2……点的垂线与水平辅助线分别相交，交点的纵坐标为该点的高程，最后用光滑曲线将各交点依次相连，即成。

市政工程测量

图 8-15 纵断面图的绘制

如果坐标系选取在等高线图正下方,也可以从等高线图直接向坐标系投影,同样投影线应与辅助线正交,交点确定同上,最后用光滑曲线连接。这时,除非该方向线正好与横坐标平行,否则横坐标(水平距离)的比例尺一般与图上比例尺不同。

(二) 在图上按指定坡度选定最短路线

在道路与管线工程设计与选线时,当经过山地或丘陵地区时,有时要选择一条坡度不超过一定限值的最短路线。

如图 8-16 所示,需要从 A 点到 B 点确定一条路线,该路线的坡度要求不超过 5‰,图中等高距为 1m,比例尺为 1∶1000,则根据式(8-6)可以求得相邻等高线之间的最短水平距离为(式中 1000 为比例尺分母 M)

$$d=h/(i \times M)=1/(5‰ \times 1000)=0.02m=2cm$$

即从 A 点出发先以 A 点为圆心取半径为 2cm 画圆与相邻等高线相交,交点为 a、a';在分别以 a、a' 为圆心,半径 2cm 画圆与下一条等高线相交,交点分别为 b、b',依次前进,最后必有一条最接近或通过 B 点,对应的相邻交点分别依次用直线相连成的折线即为等坡度线。

如果从某点出发与相邻等高线有两个交点,如图中 a、a',则连线 Aa、Aa' 的坡度相同,$a \sim a'$ 之间任意点与 A 点的连线坡度大于要求,其余各点与 A 点连线坡度小于要求;如果只有一个交点,则该交点为坡度满足要求点,与前点连线坡度最大;而如果没有交点,说明该相邻等高线之间的坡度均小于要求值,可以取相邻等高线之间的最短距离(垂直距离)来定线。

图 8-16 等坡度线的绘制

（三）汇水面积的确定与面积计算

当有一条路线跨越河谷时，需要建设桥梁或者涵洞以保证水流通过，首先要确定将来通过的水量。而水流量是根据当地的年最大降雨量及汇水面积来进行计算的。

如图 8-17 所示，为了确定汇水面积，首先应在地形图上画出山脊线与山谷线等特征线，山谷线用实线表示，与路线交于 m 点，即桥涵建设地点；山脊线为分水线，用虚线表示，雨水以山脊线为界，分别流向山脊两边，图中虚线围成区域 $agfedcba$ 即为汇水区域，确定相关区域后，就可以计算该区域的面积。面积计算的方法很多，在这里仅简单介绍几种。

图 8-17 汇水面积的确定

1. 透明方格纸法

如图 8-18 所示，用透明方格纸覆盖在图形上，然后分别数出图形内的方格数，边缘不满一格的均按半格计，则数出的方格数 n 与单位格面积 a 的乘积，即为图上面积 S，而考虑比例尺后，可以求得实际面积 A。

$$\begin{cases} S = n \times a \\ A = S \times M^2 = n \times a \times M^2 \end{cases} \quad (8-7)$$

2. 条分法

由于透明方格法计数非常麻烦，故也可以采用条分法，如图 8-19 所示。用一组平行线与图形分别相交，平行线的上下边分别与图形相切，则图形端部可以近似看成一个三角形，其余相邻平行线与图形相交围成的近似可看作一个梯形，其面积计算如下：

图 8-18 方格法计算面积

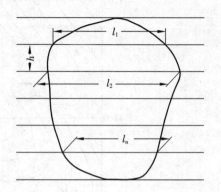

图 8-19 条分法计算面积

$$S_1 = (0+l_1)h/2$$
$$S_2 = (l_1+l_2)h/2$$
$$\cdots$$
$$S_{n+1} = (l_n+0)h/2$$

则总的图形面积为

$$S = S_1 + S_2 + \cdots + S_{n+1} = (l_1 + l_2 + \cdots + l_n)h \tag{8-8}$$

3. 解析法

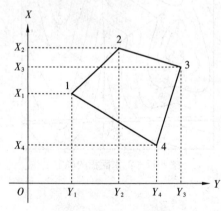

图 8-20 解析法求面积

如果图形是由直线段组成的任意多边形，而且各顶点的坐标已经在图上丈量出或实地测定，则可根据各点坐标计算图形的面积。

如图 8-20 所示四边形 1234，各顶点坐标已知，则四边形的面积可以如下计算：

$$S_{23X_2X_3} = (Y_2+Y_3) \times (X_2-X_3)/2$$
$$S_{34X_3X_4} = (Y_3+Y_4) \times (X_3-X_4)/2$$
$$S_{21X_2X_1} = (Y_2-Y_1) \times (X_2-X_1)/2$$
$$S_{14X_1X_4} = (Y_1+Y_4) \times (X_1-X_4)/2$$
$$S_{1234} = S_{23X_2X_3} + S_{34X_3X_4} - S_{21X_2X_1} - S_{14X_1X_4}$$

得到：$2A = Y_1(X_4-X_2) + Y_2(X_1-X_3) + Y_3(X_2-X_4) + Y_4(X_3-X_1)$

表达为通式

$$S = \frac{1}{2}\sum_{i=1}^{n} Y_i(X_{i-1} - X_{i+1}) \tag{8-9a}$$

其中 $i=1$ 时，X_{i-1} 用 X_n。

同样也可以表达为

$$S = \frac{1}{2}\sum_{i=1}^{n} X_i(Y_{i+1} - Y_{i-1}) \tag{8-9b}$$

其中 $i=1$ 时，Y_{i-1} 用 Y_n。

4. 求积仪法

求积仪是一种专门供图上量算面积的仪器，现在广泛采用的数字求积仪操作简单，速度快捷，可以用于曲线图形的面积量算。

由于求积仪种类繁多，故不在这里作专门介绍，在使用时请仔细阅读相关仪器的使用说明书，即可对照操作。

（四）场地平整与挖填计算

1. 格网法场地平整计算

在工程建设中，经常要进行场地平整，其设计主要是利用地形图进行。场地的平整，最终形成的可能是一个水平面，也可能是一个倾斜的平面以利于排水，两者的原理基本相似，在本节中着重介绍场地整理成水平面的挖填计算。

如图 8-21 所示，场地尺寸为 80m×80m，根据等高线可知场地地形起伏不大，坡度比较平缓，因此可以采用方格网法估算土方挖填量。

图 8-21 场地平整计算

（1）划分方格网

在划分时使方格网尽量与施工区的纵、横坐标一致，再根据要求的精度和场地的大小，将方格网的边长取为 10m×10m、20m×20m、40m×40m 或 50m×50m 等。如本题中方格网边长取为 20m×20m，则分成 AE 方向 4 格与 14 方向 4 格组成的格网，其中东北角一格去除，并对各边进行编号如上图 A～E 和 1～5 所示。

（2）计算格网顶点高程

在方格网划分完成后，可以根据地形图中的等高线来计算各方格顶点的地面高程，并标注在该点上方。图中等高距为 0.5m，A_1 点（用纵横边的编号表示交点）的高程在 66.5m 与 67m 之间，用内插法计算得到高程为 66.88m，同样 E_5 点的高程 63.58m。其余各点的高程均可以用相同方法计算出。

(3) 计算方格网网格平均高程与确定设计高程

在方格网内计算网格的平均高程时，一般用平均法，即将网格四角高程相加再除以 4 得到平均值，如左上角的网格 $A_1A_2B_2B_1$ 的平均高程为

$$\overline{H}=\frac{(H_{A_1}+H_{A_2}+H_{B_2}+H_{B_1})}{4}=\frac{(66.88+66.69+66.35+66.65)}{4}=66.64\text{m}$$

同样可以计算其他各个网格的场地实际平均高程。

在计算好各网格的平均高程后，可以计算确定设计高程。其原则是挖填基本平衡，即挖土方量与填土方量要大致相等。在这里是取网格平均值的算术平均值，即将各网格的高程平均值相加，再除以网格数得到设计高程，可以发现，角点如 A_1、A_4、B_5、E_1、E_5 的高程计算中仅参与角部网格计算，即只用到一次；边点如 A_2、A_3、B_1、C_1 等要参与相邻网格的高程计算，即用到两次；中间点 B_2、B_3、C_2、C_3 等要参与相邻四个网格的高程计算，即用到四次；而折点如 B_4 参与了相邻三个网格的高程计算，即用到三次，故设计高程计算公式为

$$H_{设}=\frac{\Sigma H_{角}\times 1+\Sigma H_{边}\times 2+\Sigma H_{折}\times 3+\Sigma H_{中}\times 4}{4n} \quad (8\text{-}10)$$

式中 n 为格网总数。

按上式可以计算出本题的设计高程为 64.84m，再在图中按内插法绘出 64.84m 的等高线，用虚线表示，它是挖填边界线，即挖土与填土的分界线，该线上既不挖也不填，故又称为零线。

(4) 计算挖填高度

$$h=H_{地面实际高程}-H_{设计高程} \quad (8\text{-}11)$$

计算结果为正表示该点实际地面高程比设计高程高，为挖土，而结果为负则为填土，计算结果标于该点的下方。

(5) 计算网格挖填土量并汇总

在求得挖填高度后，就可以计算每个网格的挖填土量，其中挖土与填土方量应分别计算。当计算精度要求不高时，可以用近似法计算，即取平均的挖土或填土高度乘以该部分地面面积求得近似挖土量。

如图中左上角 $A_1A_2B_2B_1$ 围成的方格，为全部挖土，则该网格的挖土方量为

$$V_{1挖}=\frac{1}{4}(2.04+1.25+1.51+0.81)\times 20\times 20=561\text{m}^3$$

右下角 $D_4D_5E_5E_4$ 围成的方格，为全部填土，则该网格的填土方量为

$$V_{2填}=\frac{1}{4}(-0.73-1.01-1.03-1.26)\times 20\times 20=-403\text{m}^3$$

中间挖填边界线(虚线)通过的网格则既有挖方，也有填方，应分别计算，如 $B_3B_4C_4C_3$ 围成的方格，左上角部分为挖土，而右边部分为填土，挖土与填土部分的水平投影面积可以按前面讲述的方法从图上丈量得到，如本题中假设填土部分面积 300m²，挖土部分面积 100m²，则可以分别计算挖填方量：

$$V_{3挖}=\frac{1}{3}(0.30+0+0)\times 100=10\text{m}^3$$

$$V_{3填}=\frac{1}{5}(-0.21-0.51-0.09-0-0)\times 300=-48.6\text{m}^3$$

在这里挖土部分可以近似按三边形计算，填土部分按五边形计算，与零线相交的交点挖填高度为 0。

最后，在每个格网的土方量均计算完成后，将土方量按挖方和填方分别汇总，则得到总的挖填土方总量。计算中正值为挖方，而负值为填方。

上题中计算土方量时是取各个角点的挖填高度的平均值乘以面积来近似计算土方量的，在格网内挖填边界近似为一条直线，则也可以按表 8-8 来计算土方量。

常用方格网的挖填土方计算　　　　　　　　　　　　　　　表 8-8

项目(分类)	简　图	计算公式
一点填方或挖方 （三角形部分）		$V=\dfrac{1}{2}bc\dfrac{\sum h}{3}=\dfrac{bch_3}{6}$ 当 $b=c=a$ 时，$V=\dfrac{a^2h_3}{6}$
二点填方或挖方 （梯形）		$V_{挖}=\dfrac{d+e}{2}a\dfrac{\sum h}{4}=\dfrac{a}{8}(d+e)(h_2+h_4)$ $V_{填}=\dfrac{b+c}{2}a\dfrac{\sum h}{4}=\dfrac{a}{8}(b+c)(h_1+h_3)$
三点填方或挖方 （五边形部分）		$V=\left(a^2-\dfrac{bc}{2}\right)\dfrac{\sum h}{5}=\left(a^2-\dfrac{bc}{2}\right)\dfrac{h_1+h_2+h_4}{5}$ 三角形部分按第一行计算
四点填方或挖方 （正方形）		$V=a^2\dfrac{\sum h}{4}=\dfrac{a^2(h_1+h_2+h_3+h_4)}{4}$

【例 8-1】 如图 8-22 所示，将方格反覆盖的区域平整成水平场地；

【解】

(1) 在地形图上平整场地的区域内绘制方格网，格网边长根据地形情况和挖、填土石方计算的精确度要求而定，一般为 10m 或 20m。本例方格网为 10m。

图 8-22 以方格法平整场地

(2) 计算设计高程。用内插法或目估法求出各方格顶点的地面高程，并注在相应顶点的右上方。将每一方格的顶点高程取平均值(即每个方格顶点高程之和除以4)，最后将所有方格的平均高程相加，再除以方格总数，即得地面设计高程 35.2m。

(3) 绘出填、挖分界线。根据设计高程，在图上用内插法绘出设计高程的等高线(图 8-22 中虚线)，该等高线即为填、挖分界线。

(4) 计算各方格顶点的填、挖深度。

h——"$+$"号表示挖方，"$-$"号表示填方。

(5) 计算填、挖土石方量。从图 8-22 中可以看出，有的方格全为挖土，有的方格全为填土，有的方格有填有挖。计算时，填、挖要分开计算。计算如下：

方格 1 为全挖方，挖方量为：

$$V_{1挖}=[(1.3+0.5+0.2+0.6)/4]S_{1挖}=0.65S_1(m^3)$$

方格 2 既有挖方也有填方，可得：

$$V_{2挖}=[(0.5+0.2+0.0+0.0)/4]S_{2挖}=0.175S_{2挖}(m^3)$$

$$V_{2填}=[(0.5+0.0+0.0)/3]S_{2填}=0.167S_{2填}(m^3)$$

方格 3 全填方，填方量为：

$$V_{3填}=[(0.5+1.0+0.5+0.0)/4]S_{3填}=0.5S_{3填}(m^3)$$

方格 4 既有挖方也有填方，可得：

$$V_{4挖}=[(0.6+0.2+0.0+0.0+0.3)/5]S_{4挖}=0.22S_{4挖}(m^3)$$

$$V_{4填}=[(0.5+0.0+0.0)/3]S_{4填}=0.167S_{4填}(m^3)$$

方格 5 既有挖方也有填方，可得：

$$V_{5挖}=[(0.2+0.0+0.0)/3]S_{5挖}=0.067S_{5挖}(m^3)$$

$$V_{5填}=[(0.5+0.8+0.5+0.0+0.0)/5]S_{5填}=0.36S_{5填}(m^3)$$

上面计算式中的 $S_{1挖}$、$S_{2挖}$、$S_{2填}$、$S_{3填}$、$S_{4挖}$、$S_{4填}$、$S_{5挖}$、$S_{5填}$ 分别为相应填、挖方面积。将以上挖方量和填方量分别求和，即得总的挖方量和填方量，填、挖方量总和应基本相等。

2. 地面整理成倾斜地面

上题中整理完成的地面是一个水平面，即设计高程为一个确定不变的值。在很多工程中，由于排水等方面的需要，完成后的地面是一个倾斜的平面，如图 8-23 所示，则计算方法基本与水平地面类似，在这里主要提出两者的差异之处：首先划分方格网确定原地面高程，两者的计算是基本一致的，本题中方格网尺寸为 20m×20m，按内插法分别计算各交点的高程，并标于图上；然后确定设计高程，如本题中假设坡度 −5%，以 AB 线为基准，向南侧倾斜（已知假设），则 AD 两点的设计高差为

$$h_{AD}=D_{AD}\times i_{AD}=100\times(-5\%)=-5\text{m}$$

图 8-23　整理成倾斜地面土方挖填计算

当 A 点高程（64.8m）不变时，D 点的设计高程为 64.8−5＝59.8m，同样，如果 B 点的高程（64.7m）不变，则 C 点的设计高程为 64.7−5＝59.7m，再用插值法求出各格网交点的设计高程，一般图上该点右侧上部数据为该点的实际高程，而其下面的数据为设计高程；接着确定挖填边界，本题中设计平面为一倾斜平面，等高线为一组均平行 AB 的平行线，可以根据比例尺、坡度计算出设计平面的等高线平距，然后作出该组平行线，相邻线的图上间隔即为等高线平距，图 8-23 中用水平虚线表示，其与原等高线（实线）交点为边界点，依次将边界点用光滑线相连即为挖填边界线，同时可以计算各格网交点的设计高程以及挖填高度，该值可以记录于图中该点左侧。

最后计算挖填方量并汇总,这与前面的计算是一样的。

思考题与习题

1. 何谓比例尺表示?它对测图和用图有何作用?
2. 什么是地形图?地形图主要包含哪些内容?地形图如何分类?
3. 什么是地物?什么是地貌?
4. 什么是等高线、等高线平距与等高距?等高线的分类及特性有哪些?
5. 地形图测绘前的准备工作有哪些?
6. 测图前如何绘制坐标格网和描绘控制点,应进行哪些检核和检查?
7. 碎部点的选择有什么要求?
8. 经纬仪测图的主要工作内容有哪些?
9. 地形图绘图中应注意的问题有哪些?地形图的拼接应注意哪些问题?
10. 如何求地形图中点的坐标、高程?如何求水平距离和坡度?
11. 绘制纵断面图应考虑的问题有哪些?
12. 如何确定挖填平衡线?如何计算体积?
13. 如何确定汇水面积?如何计算面积?
14. 请绘制图 8-24 的等高线图。
15. 地形如图 8-25 所示,求:

图 8-24 绘制等高线　　　　图 8-25 地形图应用计算题

(1) A、B、C 点坐标,高程。
(2) AB、BC、AC 的水平距离,方位角,坡度。
(3) 画出山谷线。

16. 请绘制图 8-26 中 AB 连线的纵断面图。

图 8-26 纵断面图绘制计算题

17. 请将图 8-21 所示的场地，整理成一个平面（挖填平衡），绘制挖填平衡线，并计算土方量。

第九章 施工测量的基本工作

学习要求：

通过本章学习，熟悉施工测量的任务、内容、原则、特点，掌握施工测量的三项基本工作和点的平面位置测设方法。

第一节 施工测量概述

一、概述

道路、桥梁和管道工程在施工阶段所进行的测量工作称为施工测量。

施工测量的任务是根据施工需要将设计图纸上的建（构）筑物的平面和高程位置，按一定的精度和设计要求，用测量仪器测设在地面上，作为施工的依据，并在施工过程中进行一系列的测量工作，以衔接和指导各工序间的施工。

施工测量是施工的先导，贯穿于整个施工过程中。内容包括从施工前的场地平整，施工控制网，到建（构）筑物的定位和基础放线；以及工程施工中各道工序的细部测设，构件与设备安装的测设工作；在工程竣工后，为了便于管理、维修和扩建，还需进行竣工测量，绘制竣工平面图；有些高大和特殊的建（构）筑物在施工和运营（使用）期间进行变形观测，以便积累资料，掌握变形规律，为工程设计、维护和使用提供资料。

在施工现场，由于各种建（构）筑物分布面较广，往往又不是同时开工兴建，为了保证各个建（构）筑物在平面位置和高程上的精度都能符合设计要求，互相连成统一的整体，施工测量和测绘地形图一样，必须遵循"从整体到局部，先控制后细部"的原则。即先在施工现场建立统一的平面控制网和高程控制网，然后以此为基础测绘出工程建（构）筑物的细部。

二、施工测量的特点

施工测量和地形测图就其程序来讲恰好相反。地形测图是将地面上的地物、地貌测绘在图纸上，而施工测量是将图纸上所设计的建（构）筑物按其设计位置测设到相应的地面上。其本质都是确定点的位置。与测图相比较，施工测量精度要求高，其误差大小将直接影响建（构）筑物的尺寸和形状。测设精度的要求又取决于建（构）筑物的大小、结构形式、材料、用途和施工方法等因素。如桥梁工程的测设精度高于道路工程；钢结构构筑物的测设精度高于钢筋混凝土结构的构筑物；装配式建筑物的测设精度高于非装配式的建筑物。

施工测量与施工有着密切的联系，它贯穿于施工的全过程，是直接为施工服务的。测设的质量将直接影响到施工的质量和进度。测量人员除应充分了解设计内容及对测设的精度要求、熟悉图上设计建筑物的尺寸、数据以外，还应与施工单位密切配合，随时掌握工程进度及现场变动情况，使测设精度和速度能满足施工的需要。

施工现场工种多，交叉作业、干扰大，地面变动较大并有机械的振动，易使测量标志被毁。因此，测量标志从形式、选点到埋设均应考虑便于使用、保管和检查，如有损坏，应及时恢复。在高空或危险地段施测时，应采取安全措施，以防止事故发生。

第二节 测设的基本工作

道路、桥梁和管道的测设工作实质上是根据已建立的控制点或已有的建筑物，按照设计图纸的要求，将工程构筑物的特征点标定在实地上。测设的基本工作主要包括测设已知水平距离、测设已知水平角和测设已知高程。

一、测设已知水平距离

已知水平距离的测设，就是根据地面上给定的直线起点，沿给定的方向，定出直线上另外一点，使得两点间的水平距离为给定的已知值。例如，经常要在施工现场，把房屋的轴线的设计长度在地面上标定出来；经常要在道路管线的中线上，按设计长度定出一系列点等。

1. 钢尺测设法

如图 9-1 所示，设 A 为地面上已知点，D 为设计的水平距离，要在地面上沿给定 AB 方向上测设水平距离 D，以定出线段的另一端点 B。具体做法是从 A 点开始，沿 AB 方向用钢尺边定线边丈量，按设计长度 D 在地面上定出 B' 点的位置。若建筑场地不是平面时，丈量时可将钢尺一端抬高，使钢尺保持水平，用吊垂球的方法来投点。往返丈量 AB' 的距离，若相对误差在限差以内，取其平均值 D'，并将端点 B' 加以改正，求得 B 点的最后位置。改正数 $\Delta D = D - D'$。当 ΔD 为正时，向外改正；反之，向内改正。

2. 全站仪测设法

目前水平距离的测设，尤其是长距离的测设多采用全站仪。如图 9-2 所示，安置全站仪于 A 点，瞄准 AB 方向，指挥反光棱镜左右位于视线上，测量 A 点至棱镜的水平距离 D'，若 D' 大于设计距离 D，则棱镜沿视线往 A 方向移动距离 $\Delta D = D' - D$，然后重新进行测量，直至符合规定限差为止。

图 9-1　钢尺测设水平距离　　　图 9-2　测距仪测设水平距离

二、测设已知水平角

测设已知水平角是根据一地面点和给定的方向，利用经纬仪或全站仪定出另外一个方向，使得两方向间的水平角为给定的已知值。根据精度要求不同，测设方法有以下两种。

1. 一般测设法

如图 9-3 所示，设地面上已有 OA 方向线，测设水平角 $\angle AOC$ 等于已知角值 β。测设时将经纬仪安置在 O 点，用盘左瞄准 A 点，松开水平制动螺旋，旋转照准部，当度盘读数增加 β 角值时，在视线方向上定出 C' 点。然后用盘右重复上述步骤，测设得另一点 C''，取 C' 和 C'' 的中点 C，则 $\angle AOC$ 就是要测设的 β 角，OC 方向就是所要测设的方向。这种测设角度的方法通常称为正倒镜分中法。

2. 精确测设法

当测设水平角的精度要求较高时，应采用作垂线改正的方法，如图 9-4 所示。在 O 点安置经纬仪，先用一般方法测设 β 角值，在地面上定出 C' 点，再用测回法观测 $\angle AOC'$ 几个测回（测回数由精度要求决定），取各测回平均值为 β_1，即 $\angle AOC'=\beta_1$，当 β 和 β_1 的差值 $\Delta\beta$ 超过限差（$\pm 10''$）时，需进行改正。根据 $\Delta\beta$ 和 OC' 的长度计算出改正值 CC'，即

图 9-3　直接测设水平角　　　　图 9-4　精确测设水平角

$$CC'=OC'\times\tan\Delta\beta=OC'\times\frac{\Delta\beta}{\rho} \tag{9-1}$$

式中，$\rho=206265''$；$\Delta\beta$ 以秒（"）为单位。

过 C' 点作 OC' 的垂线，再以 C' 点沿垂线方向量取 CC'，定出 C 点。则 $\angle AOC$ 就是要测设的 β 角。当 $\Delta\beta=\beta-\beta_1>0$ 时，说明 $\angle AOC'$ 偏小，应从 OC' 的垂线方向向外改正；反之，应向内改正。

【例 9-1】　已知地面上 A、O 两点，要测设直角 AOC。

【解】　在 O 点安置经纬仪，盘左盘右测设直角取中数得 C' 点，量得 $OC'=50m$，用测回法观测三个测回，测得 $\angle AOC'=89°59'30''$。

$$\Delta\beta=90°00'00''-89°59'30''=30''$$

$$CC'=OC'\times\frac{\Delta\beta}{\rho}=50\times\frac{30''}{206265''}\text{m}=0.007\text{m}$$

过 C' 点作 OC' 的垂线 $C'C$ 向外量 $C'C=0.007m$ 定得 C 点，则 $\angle AOC$ 即为直角。

三、测设已知高程

测设已知高程就是根据地面上已知水准点的高程和设计点的高程，采用水准仪将设计点的高程标志线测设在地面上的工作。

1. 视线高程法

如图 9-5 所示，欲根据某水准点的高程 H_R，测设 A 点，使其高程为设计高程

图 9-5 视线高程法

H_A。则 A 点尺上应读的前视读数为

$$b_{应}=(H_R+a)-H_A \quad (9\text{-}2)$$

测设方法如下：

(1) 置水准仪于 R，A 中间，整平仪器；

(2) 后视水准点 R 上的立尺，读得后视读数 a，则仪器的视线高 $H_i=H_R+a$；

(3) 将水准尺紧贴 A 点木桩侧面上下移动，直至前视读数为 $b_{应}$ 时，在桩侧面沿尺底面—横线，此线即为室内地坪±0.000 的位置。

【例 9-2】 R 为水准点，$H_R=15.670\text{m}$，A 为建筑物室内地坪±0.000 待测点，设计高程 $H_A=15.820\text{m}$，若后视读数 $a=1.050\text{m}$，试求 A 点尺读数为多少时尺底就是设计高程 H_A。

【解】 $b_{应}=H_R+a-H_A=15.670+1.050-15.820=0.900\text{m}$

如果地面坡度较大，无法将设计高程在木桩顶部或一侧标出时，可立尺于桩顶，读取桩顶前视，根据下式计算出桩顶改正值：

$$\text{桩顶改正数}=\text{桩顶前视}-\text{应读前视}$$

假如应读前视读数是 1.600m，桩顶前视读数是 1.150m，则桩顶改正数为 -0.450m，表示设计高程的位置在自桩顶往下量 0.450m 处，可在桩顶上注"向下 0.450m"即可。如果改正数为正，说明桩顶低于设计高程，应自桩顶向上量改正数得设计高程。

2. 高程传递法

当开挖较深的基槽，或将高程引测到构筑物的上部或安装桥面空心板、箱梁时，由于测设点与水准点的高差很大，只用水准尺无法测定点位的高程，应采用高程传递法。即用钢尺和水准仪将地面水准点的高程传递到低处或高处上所设置的临时水准点，然后再根据临时水准点测设所需的各点高程。

如图 9-6 所示，为深基坑的高程传递，将钢尺悬挂在坑边的木杆上，下端挂 10kg 重锤，在地面上和坑内安各置一台水准仪，分别读取地面水准点 A 和坑内水准点 B 的水准尺读数 a 和 d，并读取钢尺读数 b 和 c，则可根据已知地面水准点 A 的高程 H_A，按下式求得临时水准点 B 的高程 H_B：

$$H_B=H_A+a-(b-c)-d \quad (9\text{-}3)$$

为了进行检核，可将钢尺位置变动 10～20cm，同法再次读取这四个数，两次求得的高程相差不得大于 3mm。

当需要将高程由低处传递至高处时，可采用同样方法进行，由下式计算

图 9-6 高程传递法

$$H_A = H_B + d + (b-c) - a \tag{9-4}$$

第三节 测设平面点位的方法

测设点的平面位置,就是根据已知控制点,在地面上标定出一些点的平面位置,使这些点的坐标为给定的设计坐标。例如,在工程建设中,要将构筑物的平面位置标定在实地上,其实质就是将构筑物的一些轴线交叉点、拐角点在实地标定出来。

根据设计点位与已有控制点的平面位置关系,结合施工现场条件,测设点的平面位置的方法有直角坐标法、极坐标法、角度交会法和距离交会法等。

一、直角坐标法

当施工场地有彼此垂直的建筑基线或建筑方格网,待测设的建(构)筑物的轴线平行而又靠近基线或方格网边线时,常用直角坐标法测设点位。

如图9-7(a)、(b)所示,Ⅰ、Ⅱ、Ⅲ、Ⅳ点是建筑物方格网顶点,其坐标值已知,1、2、3、4为拟测设的构筑物的四个角点,在设计图纸上已给定四角的坐标,现用直角坐标法测设建筑物的四个角桩。测设步骤如下:

首先根据方格顶点和构筑物角点坐标,计算出测设数据。然后在Ⅰ点安置经纬仪,瞄准Ⅱ点,在ⅠⅡ方向上以Ⅰ点为起点分别测设 $D_{1a}=20.00\text{m}$,$D_{ab}=60.00\text{m}$,定出 a、b 点。搬仪器至 a 点,瞄准Ⅱ点,用盘左盘右测设90°角,定出 $a4$ 方向线,在此方向上由 a 点测设 $D_{a1}=32.00\text{m}$,$D_{14}=36.00\text{m}$,定出1、4点。再搬仪器至 b 点,瞄准Ⅰ点,同法定出房角点2、3。这样构筑物的四个角点位置便确定了,最后要检查 D_{12}、D_{34} 的长度是否为60.00m,房角4和3是否为90°,误差是否在允许范围内。

直角坐标法计算简单,测设方便,精度较高,应用广泛。

图9-7 直角坐标法
(a)直角坐标法设计图纸;(b)直角坐标法测设数据

二、极坐标法

极坐标法是在控制点上测设一个角度和一段距离来确定点的平面位置。此法适用于测设点离控制点较近且便于量距的情况。若用全站仪测设则不受这些条件限制，测设工作方便、灵活，在市政、高速公路等工程中被广泛使用。如图 9-8 所示，A、B 为控制点，其坐标 x_A、y_A、x_B、y_B 为已知，P 为设计的管线主点，其坐标 x_P、y_P 可在设计图上查得。现欲将 P 点测设于实地，先按下列公式计算出测设数据水平角 β 和水平距离 D_{AP}；

$$\left.\begin{array}{l}\alpha_{AB}=\arctan\dfrac{y_B-y_A}{x_B-x_A}\\[2mm]\alpha_{AP}=\arctan\dfrac{y_P-y_A}{x_P-x_A}\\[2mm]\beta=\alpha_{AB}-\alpha_{AP}\end{array}\right\} \quad (9-5)$$

$$D_{AP}=\sqrt{(x_P-x_A)^2+(y_P-y_A)^2} \quad (9-6)$$

测设时，在 A 点安置经纬仪，瞄准 B 点，采用正倒镜分中法测设出 β 角以定出 AP 方向，沿此方向上用钢尺测设距离 D_{AP}，即定出 P 点。

【例 9-3】 如图 9-8 所示。已知 $x_A=100.00\text{m}$，$y_A=100.00\text{m}$，$x_B=80.00\text{m}$，$y_B=150.00\text{m}$，$x_P=130.00\text{m}$，$y_P=140.00\text{m}$。求测设数据 β、D_{AP}。

图 9-8 极坐标法

【解】 将已知数据代入式(9-5)和式(9-6)可计算得

$$\alpha_{AB}=\arctan\dfrac{y_B-y_A}{x_B-x_A}=\arctan\dfrac{150.00-100.00}{80.00-100.00}$$

$$=\arctan\dfrac{-5}{2}=111°48'05''$$

$$\alpha_{AP}=\arctan\dfrac{y_P-y_A}{x_P-x_A}=\arctan\dfrac{140.00-100.00}{130.00-100.00}$$

$$=\arctan\dfrac{4}{3}=53°07'48''$$

$$\beta=\alpha_{AB}-\alpha_{AP}=111°48'05''-53°07'48''=58°40'17''$$

$$D_{AP}=\sqrt{(x_P-x_A)^2+(y_P-y_A)^2}$$
$$=\sqrt{(130.00-100.00)^2+(140.00-100.00)^2}$$
$$=\sqrt{30^2+40^2}$$
$$=50\text{m}$$

如果用全站仪按极坐标法测设点的平面位置，则更为方便，甚至不需预先计算放样数据。如图 9-9 所示，A、B 为已知控制点，P 点为待测设点，将全站仪安置在 A 点，瞄准 B 点，按提示分别输入待测点 A，后视点 B 及待测设点 P 的坐标后，仪器即自动显示测设数据水平角 β 及水平距离 D。水平转动仪器直至角度显示为 $0°0'00''$，此时视线方向即为需测设的方向。在此视线方向上指挥持棱镜者前后移动棱镜,直到距离改正值显示为零,则棱镜所在位置即为 P 点。

三、角度交会法

角度交会法是在两个控制点上用两台经纬仪测设出两个已知数值的水平角,交会出点的平面位置。为提高放样精度,通常用三个控制点三台经纬仪进行交会。此法适用于待测设点离控制点较远或量距较困难的地区。在全站仪未普及时桥梁等工程放样常采用此法,目前应用较少。

图 9-9 全站仪测设法

如图 9-10(a)、(b)所示。A、B、C 为已有的三个控制点,其坐标为已知,需放样点 P 的坐标也已知。先根据控制点 A、B、C 的坐标和 P 点设计坐标,计算出测设数据 β_1、β_2、β_4,计算公式见式(9-5)。

图 9-10 角度交会法
(a) 角度交会观测法;(b) 示误三角形

测设时,在 A、B、C 点各安置一台经纬仪,分别测设 β_1、β_2、β_4 定出三个方向,其交点即为 P 点的位置。由于测设有误差,往往三个方向不交于一点,而形成一个误差三角形,如果此三角形最长边不超过 3~4cm,则取三角形的重心作为 P 点的最终位置。

应用此法放样时,宜使交会角 γ_1、γ_2 在 30°~150°之间,最好接近 90°,可以提高交会精度,减少误差的影响。

图 9-11 距离交会法

四、距离交会法

距离交会法是在两个控制点上各测设已知长度交会出点的平面位置。距离交会法适用于场地平坦,量距方便,且控制点离待测点的距离不超过一整尺长的地区。

如图 9-11 所示,A、B 为控制点,P 为待测设点。先根据控制点 A、B 坐标和待测设点 P 的坐标，按公式(9-6)计算出测设距离 D_1，D_2。测设时，以 A 点为圆心，以 D_1 为半径，用钢尺在地面上画弧；以 B 点为圆心，以 D_2 为半径，用钢尺在地面上画弧，两条弧线的交点即为 P 点。

第四节　已知坡度直线的测设

坡度线的测设是根据施工现场水准点的高程、设计坡度和坡度线端点的设计高程，用高程测设的方法将坡度线上各点的设计高程，标定在地面上。它应用于管线、管道等工程的施工放样中，测设方法有水平视线法和倾斜视线法两种。

一、水平视线法

如图 9-12 所示，A、B 为设计坡度线的两端点，其设计高程分别为 H_A 和 H_B，AB 设计坡度为 i，在 AB 方向上，每隔距离 d 定一木桩，要求在木桩上标定出坡度为 i 的坡度线。施测方法如下：

图 9-12　水平视线法测设坡度线

(1) 沿 AB 方向，桩定出间距为 d 的中间点 1、2、3 的位置；
(2) 计算各桩点的设计高程

$$\left.\begin{array}{l}第 1 点的设计高程：H_1=H_A+i\cdot d\\第 2 点的设计高程：H_2=H_1+i\cdot d\\第 3 点的设计高程：H_3=H_2+i\cdot d\\B 点的设计高程：\;\;H_B=H_3+i\cdot d\end{array}\right\} \quad (9-7)$$

或　　　　$H_B=H_A+i\cdot D$（检核）

坡度 i 有正有负，计算设计高程时，坡度应连同其符号一并运算。

(3) 安置水准仪于水准点 BM_1 附近，后视读数 a，得仪器视线高 $H_i=H_1+a$，然后根据各点设计高程计算测设各点的应读前视尺读数 $b_应=H_i-H_设$；

(4) 将水准尺分别贴靠在各木桩的侧面，上、下移动尺子，直至尺读数为 $b_应$ 时，便可利用水准尺底面在木桩上面一横线，该线即在 AB 的坡度线上。或立尺于桩顶，读得前视读数 b，再根据 $b_应$ 与 b 之差，自桩顶向下画线。

二、倾斜视线法

如图 9-13 所示，AB 为坡度线的两端点，其水平距离为 D，设 A 点的高程为 H_A，要沿 AB 方向测设一条坡度为 i 的坡度线，则先根据 A 点的高程、坡度 i 及

A、B 两点间的距离计算 B 点的设计高程，即

$$H_B = H_A + i \cdot D$$

再按测设已知高程的方法，将 A、B 两点的高程测设在相应的木桩上。然后将水准仪（当设计坡度较大时，可用经纬仪）安置在 A 点上，使基座上一个脚螺旋在 AB 方向上，其余两个脚螺旋的连线与 AB 方向垂

图 9-13 倾斜视线法测设坡度线

直，量取仪器高 i，再转动 AB 方向上的脚螺旋和微倾螺旋，使十字丝横丝对准 B 点水准尺上等于仪器高 i 处，此时，仪器的视线与设计坡度线平行，然后在 AB 方向的中间各点 1、2、3 的木桩侧面立尺，上、下移动水准尺，直至尺上读数等于仪器高 i 时，沿尺子底面在木桩上面画一红线，则各桩红线的连线就是设计坡度线。

思考题与习题

1. 测设的基本工作是什么？
2. 测设已知数值的水平距离、水平角及高程是如何进行的？
3. 测设点位的方法有哪几种？各适用于什么场合？放样数据如何计算？
4. 如何用水准仪测设已知坡度的坡度线？
5. 欲在地面上测设：直角 $\angle AOB = 90°$，先用一般方法测设出该直角，再精确测量其角值 $\angle AOB' = 89°58'54''$，已知 OB' 的距离 $D = 180\text{m}$，试计算 B 点的调整量并绘图说明。
6. 利用高程为 18.800m 的水准点 A，欲测设出高程为 18.180m 标高。安置水准仪于 A、B 点中间，读取 A 点尺上后视读数为 0.888m，问在 B 点木桩上的水准尺前视读数应为多少时尺底标高为 18.180m？并绘图说明。
7. 设 A、B 为控制点，已知
$X_A = 158.27\text{m}$，$y_A = 160.64\text{m}$，$X_B = 115.49\text{m}$，$y_B = 185.72\text{m}$，P 点的设计坐标为 $X_P = 160.00\text{m}$，$y_P = 210.00\text{m}$，试分别用极坐标法、角度交会法和距离交会法测设 P 点所需的放样数据，并绘出测设略图。

第十章 道路工程测量

学习要求：

通过本章学习，要求掌握测量仪器在道路工程中的具体应用方法；掌握道路中线、圆曲线及缓和曲线的计算和测量方法；纵横断面的测绘；道路施工中基本的测设程序及工作方法。

第一节 概　述

市政工程一般由路线、桥涵、管道及各种附属设施等构成。兴建道路之前，为了选择一条既经济又合理的路线，必须对沿线进行勘测。

一般地讲，路线以平、直最为理想，但实际上，由于受到地物、地貌、水文、地质及其他等因素的限制，路线的平面线型必然有转折，即路线前进的方向发生改变。为了保证行车舒适、安全，并使路线具有合理的线型，在直线转向处必须用曲线连接起来，这种曲线称为平曲线。平曲线包括圆曲线和缓和曲线两种，如图 10-1 所示。圆曲线是具有一定曲率半径的圆的一部分，即一段圆弧。缓和曲线是在直线与圆曲线之间加设的一段特殊曲线，其曲率半径由无穷大逐渐变化为圆曲线半径。

图 10-1　道路中线

由上可知，路线中线一般是由直线和平曲线两部分组成。中线测量是通过直线和曲线的测设，将道路中心线的平面位置用木桩具体地标定在现场上，并测定路线的实际里程。中线测量完成以后必须进行道路纵、横断面测量。

在市政道路的建设中，施工测量工作必须先行，而施工测量有施工前和施工过程中两部分测量工作。施工测量就是研究如何将设计图纸中的各项元素按规定的精度要求，准确无误地测设于实地，作为施工的依据；同时在施工过程中应进行一系列的测量工作，以保证施工按设计要求进行，主要包括路基放线、施工边桩测设、竖曲线测设、路面测设及侧石与人行道的测量放线等。

第二节 道路中线测量

一、交点和转点的测设

（一）交点的测设

道路中线改变方向时，两相邻直线段延长后相交的点，称为路线交点，通常用符号 JD 表示，它是中线测量的控制点。对于一阶段勘测，路线交点在选线阶段在实地位置标定；而对于两阶段勘测，先是在地形图上定点，再根据图上点位于实地进行标定。根据定位条件和现场地形的不同，测设方法有以下两种：

1. 放点穿线法

放点穿线法是以初测时测绘的带状地形图上的导线点为依据，按照地形图上设计的道路中线与导线之间的距离和角度的关系，在实地将道路中线的直线段测定出来，然后将相邻两直线段延长相交得到路线交点，具体测设步骤如下：

（1）放点

常用的方法有支距法和极坐标法两种。

如图 10-2 所示，欲将图纸上定出的两段直线 $JD_2 \sim JD_3$ 和 $JD_3 \sim JD_4$ 测设于实地，只需定出直线上 1、2、3、4、5、6 等临时点即可，这些临时点可以选择支距法，也可选择极坐标法测设。本图中采用支距法测设的为 1、2、6 三点。

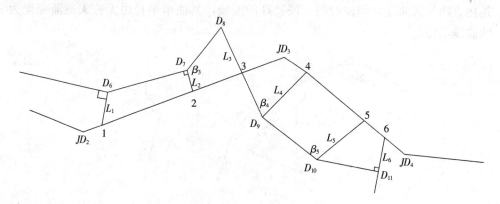

图 10-2 放点

即在图上以导线点 D_6、D_7、D_{11} 为垂足，作导线边的垂线，交路线中线点 1、2、6 为临时点，根据比例尺量出相应的距离 L_1、L_2、L_6，在实地用经纬仪或方向架定出垂线方向，再用皮尺量出支距，测设出各点。

上图中 3、4、5 点为采用极坐标法测设的，在图纸上用量角器和比例尺分别量出或根据坐标反算方位角计算出 $β_3$、$β_4$、$β_5$ 及距离 L_3、L_4、L_5 的数值，在实地放点时，如在导线点 D_9 安置经纬仪，后视 D_8，水平度盘归零，拨角 $β_4$ 定出方向，再用皮尺量距 L_4 定出 4 点，迁站 D_8、D_{10} 可测出 3 点和 5 点。

上述方法放出的点为临时点，这些点尽可能选在地势较高，通视条件较好的位置，便于测设和后视工作，采用哪种方法进行测设临时点，既要根据现场地形、地貌等客观情况而定，还要考虑施测方便及为后续工作提供便利。

(2) 穿线

由于图解数据和测量误差及地形的影响，在图上同一直线上的各点放到地面后，一般不在一条直线上，这些点的连线只能近似一条直线，如图 10-3 所示 1、2、3、4 在图纸上为一条直线上的点，放到实地上没有共线。这时可根据实际情况，采用目估法或经纬仪法穿线，通过比较和选择，定出一条尽可能多地穿过或靠近临时点的直线 AB。在 A、B 或其方向上打下两个或两个以上的方向桩，随即取消临时点，这种确定直线位置的工作称为穿线。

图 10-3　穿线

(3) 定交点

如图 10-4 所示，当相邻两条直线 AB、CD 在地面上确定后，即可延长直线进行交会定出交点。首先将经纬仪安置于 B 点，盘左位置瞄准 A 点，倒镜后在交点 JD 的前后位置打下两个木桩，该桩称为骑马桩，在两个木桩桩顶用红蓝铅笔沿 A、B 视线方向上标出两点 a_1 和 b_1。转动水平度盘，在盘右位置瞄准 A 点，倒转望远镜在两木桩上标出 a_2 和 b_2 点。分别取 a_1、a_2 和 b_1、b_2 的中点并钉设小钉得到 a 和 b，并挂上细线，上述方法叫正倒镜分中法。将仪器迁至 C 点，瞄准 D 点，同法测出 c 和 d，挂上细线，在两条细线相交处打下木桩，并钉设小钉得到交点 JD。

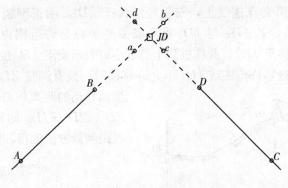

图 10-4　交点

2. 拨角放线法

首先根据地形图量出纸上定线的交点坐标，再根据坐标反算计算相邻交点间的距离和坐标方位角，之后由坐标方位角算出转角。在实地将经纬仪安置于路线中线起点或交点上,拨转角,量距,测设各交点位置。如图10-5所示,D_1、D_2……为初测导线点,在 D_1 安置经纬仪(D_1 为路线中线起点)后视并瞄准 D_2,拨角 β_1,量距 S_1,定出 JD_1。在 JD_1 安置经纬仪,拨角 β_2,量距 S_2,定出 JD_2,同法依次定出其余交点。

图10-5 拨角放线法

这种方法操作简单,工作效率高,拨角放线法一般适用于交点较少的线路。若测设的交点越多,累积误差越大。需每隔一定距离将测设的中线与初测导线或测图导线连测,检查导线的角度闭合差和导线长度相对闭合差,进行校核满足限差要求,进行调整,若超限,应查明原因进行纠正或重测。而新的交点又重新以初测导线点进行测设,减少误差累积,保证交点位置符合纸上定线的要求。

(二)转点的测设

在路线中线测量时,由于地形起伏或地物阻挡致使相邻交点互不通视时(或者距离较远时),需要在两交点间或其延长线上加一点或数点,供测角、量距延长直线时瞄准之用,这样的点称为转点,一般用 ZD 表示。

1. 在两交点间设置转点

如图10-6所示,JD_5、JD_6 为相邻不通视的两交点,ZD' 为初定转点,为了检核 ZD' 是否在两交点连线上,安置经纬仪于 ZD',用正倒镜分中法延长直线 JD_5—ZD' 于 JD_6',若 JD_6' 与 JD_6 重合或偏差 f 在容许范围内,则转点位置为 ZD',可将 JD_6 移至 JD_6',并在桩顶上钉下小钉表示交点 JD_6 位置。

当偏差 f 超过容许范围或 JD_6 不允许移动时,只有调整 ZD'。设 e 为 ZD' 应横向移动的距离,a、b 分别为 JD_5—ZD'、ZD'—JD_6 的距离,该距离用视距测量方法测出,则

$$e = \frac{a}{a+b} \times f$$

将 ZD' 沿偏差 f 的相反方向横移 e 至 ZD。将仪器安置于 ZD,延长直线 JD_5—ZD 看是否通过 JD_6 或偏差值 f 是否小于容许值,否则应重设转点,直至符合要求为止。

图10-6 两不通视的交点间设置转点

2. 在两交点延长线上设置转点

如图 10-7 所示，JD_8、JD_9 互不通视，ZD' 为延长线上初定转点，经纬仪安置于 ZD'，盘左瞄准 JD_8，在 JD_9 处定出一点，盘右瞄准 JD_8，在 JD_9 处又定出一点，取两点的中点得 JD_9'。若 JD_9' 与 JD_9 重合或偏差 f 在容许范围内，即可将 JD_9' 作为交点 JD_9，ZD' 作为转点。若 JD_9 不允许移动，应调整 ZD' 的位置，设 e 为 ZD' 需横移的距离，a、b 分别为 JD_8—ZD'、ZD'—JD_9 的距离（用视距法测定），则

$$e = \frac{a}{a-b} \times f$$

图 10-7　两不通视的交点的延长线上设置转点

将 ZD' 沿与 f 相反方向移动 e，即得到新转点 ZD。在 ZD 安置经纬仪，重复上述方法，直至 f 值小于容许值为止，用木桩将转点 ZD 位置标定在地面上。

二、测定路线的转折角

道路中线由一个方向偏转为另一个方向时，偏转后的方向与原方向之间的夹角称为转折角，也称转角或偏角，常以 α 表示。如图 10-8 所示，转角有左、右之分，按路线前进方向，偏转后的方向在原方向的左侧称为左转角，以 $\alpha_左$（或 α_z）表示；反之为右转角，以 $\alpha_右$（或 α_y）表示。在道路中线转弯处，为了设置曲线，需要测定转角，通常是观测路线前进方向的右角 $\beta_右$，转角按下式进行计算：

当 $\beta < 180°$ 时，$\alpha_右 = 180° - \beta$

当 $\beta > 180°$ 时，$\alpha_左 = \beta - 180°$

(10-1)

右角 β 的观测一般是采用测回法测定，上、下两个半测回角度差根据公路等级而定，高速公路、一级公路为 $\pm 20''$，二级及二级以下的公路为 $\pm 60''$。在容许范围内，可取两个半测回的平均值作为观测成果。

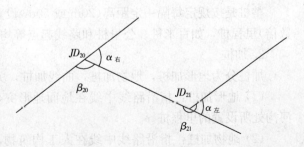

图 10-8　路线的转角和右角

根据曲线测设的需要,当右角 β 测定后,在保持水平度盘位置不变的情况下,需要在路线设置曲线的一侧把角平分线标出。如图 10-9(a) 所示,$\beta_右$ 已测定,仪器处于盘左位置,后视读数为 a,前视方向读数为 b,角平分线(分角线)方向度盘读数为 c。则

$$c = b + \frac{\beta}{2} = \frac{a+b}{2} \qquad (10-2)$$

测设时,转动仪器的照准部,当水平度盘读数为 $\frac{a+b}{2}$,此时望远镜方向即为分角线方向。在该方向打桩标定,当 $\beta_右$ 大于 180°时,将 c 加上 180°为角平分线的方向,如图 10-9(b) 所示,为了保证测角精度,还要进行路线角度闭和差的校核,当路线导线与国家控制点可联测时,可按附合导线的计算方法计算角度闭合差,进行检核和调整。当路线导线与国家控制点无法联测时,以每天测设距离为一段,每天作业开始与收工时,用罗盘仪测起始边磁方位角,通过推算的磁方位角与实测的磁方位角进行核对,其误差不超过 2°,若超过限度,要查明原因并予纠正。

图 10-9 标定角平分线
(a)β<180°;(b)β>180°

三、钉设中线里程桩和加桩

为了确定路线中线的位置和长度,满足纵横断面测量的需要,必须由路线的起点开始每隔一定距离(20m 或 50m)设桩标记,称为里程桩。里程桩也称中桩,里程桩分为整桩和加桩两种。每个桩均有一个桩号,一般写在桩的正面,桩号表示该桩点至路线起点的里程数,如果桩距路线起点的距离为 21434.52m,则桩号为 K21+434.52。

1. 整桩

整桩是按规定每隔一定距离(20m 或 50m)设置,桩号为整数(为要求桩距的整数倍)里程桩,如百米桩、公里桩和路线起点等均为整桩。

2. 加桩

加桩分为地形加桩,地物加桩,曲线加桩,关系加桩和断链加桩等。

(1)地形加桩:指沿路线中线在地面地形突变处,横向坡度变化处以及天然河沟处所设置的里程桩。

(2)地物加桩:指沿路线中线在人工构筑物,如拟建桥梁、涵洞、隧道挡墙处,路线与其他公路、铁路、渠道、高压线、地下管线交叉处、拆迁建筑物等处

所设置的里程桩。

(3) 曲线加桩：指曲线上的起点、中点、终点桩。

(4) 关系加桩：指路线上的转点桩和交点桩。

(5) 断链加桩：由于局部改线或事后发现距离错误等致使路线的里程不连续，桩号与路线的实际里程不一致，为说明情况而设置的桩。

在钉设中线里程桩时，需要书写里程桩桩号及其含义，应先写其缩写名称，再写其桩号。目前我国公路上采用汉语拼音的缩写名称，见表10-1。

路线主要标志桩名称表 表10-1

标志桩名称	简称	汉语拼音缩写	英文缩写	标志桩名称	简称	汉语拼音缩写	英文缩写
转角点	交点	JD	IP	公切点	—	GQ	CP
转点	—	ZD	TP	第一缓和曲线起点	直缓点	ZH	TS
圆曲线起点	直圆点	ZY	BC	第一缓和曲线终点	缓圆点	HY	SC
圆曲线中点	曲中点	QZ	MC	第二缓和曲线起点	圆缓点	YH	CS
圆曲线终点	圆直点	YZ	EC	第二缓和曲线终点	缓直点	HZ	ST

在钉设中线里程桩时，对起控制作用的交点桩、转点桩、公里桩、重要地物桩及曲线主点桩，应钉设 6cm×6cm 的方桩，桩顶露出地面约 2cm，桩顶钉一小钉表示点位，并在距方桩 20cm 左右设置标志桩，标志桩上写有方桩的名称、桩号及编号。直线地段的标志桩打在路线前进方向的一侧；曲线地段的标志桩打在曲线外侧，字面朝向圆心。标志桩常采用尺寸(0.5～1)cm×5cm×30cm 的竹片桩或板桩，钉桩时一半露出地面。其余的里程桩一般使用板桩，尺寸为(2～3)cm×5cm×30cm 即可，一半露出地面，钉桩时字面一律背向路线前进方向。

道路中线里程桩的设置是在中线丈量的基础上进行的，一般情况下是边丈量边设置。目前，随着电子全站仪的普及，市政道路、高速公路大多是采用电子全站仪定线测距，也有部分工程采用 GPS RTK 技术进行中线桩测设。

第三节 圆曲线的主点测设和详细测设

一、圆曲线的主点测设

当线路由一个方向转到另一个方向时，为了行车安全，必须用曲线连接，该曲线称为平曲线，平曲线中最常用的两种曲线是圆曲线和缓和曲线。

圆曲线是具有一定曲率半径的圆弧，它由三个重要点位即直圆点(ZY)(曲线起点)、曲线中点(QZ)、圆直点(YZ)(曲线终点)控制着曲线的方向，这三点称为圆曲线的三主点，如图10-10所示，转角 I 根据所测左角

图 10-10 圆曲线测设元素

($\beta_{左}$)(或右角)计算，曲线半径 R 根据地形条件和工程要求选定。根据 I 和 R 可以计算其他测设元素。

圆曲线的测设分两部分进行：先测设三主点，然后测设曲线上每隔一定距离的里程桩(称辅点)。

1. 圆曲线测设元素的计算

如图 10-10 所示，可得圆曲线测设的元素如下：

$$\left. \begin{array}{l} 切线长\ T \quad T=R\tan\dfrac{I}{2} \\ 曲线长\ L \quad L=\dfrac{\pi}{180}\times RI \\ 外矢距\ E \quad E=R\left(\sec\dfrac{I}{2}-1\right) \\ 切曲差\ D \quad D=2T-L \end{array} \right\} \quad (10\text{-}3)$$

式中，I 为线路转折角；R 为圆曲线半径，T、L、E、D 为圆曲线测设元素，其值可由计算器算出，亦可查《公路曲线测设用表》。

2. 圆曲线主点桩号的计算

根据交点的桩号和圆曲线元素可推出：

$$\left. \begin{array}{l} ZY\ 桩号 = JD\ 桩号 - 切线长\ T \\ YZ\ 桩号 = ZY\ 桩号 + 曲线长\ L \\ QZ\ 桩号 = YZ\ 桩号 - \dfrac{L}{2} \end{array} \right\} \quad (10\text{-}4)$$

校核：
$$JD\ 桩号 = QZ\ 桩号 + \dfrac{D}{2} \quad (10\text{-}5)$$

【例 10-1】 某线路 JD 桩号为 K1+385.50，测得可转角 $I=42°25'$，圆曲线半径 $R=120\mathrm{m}$。求圆曲线元素及主点桩号。

【解】 据式 (10-3) 得：

$$T = R\tan\dfrac{I}{2} = 120\times\tan\left(\dfrac{42°25'}{2}\right) = 46.56\mathrm{m}$$

$$L = RI\times\dfrac{\pi}{180°} = 120\times 42°25'\times\dfrac{\pi}{180°} = 88.84\mathrm{m}$$

$$E = R\left(\sec\dfrac{I}{2}-1\right) = 120\times\left(\sec\dfrac{42°25'}{2}-1\right) = 8.72\mathrm{m}$$

$$D = 2T - L = 4.28\mathrm{m}$$

据式(10-4)得

JD 桩号	K1+385.50
$-T$	46.56
ZY 桩号	K1+338.94
$+L$	88.84
YZ 桩号	K1+427.78
$-L/2$	44.42

QZ 桩号	K1+383.36

再按式(10-5)校核：

QZ 桩号	K1+383.36
+D/2	2.14
JD 桩号	K1+385.50

校核无误

3. 圆曲线主点的测设

(1) 在交点处安置经纬仪，照准后一方向线的交点或转点并设置水平度盘为 $0°00'00''$，从 JD 沿线方向量取切线长 T 得 ZY，并打桩标定其点位，立即检查 ZY 至最近的里程桩的距离，若该距离与两桩号之差相等或相差在允许范围内，则认为 ZY 位正确，否则应查明原因并纠正之。再将经纬仪转向路线的另一方向，同法求得 YZ。

(2) 转动经纬仪照准部，拨角 $(180°-I)/2$，在其视线上量 E 值即得 QZ，如图 10-11 所示。

(3) 检查三主点相对位置的准确性：将经纬仪安置在 ZY 上，用测回法分别测出 β_1、β_2 角值，若 $\beta_1-I/4$、$\beta_1-I/2$ 在允许范围内，则认为三主点测设位置正确，即可继续圆曲线的详细测设。

图 10-11　量取 QZ 点

二、圆曲线的详细测设

当曲线长小于 40m 时，测设曲线的三个主点已能满足路线线形的要求。如果曲线较长或地形变化较大时，为了满足线形和工作的需要，除了测设曲线的三个主点外，还要每隔一定的距离 l，测设一个辅点，进行曲线加密。根据地形情况和曲线半径大小，一般每隔 5、10、20m 测设一点，圆曲线的详细测设，就是指测设除圆曲线的主线以外的一切曲线桩，包括一定距离的加密桩、百米桩及其他加桩。圆曲线详细测设的方法很多，可视地形条件加以选用，现介绍几种常用的方法。

1. 偏角法

偏角法又称极坐标法。它是根据一个角度和一段距离的极坐标定位原理来设点的，也就是以曲线的起点或终点至曲线上任一点的弦线与切线之间的偏角(即弦切角)和弦长来测定该点的位置。如图 10-12 所示，以 l 表示弧长，c 表示弦长，根据几何原理可知，偏角即弦切角 Δ_i 等于相应弧长 l 所对圆心角 f_i 的一半。则有关数据可按下式计算：

圆心角　　　　　　　　　　$\varphi = \dfrac{l}{R} \times \dfrac{180°}{\pi}$

偏　角　　　　　　　　　　$\Delta = \dfrac{1}{2} \times \dfrac{l}{R} \times \dfrac{180°}{\pi} = \dfrac{l}{R} \times \dfrac{90°}{\pi}$

弦　长　　　　　　　　　　$c = 2R \times \sin\dfrac{\varphi}{2} = 2R \times \sin\Delta$ 　　　　(10-6)

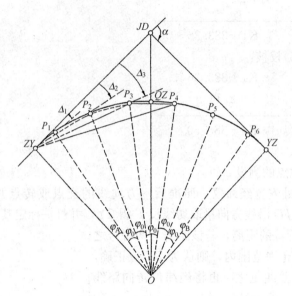

图 10-12 偏角法测设圆曲线

弧弦差 $$\delta = l - c = \frac{l}{24R^2}$$

如果曲线上各辅点间的弧长 l 均相等时,则各辅点的偏角都为第一个辅点的整数倍,即

$$\begin{aligned} \Delta_2 &= 2\Delta_1 \\ \Delta_3 &= 3\Delta_1 \\ &\cdots\cdots \\ \Delta_n &= n\Delta_1 \end{aligned} \quad (10\text{-}7)$$

而曲线起点 ZY 至曲线中点 QZ 的偏角为 $\alpha/4$,曲线起点 ZY 至曲线终点 YZ 的偏角为 $\alpha/2$,可将这两个偏角值作为测设的校核。

在实际测设中,上述一些数据可用电子计算器快速算得,也可依曲线半径 R 和弧长 l 为引数查取《公路曲线测设用表》获得。

为减少计算工作量,提高测设速度,在以偏角法设置曲线时,通常是以整桩号设桩,然而曲线起点、终点的桩号一般都不是整桩号,因此首先要计算出曲线首尾段弧长 l_A、l_B,然后计算或查表得出相应的偏角 Δ_A、Δ_B,其余中间各段弧长均为 l 及其偏角 Δ,均可从表中直接查得。

具体测设步骤如下:

(1) 核对在中线测量时已经桩钉的圆曲线的主点 ZY、QZ、YZ,若发现异常,应重新测设主点。

(2) 将经纬仪安置于曲线起点 ZY,以水平度盘读数 $0°00'00''$ 照准交点 JD,如图 10-12 所示。

(3) 松开照准部,置水平度盘读数为 1 点之偏角值为 Δ_1,在此方向上用钢尺从 ZY 点量取弦长 c_1,桩钉 1 点。再松开照准部,置水平度盘读数为 2 点之偏角值 Δ_2,在此方向上用钢尺从 1 点量取弦长 c_2,桩钉 2 点。同法测设其余各点。

(4) 最后应闭合于曲线终点 YZ 以此来校核。若曲线较长，可在各起点 ZY、终点 YZ 测设曲线的一半，并在曲线中点 QZ 进行校核。校核时，如果两者不重合，其闭合差一般不得超过如下规定：

$$\left.\begin{array}{l}\text{半径方向（路线横向）误差}\pm 0.1\text{m}\\ \text{切线方向（路线纵向）误差}\pm \dfrac{L}{1000}(L\text{ 为曲线长})\end{array}\right\}$$

偏角法是一种测设精度较高，灵活性较大的常用方法，适用于地势起伏、视野开阔的地区。它既在三个主点上测设曲线，又能在曲线的任一点上测设曲线，但其缺点是测点有误差的积累，所以宜由起点、终点两端向中间测设或由曲线中点分别向两端测设。对于小于 100m 的曲线，由于弦长与相应的弧长相差较大，不宜采用偏角法。

【例 10-2】 已知圆曲线 $R=200$m，转角 $\alpha=25°30'$，交点的里程为 $1+314.50$m，起点桩 ZY 桩号为 $1+269.24$，中点桩 QZ 桩号为 $1+313.75$，终点桩 YZ 桩号为 $1+358.26$，试用偏角法进行圆曲线的详细测设，计算出各段弧长采用 20m 的测设数据。

【解】 由于起点桩号为 $1+269.24$，其前面最近整数里程桩应为 $1+280$，其首段弧长 $l_A=(1+280)-(1+269.24)=10.76$m，而终点桩号为 $1+358.26$，其后面最近整数里程桩为 $1+340$，其尾段弧长 $l_B=(1+358.26)-(1+340)=18.26$m，中间各段弧长为 $l=20$m。应用公式可计算出各段弧长相应的偏角为：

$$\Delta_A=\frac{90°}{\pi}\times\frac{l_A}{R}=\frac{90°}{\pi}\times\frac{10.76}{200}=1°32'29''$$

$$\Delta_B=\frac{90°}{\pi}\times\frac{l_B}{R}=\frac{90°}{\pi}\times\frac{18.26}{200}=2°36'56''$$

$$\Delta=\frac{90°}{\pi}\times\frac{l}{R}=\frac{90°}{\pi}\times\frac{20}{200}=2°51'53''$$

再应用公式计算出各段弧长所对的弦长为：

$$c_A=2R\sin\Delta_A=2\times200\times\sin1°32'29''=10.76\text{m}$$

$$c_B=2R\sin\Delta_B=2\times200\times\sin2°36'56''=18.25\text{m}$$

$$c=2R\sin\Delta=2\times200\times\sin2°51'53''=19.99\text{m}$$

为便于测设，将计算成果的各段偏角、弦长及各辅点的桩号列入表 10-2。

各段弧长测设数据 表 10-2

号点	曲线里程桩号	偏号 Δ_i	弦长 c_i(m)
起点 ZY	$1+269.24$	$\Delta_{ZY}=0°00'00''$	
1	$1+280$	$\Delta_1=\Delta_A=1°32'29''$	10.76
2	$1+300$	$\Delta_2=\Delta_A+\Delta=4°24'22''$	19.99
3	$1+320$	$\Delta_3=\Delta_A+2\Delta=7°16'15''$	19.99
4	$1+340$	$\Delta_4=\Delta_A+3\Delta=10°08'08''$	19.99
终点 YZ	$1+358.26$	$\Delta_{ZY}=\Delta_A+3\Delta+\Delta_B=12°45'04''$	18.25

计算校核：$\Delta_{ZY}=\alpha/2=25°30'00''/2=12°45'00''$，误差符合要求

2. 切线支距法

切线支距法又称直角坐标法。它是根据直角坐标法定位原理，用两个相互垂直的距离 x、y 来确定某一点的位置。也就是以曲线起点 ZY 或终点 YZ 为坐标原点，以切线为 X 轴，以过原点的半径为 Y 轴，根据坐标 (X,Y) 来设置曲线上的各点。

如图 10-13 所示，P_1、P_2、P_3 点是为曲线预设置的辅点，其弧长为 l，所对的圆心角为 φ，按照几何关系，可得到各点的坐标值为：

图 10-13 切线支距法测设曲线

$$x_1 = R\sin\varphi_1$$

$$y_1 = R - R\cos\varphi_1 = R(1-\cos\varphi_1) = 2R\sin^2\frac{\varphi_1}{2}$$

$$x_2 = R\sin\varphi_2 = R\sin^2\varphi_2 \text{（假设弧长相同）}$$

$$y_2 = 2R\sin^2\frac{\varphi_2}{2} = 2R\sin^2\varphi_1$$

同理，可知 x_3、y_3 的坐标值。式中，R 为曲线半径，$\varphi = \dfrac{l}{R} \times \dfrac{180°}{\pi}$ 为圆心角，因此不同的曲线长就有不同的 φ 值，同样也就有相应的 x、y 值。

在实际测设中，上述的数据可用电了计算器算得，亦可以半径 R 曲线长 l 为引数，直接查取《公路曲线测设用表》中《切线支距表》的相应 x、y 值。

测设步骤具体如下：

（1）校对在中线测量时已桩钉的圆曲线的三个主点 ZY、QZ、YZ，若有差错，应重新测设主点。

（2）用钢尺或皮尺从 ZY 开始，沿切线方向量取 x_1、x_2、x_3 等点，并作标记。

（3）在 x_1、x_2、x_3 等点用十字架（方向架）作垂点，并量出 y_1、y_2、y_3 等点，用测针标记，即得出曲线上 1、2、3 等点。

(4) 丈量所定各点的弦长作为校核。若无误，即可固定桩位，注明相应的里程桩。

用切线支距法测设曲线，由于各曲线点是独立测设的，其测角及量边的误差都不累积，所以在支距不太长的情况下，具有精度高、操作较简单、桩号误差不累积的优点，故应用也较广泛，适用于地势平坦、适用量距的地区。但它不能自行闭合，自行校核，所以对已测设的曲线点，要实量其相邻两点间的距离，以便校核。

【例 10-3】 已知曲线半径 80m，曲线每隔 10m 桩钉一桩，试求其中 1、2 点的坐标值。

【解】

$$\varphi = \frac{l}{R} \times \frac{180°}{\pi} = \frac{10}{80} \times \frac{180°}{\pi} = 7°09'43''$$

$$x_1 = R\sin\varphi = 80 \times \sin 7°09'43'' = 9.97 \text{m}$$

$$y_1 = 2R\sin^2\frac{\varphi}{2} = 2 \times 80 \times \sin^2\left(\frac{7°09'43''}{2}\right) = 0.62 \text{m}$$

$$x_2 = R\sin 2\varphi = 80 \times \sin(2 \times 7°09'43'') = 19.79 \text{m}$$

$$y_2 = 2R^2\sin^2\varphi = 2 \times 80 \times (\sin^2 7°09'43'') = 2.49 \text{m}$$

三、极坐标法

极坐标法是自测站点出发，后视另一已知点，拨出极角 θ_p，在此方向上量距 S_p，即可确定待定点 P 的位置。其极坐标（θ_p、S_p）可根据测站点和待定点坐标经坐标反算而得，由于电磁波全站仪在市政工程中广泛地使用，极坐标法测设曲线非常简便、迅速和精确。

用极坐标法测设圆曲线细部点时，要先计算各细部点在测量平面直角坐标系中的坐标值，测设时，全站仪安置在平面控制点或已知坐标的线路交点上，输入测站坐标和后视点坐标（或后视方位角），再输入要测设的细部点坐标，仪器即自动计算出测设角度和距离，据此进行细部点现场定位。下面介绍细部点坐标的计算方法。

1. 计算主点坐标

如图 10-14 所示，根据 JD_1 和 JD_2 的坐标 (x_1, y_1)、(x_2, y_2)，用坐标反算公式计算第一条切线的方位角 α_{2-1}，

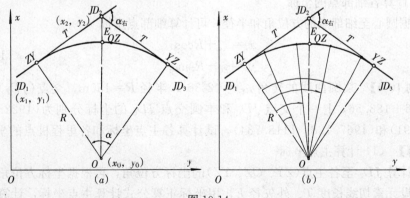

图 10-14

(a) 圆曲线主点坐标计算；(b) 圆曲线细部点坐标计算

$$\alpha_{2-1} = \arctan \frac{y_1 - y_2}{x_1 - x_2} \tag{10-8}$$

第二条切线的方位角 α_{2-3} 可由 JD_2、JD_3 的坐标反算得到,也可由第一条切线的方位角和线路转角推算得到,在本例中有

$$\alpha_{2-3} = \alpha_{2-1} - (180 - \alpha_{右}) \tag{10-9}$$

根据方位角 α_{2-1}、α_{2-3} 和切线长度 T,用坐标正算公式计算曲线起点坐标 (x_{ZY}, y_{ZY}) 和终点坐标 (x_{YZ}, y_{YZ}),例如起点坐标为:

$$x_{ZY} = x_2 + T\cos\alpha_{2-1}$$
$$y_{ZY} = y_2 + T\sin\alpha_{2-1} \tag{10-10}$$

曲线中点坐标 (x_{QZ}, y_{QZ}) 则由分角线方位角 α_{2-QZ} 和矢径 E 计算得到,其中分角线方位角 α_{2-QZ} 也可由第一条切线的方位角和线路转角推算得到,在本例中有

$$\alpha_{2-QZ} = \alpha_{2-1} - \frac{180 - \alpha_{右}}{2} \tag{10-11}$$

2. 计算圆心坐标

如图 10-14(a) 所示,因 ZY 点至圆心方向与切线方向垂直,其方位角为

$$\alpha_{ZY-O} = \alpha_{2-1} - 90° \tag{10-12}$$

(若为左偏角,则方位角为 $\alpha_{ZY-O} = \alpha_{2-1} + 90°$),圆心坐标 (x_o, y_o) 为

$$x_o = x_{ZY} + R\cos\alpha_{ZY-O}$$
$$y_o = y_{ZY} + R\sin\alpha_{ZY-O} \tag{10-13}$$

3. 计算圆心至各细部点的方位角

如图 10-14(b) 所示,设 ZY 点至曲线上某细部里程桩点的弧长为 l_i (l_i = 细部点桩号里程 − ZY 点里程),其所对应的圆心角为

$$\varphi_i = \frac{l_i}{R} \cdot \frac{180°}{\pi} \tag{10-14}$$

则圆心至各细部点的方位角 α_i 为

$$\alpha_i = (\alpha_{ZY-O} + 180°) + \varphi_i \tag{10-15}$$

(若为左偏角,则方位角为 $\alpha_i = (\alpha_{ZY-O} + 180°) - \varphi_i$)

4. 计算各细部点的坐标

根据圆心至细部点的方位角和半径,可计算细部点坐标

$$x_i = x_o + R\cos\alpha_i$$
$$y_i = y_o + R\sin\alpha_i \tag{10-16}$$

【例 10-4】 某圆曲线的转角 $\alpha_{右} = 42°36'$,半径 $R = 150$m,交点 (JD_2) 的桩号为 K6+183.56,上一个交点 JD_1 和本圆交点 JD_2 的坐标分别为 (1922.821, 1030.091) 和 (1967.128, 1118.784),试计算各主点坐标和各里程桩点的坐标。

【解】 (1) 计算主点坐标

先计算 JD_2 至各主点(ZY、QZ、YZ)的坐标方位角,再根据坐标方位角和算出的测设元素切线长度 T、外矢径 E,用坐标正算公式计算主点坐标,计算结果见表 10-3。

圆曲线主点坐标计算表　　　　　　　　　　　　　　　　表 10-3

主点	JD_2 至各主点的方位角	JD_2 至各主点的距离(m)	x(m)	y(m)
ZY	243°27′18″	T = 58.48	1940.99	1066.47
QZ	174°45′18″	E = 11.00	1956.18	1119.79
YZ	106°03′18″	T = 58.48	1950.96	1174.99

(2) 计算圆心坐标

按式(10-12)计算 ZY 点至圆心的方位角为 153°27′18″,按式(10-13)计算圆心坐标为(1806.805,1133.502)。

(3) 计算各细部点坐标

先算得 ZY 桩号 = K6+183.56 − 58.48 = K6+125.08,再计算各细部点至 ZY 点的弧长,然后按式(10-14)、式(10-15)和式(10-16)计算圆心至各细部点的方位角 α_i,以及计算各点坐标,结果见表 10-4。

圆曲线细部桩点坐标表　　　　　　　　　　　　　　　　表 10-4

细部桩号	α	x	y
K6+140	339°9′14″	1946.986	1080.123
K6+160	346°47′36″	1952.838	1099.232
K6+180	354°25′58″	1956.177	1119.789
K6+200	2°04′20″	1956.707	1138.926
K6+220	9°42′42″	1954.655	1158.805

用可编程计算器或掌上电脑可方便地完成上述计算。在实际线路测量中,利用这些计算工具,可在野外快速计算出直线或曲线上包括主点在内的任意桩号的中线坐标,配合全站仪按极坐标法施测,大大提高了工作效率。

第四节　缓和曲线的测设

为了行车安全、舒适以及减少离心力的影响,在直线段与圆曲线之间插入一段半径由无穷大逐渐减小至圆曲线半径 R 的曲线称缓和曲线。带有缓和曲线的平曲线如图 10-15 所示,主点有直缓点(ZH)、缓圆点(HY)、曲中点(QZ)、圆缓点(YH)和缓直点(HZ)。

图 10-15　带有缓和曲线的平曲线

一、缓和曲线基本公式

1. 基本公式

对于缓和曲线,是曲线半径 ρ 随曲线长度 l 的增大而成反比均匀减小的曲线,即对于缓和曲线上任一点的曲率半径 ρ 有:

$$\rho = \frac{C}{l} \quad \text{或} \quad \rho \cdot l = C \tag{10-17}$$

式中 C 是缓和曲线参数,为一常数,表示缓和曲线半径 ρ 的变化率,与车速有关。我国公路目前采用:$C = 0.035 V^3$

式中 V—计算行车速度,以 km/h 为单位。

在缓和曲线和圆曲线连接处,即 ZY 点处,缓和曲线与圆曲线半径相等,即 $\rho = R$。缓和曲线的终点(HY)至起点(ZH)的曲线长为缓和曲线全长,按式(10-17)得

$$C = l \cdot \rho = R \cdot l_S \tag{10-18}$$

2. 切线角公式

如图 10-16 所示,缓和曲线上任一点 P 处的切线与过起点切线的交角 β 称为切线角,β 值与缓和曲线上该点至曲线起点的曲线长(弧长)所对的圆心角相等。

$$\beta = \frac{l^2}{2C} = \frac{l^2}{2R l_S} \text{(弧度)}$$

或

$$\beta = \frac{l^2}{2R l_S} \cdot \frac{180°}{\pi} = 28.6479 \cdot \frac{l^2}{R l_S} \text{(度)} \tag{10-19}$$

当 $l = l_S$ 时,则缓和曲线全长 l_S 所对应的圆心角即切线角 β_0 为

$$\beta_0 = \frac{l_S^2}{2R l_S} = \frac{l_S}{2R} \text{(弧度)}$$

或

$$\beta_0 = \frac{l_S^2}{2R l_S} \cdot \frac{180°}{\pi} = 28.6479 \cdot \frac{l_S}{R} \text{(度)} \tag{10-20}$$

3. 参数方程

如图 10-16 所示,设 ZH 点为坐标原点,过 ZH 点的切线为 X 轴,半径为 Y 轴,缓和曲线上任一点 P 的坐标为 (X, Y) 为:

$$x = l - \frac{l^5}{40 R^2 l_S^2}$$

$$y = \frac{l^3}{6 R l_S} \tag{10-21}$$

上式称做缓和曲线的参数方程。

当 $l = l_S$ 时,缓和曲线终点 HY 的直角坐标为:

图 10-16 缓和曲线

$$x_0 = l_S - \frac{l_S^3}{40 R^2}$$

$$y_0 = \frac{l_S^2}{6R} \tag{10-22}$$

二、带有缓和曲线的圆曲线要素计算及主点测设

1. 内移值 P、切线增长值 q 的计算

如图 10-17 所示，当圆曲线加设缓和曲线后，为使缓和曲线起点位于直线方向上，必须将圆曲线向内移动一段距离 P（称为内移值），这时曲线发生变化，使切线增长距离 q（称为切线增长值），公路上一般采用圆心不动半径相应减小的平行移动方法，即未设缓和曲线时的圆曲线为 FG，其半径为 $(R+P)$，插入两段缓和曲线 AC 和 DB 后，圆曲线向内移，其保留部分为 CMD，半径为 R，所对的圆心角为 $(\alpha-2\beta_0)$。测设时必须满足的条件为：$2\beta_0 \leqslant \alpha$；否则，应缩短缓和曲线长度或加大圆曲线半径 R。由图 10-17 可知：

$$P+R=y_0+R\cos\beta_0$$
$$q=AF=BG=x_0-R\sin\beta_0$$

即
$$P=y_0-R(1-\cos\beta_0)$$
$$q=x_0-R\sin\beta_0 \tag{10-23}$$

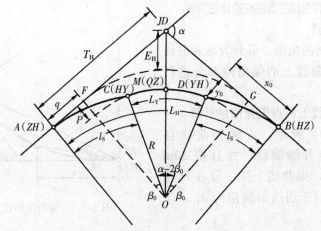

图 10-17 带有缓和曲线的圆曲线主点

将 $\cos\beta_0$、$\sin\beta_0$ 按级数展开，并将 x_0、β_0 值带入，则得

$$P=\frac{l_S^2}{6R}-\frac{l_S^2}{8R}=\frac{l_S^2}{24R}$$
$$q=l_S-\frac{l_S^2}{40R^2}-\frac{l_S}{2}+\frac{l_S^2}{48R^2}=\frac{l_S}{2}-\frac{l_S^2}{240R^2}\approx\frac{l_S}{2} \tag{10-24}$$

2. 测设曲线要素的计算

在圆曲线上设置缓和曲线后，将圆曲线和缓和曲线作为一个整体来考虑。曲线要素的计算为

切线长　　　　$T_H=(R+P)\tan\dfrac{\alpha}{2}+q$

曲线长　　　　$L_H=R(\alpha-2\beta_0)\dfrac{\pi}{180°}+2l_S$

其中圆曲线长　　$L_Y=R(\alpha-2\beta_0)\dfrac{\pi}{180°}$

外矢距　　　　$E_H=(R+P)\sec\dfrac{\alpha}{2}-R$

切曲差　　　　$D_H=2T_H-L_H$ （10-25）

3. 主点里程的计算和测设

根据交点的已知里程桩号和曲线的要素值，即可按下列算式计算各主点里程

桩号。

直缓点　　ZH 桩号 $= JD$ 桩号 $- T_H$
缓圆点　　HY 桩号 $= ZH$ 桩号 $+ l_S$
圆缓点　　YH 桩号 $= HY$ 桩号 $+ L_Y$
缓直点　　HZ 桩号 $= YH$ 桩号 $+ l_S$
曲中点　　QZ 桩号 $= HZ$ 桩号 $- \dfrac{L_H}{2}$

交点　　　JD 桩号 $= QZ + \dfrac{D_H}{2}$（检核）

主点 ZH、HZ、QZ 的测设方法与圆曲线主点测设方法相同。HY、YH 点是根据缓和曲线终点坐标 (x_0, y_0) 用切线支距法来测设。

三、带有缓和曲线的圆曲线的详细测设

（一）偏角法

曲线上偏转的角值，可分为缓和曲线上的偏角和圆曲线上的偏角两部分进行计算。

1. 缓和曲线上各点偏角值的计算

如图 10-18 所示，若缓和曲线自 ZH（或 HZ）点开始测设，并且按 20m 等分缓和曲线，则曲线上任一分点 P 与 ZH 的连线相对于切线的偏角为 δ，δ 计算方法为

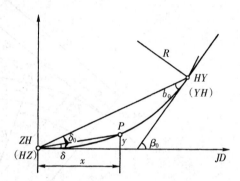

图 10-18　偏角法测设缓和曲线

$\tan\delta = \dfrac{Y_p}{X_p}$，因为 δ 很小，$\delta = \tan\delta = \dfrac{Y_p}{X_p}$

将曲线参数方程（10-21）中 x、y 代入上式得（只取第一项）

$$\delta = l^2/6Rl_S \tag{10-26}$$

当 $l = l_S$ 时，缓和曲线的总偏角为

$$\delta_0 = \dfrac{l_S}{6R} \tag{10-27}$$

由于 $\beta = \dfrac{l^2}{2Rl_S}$，$\beta_0 = \dfrac{l_S}{2R}$，上式可写成

$$\delta_0 = \dfrac{1}{3} \cdot \beta_0 \tag{10-28}$$

式（10-26）除以式（10-28）得

$$\delta = \dfrac{l^2}{l_S^2} \cdot \delta_0 = \dfrac{1}{3}\left(\dfrac{l}{l_S}\right)^2 \cdot \beta_0 \tag{10-29}$$

若采用整桩距进行测设，即 $l_2 = 2l_1$，$l_3 = 3l_1 \cdots\cdots$
由式（10-29）得各点相应角值为

$$\delta_1 = \left(\dfrac{l_1}{l_S}\right)^2 \cdot \delta_0$$

$$\delta_2 = \left(\dfrac{2l_1}{l_S}\right)^2 \cdot \delta_0 = 2^2 \cdot \delta_1$$

$$\delta_3 = \left(\frac{3l_1}{l_S}\right)^2 \cdot \delta_0 = 3^2 \cdot \delta_1$$

...

$$\delta_n = n^2 \cdot \delta_1 \tag{10-30}$$

实际测设中,按上述方法计算偏角值。

2. 圆曲线上各点偏角的计算

圆曲线上各点的测设,应将仪器安置于 HY 或 YH 点进行。这时只要定出 HY 或 YH 点的切线方向,就可以按独立圆曲线的偏角法进行测设,如图 10-18 所示,首先要计算角度 b_0,从图可知

$$b_0 = \beta_0 - \delta_0 = \beta_0 - \frac{\beta_0}{3} = \frac{2\beta_0}{3}$$

若仪器安置于 HY 点上,瞄准 ZH 点,将水平度盘读数配置为 b_0(当曲线右转时,配置在 $360° - b_0$),旋转照准部使水平度盘读数为 $0°00'00''$ 并倒镜,则该视线方向为 HY 的切线方向,然后按独立圆曲线偏角进行测设各点。

3. 偏角法测设带有缓和曲线的圆曲线细部实例

【例 10-5】 $R = 600$m,$L_0 = 110$m,$c = 20$m,曲线计算资料见表 10-5,按上述方法计算出各点的偏角值列入表 10-5 中。

表 10-5

桩号	曲线点间距	曲线偏角 缓和曲线	曲线偏角 圆曲线	备注	曲线计算资料
ZH K161+703.86				测站	$R = 600$m $\alpha_{右} = 48°23'$
JD100	20	$0°00'00''$		后视点	$T = 324.91$m
1+723.86	20	0 03 28			$L = 616.67$m
2+743.86	20	0 13 53			$L_0 = 110$m
3+763.86	20	0 31 15			$E = 58.68$m
4+783.86	16.14	0 55 34			$q = 33.14$m
5+800.00	20	1 20 27		百米桩	
6+803.86	10	1 26 49			
HY K161+813.86		1 45 03		测站	
ZH 1+820.00	06.14	$360°-$ $(3°30'05''+0°17'35'')$ $=356°12'20''$	$0°00'00''$	后视点	ZH:K161+703.86 HY:K161+813.86 QZ:K162+012.20 YH:K162+210.53 HZ:K162+320.53
2+840.00	20		0 57 18		
3+860.00	20		1 54 35		
4+880.00	20		2 51 53		
5+900.00	20		3 49 11	百米桩	
6+920.00	20		4 46 29		
7+940.00	20		5 43 46		
8+960.00	20		6 41 04		
9+980.00	20		7 38 22		
K162+0.00	12.20		8 35 40	百米桩	
QZ K162+012.20			9 10 37		

HY 点切线方向，$b_0 = \frac{2}{3}\beta_0 = \frac{2}{3} \cdot (3\delta_0) = 2\delta_0 = 2 \times 1°45'03'' = 3°30'05''$

具体测设步骤为：

(1) 在 ZH 点置镜，照准 JD 方向使水平度盘读数为零；

(2) 拨偏角 $\delta_1 = 0°03'28''$，在切线方向自 ZH 起量取 20m 得缓和曲线第一点；

(3) 拨偏角 $\delta_2 = 0°13'53''$，自第一点起以 20m 定长与视线方向相交，即得曲线第二点；

(4) 继续拨角 δ_3、δ_4，同法可定出缓和曲线点 3、4，拨角 $1°20'27''$，自 4 点起以 16.14m 为定长与视线方向相交，得百米桩号(点号 5)。同法定出点 6，测设点 6 时，应自点 4 量距，检查 6 点对控制桩 HY 点的偏离值；

(5) 仪器移至 HY 点，以 b_0 配置水平度盘，后视 ZH，再倒转望远镜。当度盘为 $0°00'00''$ 时，视线方向即为 HY 点的切线方向。在生产实践中，为了放样和计算方便，在后视 ZH 点时，水平度盘往往配置为 $(b_0 + \delta_1)$，倒镜望远镜后 HY 点的切线方向读数为 δ_1。本例以 $356°12'20''$ 配置水平度盘后，后视 ZH 点，倒转望远镜，当度盘读数为 $0°$ 时沿视线方向自 HY 点起量取 6.14m 得圆曲线上第一点；

(6) 继续拨取偏角 $\delta_2 = 0°57'18''$，自圆曲线点 1 起，以 $c = 20m$ 为定长与视线相交得圆曲线上第二点；同法测设出圆曲线上其余各点，直至 QZ 点。

半条曲线测设完成后，仪器搬至 HZ 点，用上述方法测设曲线的另一半。但需注意，偏角的拨动方向与切线的测设方向与前半部分曲线相反。

同时，自 ZH(HZ) 点测设曲线至 HY(YH) 点及由 HY(YH) 点测设到 QZ 点时，必须检查闭合差，若闭合差在允许范围内，按圆曲线测设方法进行分配。

(二) 切线支距法

建立以 ZH(或 HZ) 点为坐标原点，过 ZH 的切线及半径分别为 x 轴和 y 轴的坐标系统，利用缓和曲线段和圆曲线段上各点在坐标系统中的 x、y 来测设曲线，如图 10-19 所示。

在缓和曲线段上各点坐标 (X,Y) 可按缓和曲线的参数求得，即

$$X = l - \frac{l^5}{40R^2 l_S^2}$$

$$Y = \frac{l^3}{6R l_S} \quad (10\text{-}31)$$

在圆曲线上各点坐标 (X,Y) 可按圆曲线参数方程和图 10-19 计算：

$$X = X' + q = R\sin\varphi + q$$
$$Y = Y' + P = R(1-\cos\varphi) + P \quad (10\text{-}32)$$

图 10-19 切线支距法测设缓和曲线

计算出缓和曲线和圆曲线上各点坐标后，按圆曲线切线支距法的测设方法进

行测设。

具体测设如下：

设圆曲线半径$R=600$m，偏角$\alpha_{左}=15°55'$，缓和曲线长度$L_0=60$m，交点JD_{75}的里程为K112+446.92，曲线点间隔$C=20$m，试以切线支距法放样曲线细部。

根据R、L_0、α及JD_{75}的里程，计算曲线元素及主要点里程，根据主要点里程及曲线点间隔$C=20$m，得放样数据(表10-6)。

放样数据表　　　　　　　　　　　　表10-6

点号	里程桩号	L_i	L_i-X_i	Y_i	曲线计算资料
ZH	K112+333.01	00	0.00	0.00	$R=600$m
1	353.01	20	0.00	0.04	$\alpha_{左}=15°55'$
2	373.01	40	0.00	0.30	$L_0=60$m
HY(3)	393.01	60	0.02	1.00	$T=113.91$m
4	400.00	66.99	0.03	1.41	$L=226.68$m
5	413.01	80	0.06	2.33	$E=6.08$m
6	433.01	100	0.16	4.33	$q=1.14$m
QZ	446.35	113.34	0.27	6.05	JD_{75}　K112+446.92

附图

ZH　K112+333.01
HY　K112+393.01
QZ　K112+446.35
YH　K112+499.69
HZ　K112+559.69

四、极坐标法

用极坐标法测设带有缓和曲线的圆曲线时，可根据导线点和已知坐标的路线交点、曲线主点，利用坐标反算，逐点测设曲线上各点。

如前所述，如图10-20所示，以ZH或HZ点为坐标原点，以其切线方向(即JD方向)为x轴，以通过原点的半径方向为y轴，建立一个独立坐标系统，曲线上任一点P在该独立坐标系统的坐标(X,Y)可按缓和曲线参数方程求得，即

图10-20　极坐标法测设缓和曲线

$$X=l-\frac{l^5}{40R^2 l_S^2}$$

$$Y=\frac{l^3}{6Rl_S} \tag{10-33}$$

其测量坐标(x, y)则可通过将坐标转换平移计算得到,其转换参数是独立坐标系统原点(ZH 或 HZ)在测量坐标系统中的坐标值(x_0, y_0),以及独立坐标系统的 X 轴在测量坐标系统中的方位角 α,转换公式为

$$x = x_0 + X\cos\alpha - Y\sin\alpha$$
$$y = y_0 + X\sin\alpha + Y\cos\alpha \tag{10-34}$$

1. 第一段缓和曲线的测量坐标计算

第一段缓和曲线指 ZH 点到 HY 点段曲线,其转换参数(x_0, y_0)为 ZH 点坐标(x_{ZH}, y_{ZH}),α 为 ZH 点到 JD 的方位角,可以根据上一个交点和本曲线交点的测量坐标计算,参见圆曲线坐标计算中的式(10-10)。确定换算参数后,即可按式(10-34)将由式(10-32)计算得到的独立坐标换算成测量坐标。

2. 圆曲线段测量坐标计算

圆曲线段指 HY 点到 YH 点段曲线,其转换参数(x_0, y_0)仍为 ZH 点坐标(x_{ZH}, y_{ZH}),α 仍为 ZH 点到 JD 的方位角,圆曲线上某点在独立坐标系中的坐标(X, Y)可按下式计算

$$\varphi = \beta_0 + 180(l - l_S)/(\pi R)$$
$$X = R\sin\varphi + q$$
$$Y = R(1 - \cos\varphi) + P \tag{10-35}$$

再代入式(10-26)计算得到测量坐标。

3. 第二段缓和曲线的测量坐标计算

第二段缓和曲线指 YH 点到 HZ 点段曲线,其转换参数(x_0, y_0)为 HZ 点坐标(x_{HZ}, y_{HZ}),α 为 HZ 点到 JD 的方位角,可以根据上一个交点和本曲线交点的测量坐标计算(参见圆曲线坐标计算)。确定换算参数后,即可按式(10-26)将由式(10-24)计算得到的独立坐标换算成测量坐标,注意此时弧长 l 等于 HZ 点里程减去曲线点的里程。

五、困难地段的曲线测设

在曲线测设中,由于地形、地物的限制和影响,往往会遇到种种困难,如交点或主要点不能设站及曲线上不通视等,可以根据现场的实际情况,采用灵活多样的办法完成曲线的测设。

(一) 交点上不能安置仪器

在部分困难地段,交点 JD 有时落在建筑物上、树木上、深沟里或河流中等无法安置仪器的地方,或者切线不通视的情况。这时可采用选定副交点的方法来解决,如图 10-21(a) 所示,在切线上适当的位置选定两个副交点 A、B,测定其角度 α_1、α_2 及辅助线 AB 的距离 D_{AB},则偏角 $\alpha = \alpha_1 + \alpha_2$。根据半径 R、偏角 α 及缓和曲线长度 L_0,即可求出曲线要素。

在 $\triangle ABC$ 中:

$$\alpha = \alpha_1 + \alpha_2$$
$$AC = \frac{AB \cdot \sin\alpha_2}{\sin(180° - \alpha)} = \frac{AB \cdot \sin\alpha_2}{\sin\alpha}$$

$$BC = \frac{AB\sin\alpha_1}{\sin(180°-\alpha)} = \frac{AB\sin\alpha_1}{\sin\alpha} \tag{10-36}$$

则自 A、B 向曲线起、终点方向分别量出 $(T-AC)$ 及 $(T-BC)$，即得到曲线起点 ZH、终点 HZ 的位置。

曲线中点 QZ 测设时，可解 $\triangle ABC$，按余弦定理得

$$AD = \sqrt{AC^2 + CD^2 - 2AC \cdot CD\cos\theta} \tag{10-37}$$

按正弦定理得

$$\gamma = \arcsin\frac{CD}{AB\sin\theta} \tag{10-38}$$

式中 $CD = E$，$\theta = \frac{180°-\alpha}{2}$。

在 A 点安置经纬仪，后视 ZY 点，拨角 $180°-\gamma$，在该方向上量距 AD 测出 QZ 点。

图 10-21(b) 是属于切线上不通视的情况。这时，可根据图示做辅助线及副交点。

在 $\triangle ABC$ 中，按正弦定理

$$AC = AB \cdot \frac{\sin\alpha_2}{\sin(\alpha_2 - \alpha_1)}$$

则自 A 及 C 向曲线的起、终点方向量出 $(T-AC)$ 及 T，得到曲线起点 ZH 及终点 HZ 的位置。曲线中点 QZ 可按上述方法测出。

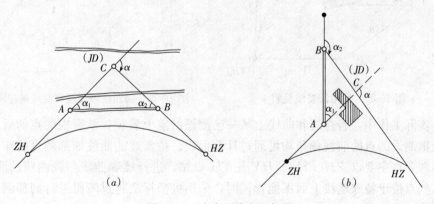

图 10-21 交点不能安置仪器

如果直接丈量 AB 或测定 α_1、α_2 有困难，而只能观测 α'_1、α'_2 时，可用导线法确定 A、B 点的相应位置(图 10-21)。建立以 A 点为坐标原点、导线的首边为 x' 轴的临时坐标系，通过导线观测，计算各导线点在该系统中坐标 x'、y'，从而求得 α'_1、α'_2。这时

$$\alpha_1 = \alpha_1^0 \pm \alpha'_1$$
$$\alpha_2 = \alpha_2^0 \pm \alpha'_2$$

$$S_{AB}=\sqrt{\Delta'X_{AB}^2+\Delta'Y_{AB}^2} \tag{10-39}$$

(二) 用偏角法测设圆曲线视线受阻

用偏角法测设圆曲线遇到难以排除的障碍时，可迁移测站继续测设。如图 10-22 所示，在 HY 点测设圆曲线至 P_3 点时，视线被房屋阻挡，为了继续将圆曲线上其余各点测设出来，此时可把仪器搬至 P_2 点继续测设。设 BF 为 P_2 点的切线。从图中不难看出，如果经纬仪置在 P_2 点上，并将度盘配置为 A 点的切线偏角读数 (此时为 $0°00'00''$)，后视 A 点。纵转望远镜，当度盘读数为 δ_3 时，即为 P_3 的测设方向。

同理，在圆曲线已测定的点(P_n)上置镜，以圆曲线上任一已测设的点(P_δ)的切线偏角配置度盘并后视 P_i 点，纵转望远镜，只要拨角至欲测点 j 的偏角读数 δ_j，即得该点的视线方向。

(三) 用偏角法测设缓和曲线越过障碍的方法

如图 10-23 所示，当自 ZH 点测设缓和曲线上各点时，若欲测点与 ZH 点不通视，可把仪器置于任一已测设点上(该点与欲测点彼此要通视)继续测设曲线。例如，ZH 点与点 3 不通视，则可把仪器搬至点 2 继续测设。点 2 的切线及前、后视偏角可以用缓和曲线的要素进行计算。

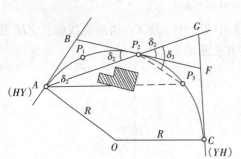

图 10-22 偏角法视线受阻　　图 10-23 偏角法测设缓和曲线越过障碍

实际工作中，若在缓和曲线上某一已测设的点上置镜，欲后视的点的后视偏角及欲测设的点的前视偏角均可通过计算而得。按常规的曲线细部测设的作业方法，需要在主要点 ZH、HZ、HY 及 YH 设站，进行缓和曲线与圆曲线的测设。当这些点位于特殊地段上而不能置镜时，采用极坐标法越过障碍进行细部测设是十分快速有效的。

第五节　路线纵、横断面测量

一、路线纵断面测量

顺地面已标定中线进行的水准测量，称为线路水准测量。线路水准测量分两步进行：首先是顺路线方向每隔一定距离设置一水准点，称为基平测量；其次以各水准点为基础，分段进行中桩地面高程的水准测量，称为中平测量。

(一) 基平测量

1. 水准点的设置

水准点的布置，应根据需要和用途，可设置永久性水准点和临时性水准点。路线起点、终点和需要长期观测的重点工程附近，宜设置永久性水准点。永久水准点需埋设标石，也可设置在永久性建筑物的基础上或用金属标志嵌在基岩上，水准点要统一编号，一般以"BM"表示，并绘点之记。水准点宜选在离中线不受施工干扰的地方，水准点的密度应根据地形和工程需要而定。在重丘和山区每隔 0.5~1km 设置一个，在平原和微丘区每隔 1~2km 设置一个，大桥及大型构造物附近应增设水准点。

2. 水准点的高程测量

水准点高程测量，应与国家或城市高级水准点联测，以获得绝对高程。一般采用往返观测或两个单程观测。

水准测量的精度要求，往返观测或两个单程观测的高差不符值，应满足

$$f_{h容} = \pm 30\sqrt{L} \text{mm}$$

或

$$f_{h容} = \pm 9\sqrt{N} \text{mm} \tag{10-40}$$

式中，L 为单程水准路线长度，以 km 计；N 为测站数，高差不符值在限差范围以内取其高差平均值，作为两水准点间的高差，超限时应查明原因重测。

(二) 中平测量

中平测量亦称中桩水准测量，其实质就是在基平测量中设置的相邻水准点间进行附合水准测量。在一个测站上除观测转点外，还要观测路线中桩。相邻两转点间所观测的路线中桩，称为中间点，由于转点起着传递高程的作用，转点应立在尺垫上或稳固的固定点上，其读数至毫米，视线长不应大于 150m。中间点尺子应立在桩号边的地面上，读数至厘米即可。如图 10-24 所示，水准仪安置在测站 I 处，后视水准点 BM_{20}，前视转点 ZD_1，将读数记入表 10-7 中相应位置栏。然后将水准尺依次立于各中桩 K15+100、K15+120、K15+140、K15+160 等地面上并依次读数，将读数记入表 10-7 中，仪器搬到测站 II 处，后视 ZD_1，前视 ZD_2，按上述方法，观测各中间点，逐站施测，一直测到 BM_{21} 为止。

图 10-24 中平测量

中平测量记录表　　　　　　　　　表 10-7

天气：
地点：　　　　　　　　　　　　　　　　　　　　　　年　月　日

测点	后视	仪器高	前视 TP	前视 中间点	设计高程 (m)	地面高程 (m)	填挖高 (mm)	附注
BM_{20}	1.852	104.208			102.356			
K15+100				1.45		102.76		
K15+120				1.50		102.71		
K15+140				1.49		102.72		
K15+160				1.65		102.56		
K15+180				1.74		102.47		
ZD_1	1.504	104.080	1.632			102.576		
K15+200				1.32		102.76		
K15+220				1.30		102.78		
K15+240				1.21		102.87		
K15+260				1.18		102.90		
K15+280				1.10		102.98		
ZD_2	1.955	104.414	1.621			102.459		
BM_{21}			2.475		101.952	101.939		
	5.311		5.728					
计算校核	Σ 后视$-\Sigma$ 前视$=-0.417$m　　$H_{BM_{21}}-H_{BM_{20}}=101.952-102.356=-0.404$m							
精度计算	$f_h=H_{BM_{21}}$测$-H_{BM_{21}}=101.939-101.952=-13$mm $f_{h容}=\pm 50\sqrt{L}=\pm 50\sqrt{1.05}=\pm 51$mm $\because |f_h|<|f_{h容}|\quad\therefore$ 符合要求							

观测：　　　　立尺：　　　　记录：　　　　计算：　　　　复核：

中桩水准测量的精度要求为：$f_{h容}=\pm 50\sqrt{L}$mm(L 以 km 计)。一测段高差 h 与两端水准点高差之差 $f_h=h'_{测}-h_{理}\leqslant f_{h容}$。否则，应查明原因纠正或重测，中桩地面高程误差不得超过± 10cm。

每一测站的各项高程按下列公式计算：

$$视线高程=后视点高程+后视读数$$
$$中桩高程=视线高程-中视读数$$
$$转点高程=视线高程-前视读数$$

（三）纵断面图的绘制

如图 10-25 所示，纵断面图是以中桩的里程为横坐标，以中桩的地面高程为纵坐标绘制的。为了突出地面坡度变化，高程比例尺比里程比例尺大十倍。如里程比例尺为 1:1000，则高程比例尺为 1:100。绘制步骤如下：

（1）打格制表和填表：按选定的里程比例尺和高程比例尺进行制表，并填写里程号、地面高程、直线和曲线等相关资料。

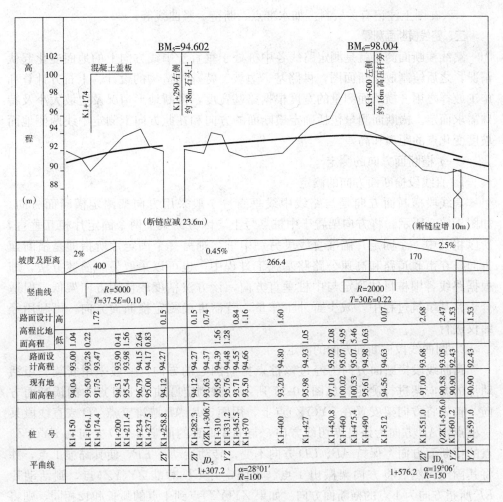

图 10-25 道路纵断面图

(2) 绘地面线。首先在图上选定纵坐标的起始高程，使绘出的地面线位于图上的适当位置。为了便于阅图和绘图，一般将以 10m 整数倍的高程定在 5cm 方格的粗线上，然后根据中桩的里程和高程。在图上按纵横比例尺依次点出各中桩地面位置，再用直线将相邻点连接起来，就得到地面线的纵剖面形状。如果绘制高差变化较大的纵断面图时，如山区等，部分里程高程超出图幅，则可在适当里程变更图上的高程起算位置，这时，地面线的剖面将构成台阶形式。

(3) 计算设计高程。根据设计纵坡 i 和相应的水平距离 D，按下式计算

$$H_B = H_A + iD_{AB}$$

式中，H_A 为一段坡度线的起点，H_B 为该段坡度线终点，升坡时 i 为正，降坡时 i 为负。

(4) 计算各桩的填挖尺寸。同一桩号的设计高程与地面高程之差即为该桩号的填土高度(正号)或挖土深度(负号)，在图上填土高度写在相应点设计坡度线 i 上，挖土深度则相反，也有在图中专列一栏注明填挖尺寸的。

(5) 在图上注记有关资料。如水准点、断链、竖曲线等。

二、路线横断面测量

路线横断面测量就是测定路线各中桩处于垂直于中线方向上的地面变化起伏情况，之后绘制成横断面图，供路基、边坡、特殊构造物的设计、土石方计算和施工放样之用。横断面测量的宽度根据路基宽度，横断地形情况及边坡大小及特殊需求而定。横断面测量包括确定横断面的方向和在此方向上测定中线两侧地面坡度变化点的距离和高差。

（一）横断面方向的测定

1. 直线段横断面方向的测定

直线段横断面方向是与路线中线垂直，一般采用方向架测定横断面方向。如图 10-26 所示，将方向架置于中桩点号上，因方向架上两个固定片相互垂直，所以将其中一个固定片瞄准直线段另一中桩，则另一个固定片所指即是横断面方向。在市政道路和高速公路路基施工过程中，也可以采取另一简捷方法，即根据路线各中桩目估测定与中桩垂直方向，该方法精度较使用方向架低，但适合于路基填筑过程中，减少野外工作量，若需准确测定横断面方向，可利用经纬仪进行。

2. 圆曲线段横断面方向的测定

圆曲线段横断面方向为经过该桩点指向圆心的方向，一般采用安装一组活动片的方向架进行测定。如图 10-27 所示，欲测定圆曲线上桩点 1 的横断面方向。首先将方向架安置在 ZY(YZ) 点上，用固定片 AB 瞄准交点 JD 或直线段某一桩点，AB 方向为该桩点切线方向，与 AB 垂直的固定片 CD 方向为 ZY(YZ) 点的横断面方向，保持 AB、CD 方向不变，转动活动片 EF，使其瞄准 1 点，并将其固定。然后将方向架搬出 1 点。用固定片 CD 对准 ZY(YZ) 点，则活动片 EF 所指方向为 1 点的横断面方向。如果 ZY(YZ) 点到 1 点的弧长和 $\overset{\frown}{12}$ 相同，则将方向架搬至 2 点，仍旧以固定片 CD 瞄准 1 点。活动片 EF 方向为 2 点的横断面方向，若各段弧长都相等，则按此法，可测定圆曲线上其余各点的横断面方向。

图 10-26　直线段横断面方向

图 10-27　圆曲线段横断面方向

如果 ZY(YZ) 点到 1 点弧长和 $\overset{\frown}{12}$ 不相同，则在 1 点的横断面方向上立一标杆，用 CD 固定片瞄准，固定片 AB 方向为 1 点的切线方向，转动活动片 EF 对准 2 点后固定。然后将方向架搬至2点，用固定片 CD 对准1点，则活动片 EF 方向为2点的横断面方向。由此可知，只要各段弧长不变，活动片 EF 位置不变。否则应改变活动片 EF 位置，其他操作相同。

如果需要精确测定圆曲线各桩点的横断面方向，则可将经纬仪安置于各桩点上，后视 ZY(YZ) 点后，根据各桩点到 ZY(YZ) 点弧长计算弦切角，可拨至各桩点切线方向，再拨 90°转至各桩点横断面方向上。

3. 缓和曲线段横断面方向的测定

一般采用方向架法进行测定。如图 10-28 所示，假设各桩点间桩距相等，在 P_2 处安置方向架，用一个固定杆照准 P_1 处，则在另一个固定杆所指方向立标杆 D_1，列固定架中心距离为 l，然后，再以固定杆照准 P_3 处，在固定杆另一方向上立标杆 D_2，D_2 到固定架中心距离为 l，取 D_1D_2 的中点 D，则 P_2D 方向为该点的横断面方向。此法在不需要精确测定时可以采用，一般情况下满足施工要求。

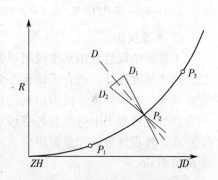

图 10-28 缓和曲线段横断面方向

如果需要准确测定横断面方向，可利用缓和曲线的偏角表或直接进行计算，在缓和曲线段任一桩点安置经纬仪，测设缓和曲线的偏角，再转至该桩点的法线方向，即横断面方向。例如某缓和曲线 $R=500$m，$L_s=130$m，欲测定 K2+400 横断面方向，将经纬仪安置于 K2+400，后视 ZH K2+380，度盘归零。顺时针转 $90°-\delta$，$\delta= 0°0'40''$，视线方向为该桩点横断面方向。瞄准 K2+420，则顺时针转动 $90°+\delta$，该方向为横断面方向。

(二) 横断面的测量方法

1. 标杆皮尺法

标杆皮尺法是利用标杆和皮尺测定横断面方向上变坡点的水平距离和高差。该法简便，精度低，适合于较平坦地区或路基填筑过程中。具体操作如图 10-29 所示，1、2 和 3 为一横断面上选定的变坡点，将标杆立于1点上，皮尺一端紧靠中桩地面拉成水平，量出中桩至1点的水平距离，另一端皮尺截于标杆处的高度即为两点间高差，同法可测出1至2，2至3点间水平距离和高差，直至需要宽度为止。

图 10-29 标杆皮尺法

施测时,边测边绘,并将量测距离和高差填入表10-8中,表中分子表示高差。

横断面测量(标杆皮尺法)表格　　　　　　表10-8

左侧			里程桩号	右侧		
$-\dfrac{1.2}{12}$	$-\dfrac{0.8}{17.8}$	$-\dfrac{1.0}{9.5}$	K10+100	$\dfrac{0.7}{8.0}$	$\dfrac{0.8}{14}$	$\dfrac{0.3}{6.5}$

正号为升高,负号为降低,分子表示高差,分母表示距离。自中桩由近及远测量与记录。

2. 水准仪法

水准仪法就是利用水准仪测量各变坡点和中桩点间的高差和皮尺量距进行测量。该法精度较高,适合于地面平坦地区。如图10-30所示,选择一适当位置安置水准仪,以中桩点立尺为后视读数,在横断面上坡度变化点上立尺作为前视中间点读数,可测出中桩点与各变坡点的高差。再用皮尺量出各变坡点至中桩的水平距离。将观测数据和量测距离填入表10-9中,施测中,水准尺读数至cm,水平距离量至dm。

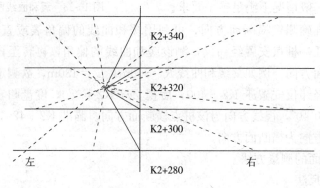

图10-30　水准仪法

横断面(水准仪法)测量记录表　　　　　　表10-9

桩号	各变坡点至中桩点水平距离(m)	后视读数	前视读数(中间点)	高差(m)	备注
K2+300	左侧	0.0		1.65	
		6.3		0.63	
		9.7		1.32	
		11.5		1.02	
	右侧	12.5		1.32	
		11.9		0.56	

3. 经纬仪法

在地形复杂、横坡大的地段均采用此法。测量时,将经纬仪安置于中桩处,利用视距法测量横断面至各变坡点至中桩的水平距离和高差,记录格式见表10-10。

横断面(经纬仪法)测量记录表　　　　　表10-10

测站	仪高(m)	目标	中丝	上丝/下丝	尺间隔L	竖盘读数	竖直角α	平距(m)	高差(m)	备注
I	1.45	1	1.870	1.962 / 1.783	0.179	87°20′15″	2°39′45″	17.86	0.41	
		2	1.664	1.703 / 1.634	0.069	88°30′12″	1°29′48″	6.89	−0.03	

4. 坐标法

在相对平坦地区和路基填筑(路基相对平整)过程中,可以采用坐标法进行测设横断面边桩位置。

首先根据路线中桩的已知数据计算整桩的中心桩点坐标和边桩坐标。可以采用编程计算器自行编制程序,计算中桩各点坐标和各边桩坐标,将中桩和横断面边桩坐标计算完成后,利用已知导线网中的导线点,或加密导线点,导线点和测设中桩和横断面边桩要尽量相互通视,再根据坐标反算,计算坐标方位角和距离,然后按极坐标法进行测设,之后按标杆皮尺法测量表格进行记录。该法可同时测设中桩和横断面桩位,节省时间,提高工作效率,特别是随着电子全站仪的普及,该法在高速公路和市政道路中得到广泛的应用。但应注意必须使用编程计算器(如CASIOfx—4800)编制程序计算中桩和横断面各点的坐标,才能提高工作效率,否则,计算量相当大。

(三) 横断面图的绘制

横断面图是根据横断面观测成果,绘在毫米方格纸上。一般采取在现场边测边绘,这样可以减少外业工作量,便于核对以及减少差错。如施工现场绘图有困难时,做好野外记录工作,带回室内绘图,再到现场核对。

横断面图的比例尺一般采用1:100或1:200。绘图时,用毫米方格纸,首先以一条纵向粗线为中线,一纵线、横线相交点为中桩位置,向左右两侧绘制,先标注中桩的桩号,再用铅笔根据水平距离和高差,按比例尺将各变坡点点在图纸上,然后用格尺将这些点连接起来,即得到横断面的地面线。在一幅图上可绘制多个断面图,各断面图在图中的位置要求绘图顺序是从图纸左下方起自下而上,由左向右,依次按桩号绘制,如图10-31所示。

图10-31　横断面图

第六节　道路施工测量

道路施工测量的主要任务是根据工程进度的需要,按照设计要求,及时恢复道路中线测设高程标志,以及细部测设和放线等,作为施工人员掌握道路平面位置和高程的依据,以保证按图施工。其内容有施工前的测量工作和施工过程中的测量工作。

一、施工前的测量工作

施工前的测量工作主要内容是熟悉设计图纸和现场情况、恢复中线、加设施工控制桩、增设施工水准点、纵横断面的加密和复测、工程用地测量等。

(1) 熟悉设计图纸和现场情况。道路设计图纸主要有路线平面，纵、横断面图，标准横断面图和附属构筑物图等。接到施工任务图后，测量人员首先要熟悉道路设计图纸。通过熟悉图纸，在了解设计意图和对工程测量精度要求的基础上，熟悉道路的中线位置和各种附属构筑物的位置，确定有关的施测数据及相互关系。同时，要认真校核各部位尺寸，发现问题及时处理，以确保工程质量和进度。

施工现场因机械、车辆、材料堆放等原因，各种测量标志易被碰动或损坏，因此，测量人员要勘察施工现场。熟悉施工现场时，除了解工程及地形的情况外，应在实地找出中线桩、水准点的位置，必要时实测校核，以便及时发现被碰动损坏的桩点，并避免用错点位。

(2) 恢复中线。工程设计阶段所测定的中线桩至开始施工时，往往有一部分桩点被碰动或丢失的现象。为保证工程施工中线的位置准确可靠，在施工前根据原定线的条件进行复核，并将丢失的交点桩和里程桩等恢复校正好。此项工作往往是由施工单位会同设计、规划勘测部门共同来校正恢复的。

对于部分改线地段，则应重新定线并测绘相应的纵、横断面图。恢复中线时，一般应将附属构筑物如涵洞、挡土墙、检修井等的位置一并定出。

(3) 加设施工控制桩。经校正恢复的中线位置桩，在施工中往往要被挖掉或掩盖，很难保留。因此，为了在施工中准确控制工程的中线位置，应在施工前根据施工现场的条件和可能，选择不受施工干扰、便于使用、易于保存桩位的地方，测设施工控制桩。其测设方法有平行线法、延长线法和交会法等。

1) 平行线法。该法是在路线边 1m 以外，以中线桩为准测设两排平行中线的施工控制桩，如图 10-32 所示。适用于地势平坦、直线段较长的路线上。控制桩间距一般取 10～20m，用它既能控制中线位置，又能控制高程。

图 10-32 平行线法

2) 延长线法。该法是在中线延长线上测设方向控制桩，当转角很小时可在中线的垂直方向测设控制桩，如图 10-33 所示。此法适用于地势起伏较大、直线段较短的路段上。

3) 交会法。该法是在中线的一侧或两侧选择适当位置设置控制桩或选择明显固定的物体，如电杆、房屋的墙角等作为控制，如图 10-34 所示。此法适用于地势较开阔、便于距离交会的路段上。

图 10-33 延长线法　　　　图 10-34 交会法

上述三种方法无论在城镇区、郊区或山区的道路施工中均应根据实际情况互相配合使用。但无论使用哪种方法测设施工桩，均要绘出示意图、量距并做好记录，以便查用。

(4) 增设施工水准点。为了在施工中方便地引测高程，应在原有水准点之间加设临时施工水准点，其间距一般为 100～300m。对加密的施工水准点，应设置在稳固、可靠、使用方便的地方。其引测精度应根据工程性质、要求的不同而不同。引测的方法按照水准测量的方法进行。

(5) 纵、横断面的加密与复测。当工程设计定测后至施工前的一段时间较长时，线路上可能出现局部变化，如挖土、堆土等，同时为了核实土方工程量，也需核实纵、横断面资料，因此，一般在施工前要对纵、横断面进行加密与复测。

(6) 工程用地测量。工程用地是指工程在施工和使用中所占用的土地。工程用地测量的任务是根据设计图上确定的用地界线，按桩号和用地范围，在实地上标定出工程用地边界桩，并绘制工程用地平面图，也可以利用设计平面图圈绘。此外，还应编制用地划界表并附文字说明，作为向当地政府以及有关单位申请征用或租用土地、办理拆迁、补偿的依据。

二、施工过程中的测量工作

施工过程中的测量工作又俗称施工测量放线，它的主要内容有路基放线、施工边桩的测设、路面放线和道牙与人行道的测量放线等。

1. 路基放线

路基的形式基本上可分为路堤和路堑两种(图 10-35)。路基放线是根据设计横断面图和各桩的填、挖高度，测设出坡脚、坡顶和路中心等，构成路基的轮廓，作为填土或挖土的依据。

图 10-35 路堤路基放线

(1) 路堤放线。如图 10-35(a)所示为平坦地面路堤放线情况。路基上口 b 和边坡 $1:m$ 均为设计数值，填方高度 h 可从纵断面图上查得。由图中可得出：

$$B=b+2mh \quad \text{或} \quad B/2=b/2+mh \tag{10-41}$$

式中，B 为路基下口宽度，即坡脚 A、P 之距；$B/2$ 为路基下口半宽，即坡脚 A、P 的半距。

放线方法是由该断面中心桩沿横断面方向向两侧各量 $B/2$ 后钉桩，即得出坡脚 A 和 P。在中心桩及距中心桩 $b/2$ 处立小木杆（或竹竿），用水准仪在杆上测设出该断面的设计高程线，即得坡顶 C、D 及路中心 O 三点，最后用小线将 A、C、O、D、P 点连起，即得到路基的轮廓。施工时，在相邻断面坡脚的连线上撒出白灰线作为填方的边界。

图 10-35(b) 所示为地面坡度较大时路堤放线的情况。由于坡脚 A、P 距中心桩的距离与 A、P 的地面高低有关，故不能直接用上述公式算出，通常采用坡度尺定点法和横断面图解法。

坡度尺定点法是先做一个符合设计边坡 $1:m$ 的坡度尺，如图 10-36 所示，当竖向转动坡度尺使直立边平行于垂球线时，其斜边即为设计坡度。

用坡度尺测设坡脚的方法是先用前一方法测出坡顶 C 和 D，然后将坡度尺的顶点 N 分别对在 C 和 D 上，用小线顺着坡度尺斜边延长至地面，即分别得到坡脚 A 和 P。当填方高度 h 较大时，由 C 点测设 A 点有困难，可用前一方法测设出与中桩在同一水平线上的边坡点 A'，再在 A' 点用坡度尺测设出坡脚 A。

图 10-36　坡度尺

横断面图解法是用比例尺在已设计好的横断面上（俗称已戴好帽子的横断面），量得坡脚距中心的水平距离，即可在实地相应的断面上测设出坡脚位置。

(2) 路堑放线。图 10-37(a) 所示为平坦地面上路堑放线情况。其原理与路堤放线基本相同，但计算坡顶宽度 B 时，应考虑排水边沟的宽度 b_0，计算公式如下：

$$B=b+2(b_0+mh) \quad \text{或} \quad B/2=b/2+b_0+mh \tag{10-42}$$

图 10-37(b) 所示为地面坡度较大时的路堑放线情况。其关键是找出坡顶 A 和 P，按前法或横断面图解法找出 P、A（或 A_1）。当挖深较大时，为方便施工，可制作坡度尺或测设坡度板，作为施工时掌握边坡的依据。

(3) 半填半挖的路基放线。在修筑山区道路时，为减少土石方量，路基常采用半填半挖形式，如图 10-38 所示。这种路基放线时，除按上述方法定出填方坡顶 A 和挖方坡顶 P 外，还要测设出不填不挖的零点 O'。其测设方法是用水准仪直接在横断面上找出等于路基设计高程的地面点，即为零点 O'。

图 10-37　路堑路基放线　　　　图 10-38　半填半挖路基放线

2. 施工边桩的测设

由于路基的施工致使中线上所设置的各桩被毁掉或填埋,因此,为了简化施工测量工作,可用平行线加设边桩,即在距路面边线 0.5~1.0m 以外,各钉一排平行于中线的施工边桩,作为路面施工的依据,用它来控制路面高程和中线位置。

施工边桩一般是以施工前测定的施工控制桩为准测设的,其间距以 10~30m 为宜。当边桩钉置好后,可按测设已知高程点的方法,在边桩处测设出该桩的道路中线的设计高程钉,并将中线两侧相邻边桩上的高程钉用小线连起,便得到两条与路面设计高程一致的坡度线。为了防止观测和计算错误,在每测完一段后应附合到另一水准点上校核。

如施工地段两侧邻近有建筑物时,可不钉边桩,利用建筑物标记里程桩号,并测出高程,计算出各桩号路面设计高程的改正数,在实地标注清楚,作为施工的依据。

如果施工现场已有平行于中线的施工控制桩,并且间距符合施工要求,则可一桩两用不再另行测设边桩。

3. 竖曲线的测设

在路线纵断面上两条不同坡度线相交的交点为边坡点。考虑行车的视距要求和行车的平稳,在变坡处一般采用圆曲线或二次抛物线连接,这种连接相邻坡度的曲线称为竖曲线。如图 10-39 所示,在纵坡 i_1 和 i_2 之间为凸形竖曲线,在纵坡 i_2 和 i_3 之间为凹形竖曲线。

图 10-39 竖曲线

竖曲线基本上都是圆曲线,根据竖曲线设计时提供的曲线半径 R 和相邻坡度 i_1、i_2,可以计算坡度转角及竖曲线要素如图 10-40 所示。

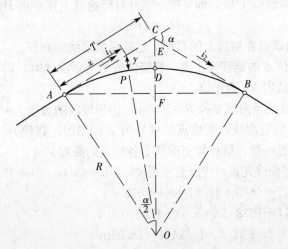

图 10-40 竖曲线要素的计算

(1) 坡度转角的计算

$$\alpha = \alpha_1 - \alpha_2$$

由于 α_1 和 α_2 很小,所以

$$\alpha_1 \approx \tan\alpha_1 = i_1$$
$$\alpha_2 \approx \tan\alpha_2 = i_2$$

得

$$\alpha = i_1 - i_2 \tag{10-43}$$

其中 i 在上坡时取正,下坡时取负;α 为正时为凸曲线,α 为负时为凹曲线。

(2) 竖曲线要素的计算

$$切线长 \quad T = R \cdot \tan\frac{\alpha}{2}$$

图 10-40 竖曲线要素的计算

当 α 很小时,$\tan\frac{\alpha}{2} \approx \frac{\alpha}{2} = \frac{i_1 - i_2}{2}$ 得

$$T = \frac{1}{2}R \cdot (i_1 - i_2)$$

曲线长 $\quad L \approx 2T = R(i_1 - i_2)$

外矢距 $\quad E = \dfrac{T^2}{2R}$ \hfill (10-44)

因 α 很小,故可以认为 y 坐标轴与半径方向一致,也认为它是曲线上点与切线上对应点的高程差,由图 10-40 得

$$(R+Y)^2 = R^2 + X^2$$

即

$$2RY = X^2 - Y^2$$

因 Y^2 与 X^2 相比,其值甚微,可略去不计,故有

$$2RY = X^2$$

即

$$Y = \frac{X^2}{2R} \tag{10-45}$$

经计算求得高程差 Y 后,即可按下式计算竖曲线上任一点 P 的高程 H_P

$$H_P = H \pm Y_P \tag{10-46}$$

式中 H_P 为该点在切线上的高程,也就是坡道线的高程。

Y_P 为该点的高程改正值,当竖曲线为凸形曲线时,Y_P 为负值;为凹形曲线时 Y_P 为正值。

【例 10-6】 设某竖曲线半径 $R=5000$m,相邻坡段的坡度 $i_1=-1.114\%$,$i_2=+0.154\%$,为凹形竖曲线,变坡点的桩号为 K1+670,高程为 48.60m,如果曲线上每隔 10m 设置一桩,试计算竖曲线上各桩点的高程。

【解】 计算竖曲线元素,按以上公式求得:$L=63.4$m,$T=31.7$m,$E=0.10$m

起点桩号=K1+(670−31.7)=K1+638.3

终点桩号=K1+(638.3+63.4)=K1+701.7

起点高程=48.60+31.7×1.114%=48.95m

终点高程=48.60+31.7×0.154%=48.65m

按 $R=5000$m 和相应的桩距,即可求得竖曲线上各桩的高程改正数 y_i,计算结果见表10-11。

竖曲线上桩点高程计算表　　　　　表10-11

桩号	桩点至竖曲线起点或终点的平距 x(m)	高程改正值 y(m)	坡道高程 H'(m)	曲线高程 H(m)	备注
K1+638.3	0.0	0.0	48.95	48.95	竖曲线起点
K1+650	11.7	0.01	48.82	48.83	$i=-1.114\%$
K1+660	21.7	0.05	48.71	48.76	
K1+670	31.7	0.10	48.60	48.70	变坡点
K1+680	21.7	0.05	48.62	48.67	$i=+0.154\%$
K1+690	11.7	0.01	48.63	48.64	
K1+701.7	0.0	0.0	48.65	48.65	竖曲线终点

4. 路面放线

路面放线的任务是根据路肩上测设的施工边桩的位置和桩顶高程及路拱曲线大样图、路面结构大样图、标准横断面图,测设出侧石的位置并绘出控制路面各结构层路拱的标志,以指导施工。

(1) 侧石边线桩和路面中心桩的测设。如图10-41所示,根据两侧的施工边桩,按照控制边桩钉桩的记录和设计路面宽度,推算出边桩距侧石边线和路面中心的距离,然后自边桩沿横断方向分别量出至侧石和道路中心的距离,即可钉出侧石内侧边线桩和道路中心桩。同时,可按路面设计宽度尺寸复测侧石至路中心的距离,以便校核。

图10-41 路面放线

(2) 路面放线。

1) 直线形路拱的路面放线。如图10-42所示,B 为路面宽度;h 为路拱中心高出路面边缘的高度,称为路拱矢高;其数值 $h=B/2\times i$;i 为设计路面横向坡度(%);x 为横距,y 为纵距;O 为原点(路面中心点),其路拱计算公式为:

$$y = x \times i \tag{10-47}$$

图10-42 直线形路拱的路面放线

其放线步骤如下：①计算中桩填、挖值，即中桩桩顶实测高程与路面各层设计高程之差；②计算侧石边桩填、挖值，即边线桩桩顶实测高程与路面各层设计高程之差；③根据计算成果，分别在中、边桩上标定并挂线，即得到路面各层的横向坡度线。如果路面较宽可在中间加点。

施工时，为了使用方便，应预先将各桩号断面的填、挖值计算好，以表格形式列出，称为平单，供放线时直接使用。

2) 抛物线形路拱的路面放线。对于路拱较大的柔性路面，其路面横向宜采用抛物线形，如图10-43所示，图中，B为路面宽度；h为路拱矢高，即$h=B/2\times i$；i为直线形路拱坡度；x为横轴，是路拱的路面中心点的切线位置；y为纵距；O为原点，是路面中心点。其路拱计算公式为：

$$y=\frac{4h}{B^2}\times x^2 \qquad (10-48)$$

图10-43 抛物线形路拱的路面放线

其放线步骤如下：①根据施工需要、精度要求选定横距x值，如50、100、150、200、250、300、350、400、450cm，按路拱公式计算出相应的纵距y值0.2、0.7、…、5.7、6.8cm。②在边线桩上定出路面各层中心设计高程，并在路两侧挂线，此线就是各层路面中心高程线。③自路中心向左、右量取x值，自路中心标高水平线向下量取相应的y值，就可得横断面方向路面结构层的高程控制点。

施工时，可采用"平砖"法控制路拱形状。即在边桩上依路中心高程挂线后，按路拱曲线大样图所注的尺寸，以及路面结构大样图，在路中心两侧一定距离处，在距路中心150、300和450cm处分别向下量5.8、8.2、11.3cm，放置平砖，并使平砖顶面正好处在拱面高度，铺撒碎石时，以平砖为标志就可找出设计的拱形。铺筑其他结构层，重复采用此法放线。

在曲线部分测设侧石和放置平砖时，应根据设计图纸做好内侧路面加宽和外侧路拱超高的放线工作。

关于交叉口和广场的路面施工的放线，要根据设计图纸先加钉方格桩，其桩间距为5～20m，再在各桩上测设设计高程线，然后依据路面结构层挂线或设"平砖"，以便分块施工。

3) 变方抛物线形路面放线。由于抛物线形路拱的坡度其拱顶部分过于平缓，不利于排水；边缘部分过陡，不利于行车。为改善此种状况，以二次抛物线公式为基础，采用变方抛物线计算，以适应各种宽度。

其路拱计算公式为：

$$y=\frac{2^n\cdot h}{B^n}\times x^n=\frac{2^{n-1}\cdot i}{B^{n-1}}\times x^n \qquad (10-49)$$

式中 x——横距；
y——纵距；
B——路面宽度；

h——路拱矢高，$h=B \cdot i/2$；

i——设计横坡(%)；

n——抛物线次，根据不同的路宽和设计横坡分别选用 $n=1.25$、1.5、1.75、2.00。

在一般道路设计图纸上均绘有路拱大样图和给定的路拱计算公式。

(3) 道牙(侧石)与人行道的测量放线。道牙(侧石)是为了行人和交通安全，将人行道与路面分开的一种设置。人行道一般高出路面 8~20cm。

道牙(侧石)的放线，一般和路面放线同时进行，也可与人行道放线同时进行。道牙(侧石)与人行道测量放线的方法如下：

1) 根据边线控制桩，测设出路面边线挂线桩，即道牙的内侧线，如图 10-44 所示。

2) 由边线控制桩的高程引测出路面面层设计高程，标注在边线挂线桩上。

图 10-44 道牙与人行道测量放线

3) 根据设计图纸要求，求出道牙的顶面高程。

4) 由各桩号分段将道牙顶面高程挂线，安放并砌筑道牙。

5) 以道牙为准，按照人行道铺设宽度设置人行道外缘挂线桩。再根据人行道宽度和设计横坡，推算人行道外缘设计高程，然后用水准测量方法将设计高程引测到人行道外缘挂线桩上，并作出标志。用线绳与道牙连接，即为人行道铺设顶面控制线。

三、道路立交匝道的测设

(一) 匝道的组成和匝道坐标的计算

一条路线是由直线段、圆曲线段及缓和曲线段组合而成的，每个路段称为曲线元。匝道是由直线元、圆曲线元和缓和曲线元组合而成的。曲线元与曲线元的连接点为曲线元的端点，如果一个曲线元的长度及两端点的曲率半径已经确定，则这个曲线元的形状和尺寸就可以确定。同时只要给出了匝道起点的直角坐标 X_0、Y_0 和起点切线与 X 轴的夹角 τ_0，以及各曲线元的分界点距路线起点的里程 S_i 和分界点的曲率半径 P_i，就可以计算出匝道上各点的坐标。计算步骤如下：

(1) 根据曲线元两端点的曲率半径判别曲线元的性质，当曲线元两端点的曲率半径为无穷大时为直线元；相等时为圆曲线元；不等时为缓和曲线元。

(2) 从匝道起点开始，按照曲线元的性质，运用相应的曲线参数方程，计算匝道各桩点的直角坐标。

(二) 匝道的测设

立交匝道的测设和点的平面位置测设相同，在计算出各条匝道各里程桩点的坐标后，利用电子全站仪采用极坐标法测设各条匝道上各里程桩点。

(三) 测设实例

【例 10-7】 上海市一高速立交共有 8 条匝道，其中一条匝道为 WS，已知该匝道由直线、回旋线1、圆曲线、回旋线2、回旋线3五种线型组成,其中直线起点桩号为K0+000,坐标为(-55106.891,-18270.183),直线终点即回旋线1起点,坐标为(-55029.625,-18224.031)。回旋线1终点即圆曲线起点,坐标为(-54899.440,-18131.216)。圆曲线终点(回旋线2起点)坐标为(-54872.198,-17693.233),回旋线2终点(回旋线3起点)坐标为(-54909.194,-17651.205),该施工区有已知导线点 D_1、D_2、D_5;其中 D_1 和 D_2 通视,D_2 和 D_5 通视,D_1 坐标为(-54970.429,-18270.266),D_2 坐标为(-54854.336,-18116.179),D_5 坐标为(-54744.27,-17799.132),试按极坐标法测设各线段的起点。

【解】将全站仪架设在 D_2 点上,后视 D_1 点,输入后视坐标方位角 $\alpha_{D_2 D_1} = 233°00'17''$,该方位角可通过坐标反算计算,也可将 D_2 坐标、D_1 坐标分别输入测站和后视点位置,利用仪器内置程序自动计算后视坐标方位角。之后前视各点,可以通过坐标反算计算各点到 D_2 点的坐标方位角和距离,或者将各点坐标输入仪器,利用仪器自动计算(表10-12)。

坐标反算数据表 表10-12

坐标反算数据	直线起点	回旋线1起点	圆曲线起点	回旋线2起点	回旋线3起点
坐标方位角 α	211°22′27″	211°36′12″	198°26′15″	179°33′41″	96°43′43″
距离(m)	295.806	205.811	47.545	423.323	468.199

第七节 挡墙施工测量

挡墙的放样是根据施工设计图中挡墙与路线之间的相互关系进行实施的。如图10-45所示的下挡墙的放样,在设计图中,A、B 两点之间的水平距离为 a,B 点的设计高程为 H_B。A 点的高程 H_A 为已知,挡墙的放样可按以下步骤进行:

(1) 将仪器安置在 A 点上,在该横断面方向上的适当位置定出一点 D,测出 A、D 间的水平距离 b 和 D 点的高程 H_D。

(2) 由 D 沿横断面方向量取水平距离 $c=b-a$,得地面点 E,E 位于 B 点的铅垂线上。测出 D、E 间的高差 h。

(3) 计算 E、B 间的高差 $h'=H_D-H_B+h$。

(4) 根据高差 h 和基坑开挖边坡坡度,定出基坑开挖的边桩 F。

图10-45 挡墙放样

如果挡墙的长度较长,每次都从路线中线放样,有时会不太方便,可将路线中线平移至挡墙附近适当位置,如 D 点。

思考题与习题

1. 道路中线测量的主要内容和任务是什么？
2. 简答道路中线的交点和转点。
3. 简述路线右角与转角的关系。
4. 何谓圆曲线的主点测设？主点桩号是如何计算的？其详细测设方法有哪几种？比较其优缺点。
5. 何谓里程桩？如何设置？
6. 缓和曲线的基本公式是什么？其主点是如何测设的？其详细测设的方法有哪几种？各是如何测设的？
7. 路线纵断面测量的任务是什么？是如何施测的？
8. 路线横断面测量的任务是什么？是如何施测的？
9. 施工过程中的测量工作主要有哪些工作？
10. 立交匝道的形式有哪几种？高速公路和城市立交匝道主要采用何种测设方法？
11. 在道路中线测量中，已知交点的里程桩号为K3+318.46，测得转角$\alpha_{左}=15°28'$，圆曲线半径$R=500m$，若采用偏角法，按整桩号设桩，试计算各桩的偏角及弦长(要求前半曲线由曲线起点测设，后半曲线由曲线终点测设)。并说测设步骤。若采用切线支距法并按桩号设桩，试计算各桩坐标，并说明测设方法。
12. 已知JD_3的里程桩号为K9+463.50，右转角$\alpha=80°$，$R=1000m$，求圆曲线各主点里程桩号并进行核对。
13. 在某高速公路A_1标段，根据设计资料，知道交点JD_{62}的里程桩号为K285+328.9，转角$\alpha=56°16'17''$，圆曲线半径$R=2800m$，缓和曲线长L_s为600m，试计算该曲线的测设元素、主点里程，并说明主点的测设方法。
14. 一缓和曲线长$L_s=40m$，圆曲线半径$R=200m$，要求每10m测一点，求缓和曲线上各点的偏角。
15. 已知线路交点的里程桩为K4+342.18，转角$\alpha_{左}=25°38'$，圆曲线半径为$R=250m$，曲线整桩距为20m，若交点的测量坐标为(2088.273, 1535.011)，交点至曲线起点(ZY)的坐标方位角为$243°27'18''$，请计算曲线主点坐标和细部坐标。
16. 简述挡墙放样步骤。

第十一章 管道工程测量

学习要求:

通过本章学习,要求掌握测量仪器在管道工程施工中的具体应用方法;掌握管道中线、纵、横断面测量、管道施工中基本测设程序及工作方法;熟悉顶管施工测量方法。

第一节 概 述

在城镇建设中要敷设给水、排水、燃气、电力、电信、热力、输油等各种管道,管道工程测量是为各种管道设计和施工服务的。它主要包括管道中线测设,管道纵、横断面测量,带状地形图测量,管道施工测量和管道竣工测量等。

管道工程测量多属地下构筑物,在较大的城镇街道及厂矿地区,管道互相上下穿插,纵横交错。在测量、设计或施工中如果出现差错,往往会造成很大损失,所以,测量工作必须采用城镇或厂矿的统一坐标和高程系统,按照"从整体到局部,先控制后碎部"的工作程序和步步有校核的工作方法进行,为设计和施工提供可靠的测量资料的标志。

管道工程测量与道路测量的方法有许多共同之处,有关内容可参考第十章。

第二节 管道中线测量

管道中线测量的任务是将设计的管道中线位置测设于实地并标记出来。其主要工作内容是测设管道的主点(起点、终点和转折点)、钉设里程桩和加桩等。

一、管线主点的测设

1. 根据控制点测设管线主点

当管道规划设计图上已给出管道起点、转折点和终点的设计坐标与附近控制的坐标时,可计算出测设数据,然后用极坐标法或交会法进行测设。

2. 根据地面上已有建筑物测设管线主点

在城镇中,管线一般与道路中心线或永久建筑物的轴线平行或垂直。主点测设数据可由设计时给定或根据给定坐标计算,然后用直角坐标法进行测设;当管道规划设计图的比例尺较大,管线是直接在大比例尺地形图上设计时,往往不给出坐标值,可根据与现场已有的地物(如道路、建筑物)之间的关系采用图解法来求得测设数据。如图11-1所示,AB是原有管道,1、2点是设计管道主点。欲在实地定出1、2等主点,可根据比例尺在图上量取长度D、a、b,即得测设数据,然后用直角坐标法测设2点。

主点测设好以后，应丈量主点间距离和测量管线的转折角，并与附近的测量控制点连测，以检查中线测量的成果。

为了便于施工时查找主点位置，一般还要做好点的记号。

二、钉(设)里程桩和加桩

为了测定管线长度和测绘纵、横断面图，沿管道中心线自起点每 50m 钉一里程桩。在 50m 之间地势变化处要钉加桩，在新建管线与旧管线、道路、桥梁、房屋等交叉处也要钉加桩。

图 11-1 根据已有建筑物测设主点

里程桩和加桩的里程桩号以该桩到管线起点的中线距离来确定。管线的起点，给水管道以水源作为起点；排水管道以下游出水口作为起点；燃气、热力管道以供气方向作为起点。

为了给设计和施工提供资料，中线定好后应将中线展绘到现状地形图上。图上应反映出点的位置和桩号，管线与主要地物、地下管线交叉的位置和桩号，各主点的坐标、转折角等。如果敷设管道的地区没有大比例尺地形图，或在沿线地形变化较大的情况下，还需测出管道两侧各 20m 的带状地形图；如通过建筑物密集地区，需测绘至两侧建筑物外，并用统一的图式表示。

第三节 管道纵、横断面测量

一、管道纵断面测量

管道纵断面测量是根据管线附近的水准点，用水准测量方法测出管道中线上各里程桩和加桩点的高程，绘制纵断面图，为设计管道埋深、坡度和计算土方量提供资料。

为了保证管道全线各桩点高程测量精度，应沿管道中线方向上每隔 1～2km 设一固定水准点，300m 左右设置一临时水准点，作为纵断面水准测量分段闭合和施工引测高程的依据。

纵断面水准测量可从一个水准点出发，逐段施测中线上各里程桩和加桩的地面高程，然后附合到附近的水准点上，以便校核，允许高差闭合差为 $\pm 12\sqrt{n}$ mm。

绘制纵断面图的方法可参考第九章有关内容。如图 11-2 所示，其不同点为：一是管道纵断面图上部，要把本管线和旧管线相连接处以及交叉处的高程和管径按比例画在图上；二是图的下部格式没有中线栏，但有说明栏。

二、管道横断面测量

管道横断面测量是测定各里程桩和加桩处垂直于中线两侧地面特征点到中线的距离和各点与桩点间的高差，据此绘制横断面图，供管线设计时计算土石方量和施工时确定开挖边界之用。

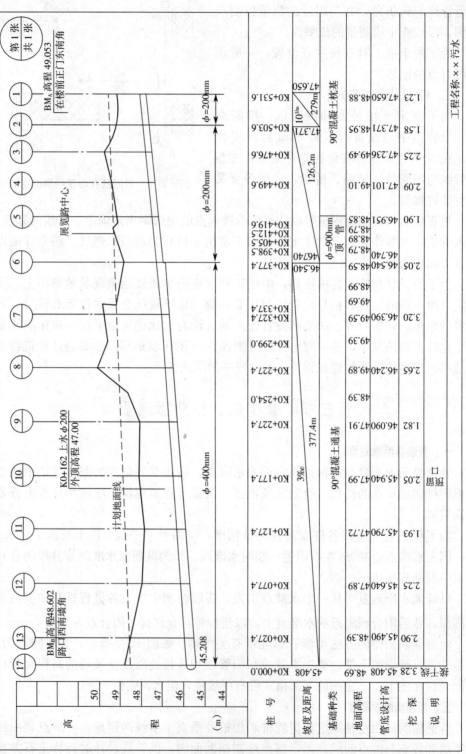

图11-2 纵断面图

横断面测量施测的宽度由管道的直径和埋深来确定,一般每侧为 10~20m;横断面测量方法与道路横断面测量相同。

当横断面方向较宽、地面起伏变化较大时,可用经纬仪视距测量的方法测得距离和高程并绘制横断面图。如果管道两侧平坦、工程面窄、管径较小、埋深较浅时,一般不做横断面测量,可根据纵断面图和开槽的宽度来估算土(石)方量。

绘制横断面图的方法可参看第九章有关内容。

第四节 管道施工测量

管道施工测量的主要任务是根据工程进度要求,为施工测设各种标志,使施工技术人员便于随时掌握中线方向及高程位置。施工测量的主要内容为施工前的测量工作和施工过程中的测量工作。

一、施工前的测量工作

1. 熟悉图纸和现场情况

应熟悉施工图纸、精度要求、现场情况,找出各主要点桩、里程桩和水准点的位置并加以检测。拟定测设方案,计算并校核有关测设数据,注意对设计图纸的校核。

2. 恢复中线和施工控制桩的测设

在施工时中桩要被挖掉,为了在施工时控制中线位置,应在不受施工干扰、引测方便、易于保存桩位的地方测设施工控制桩。施工控制桩分中线控制桩和位置控制桩。

(1) 中线控制桩的测设。一般是在中线的延长线上钉设木桩并做好标记,如图 11-3 所示。

(2) 附属构筑物位置控制桩的测设。一般是在垂直于中线方向上钉两个木桩。控制桩要钉在槽口外 0.5m 左右,与中线的距离最好是整分米数。恢复构筑物时,将两桩用小线连起,则小线与中线的交点即为其中心位置。

当管道直线较长时,可在中线一侧测设一条与其平行的轴线,利用该轴线表示恢复中线和构筑物的位置。

图 11-3 中线控制桩

3. 加密水准点

为了在施工中引测高程方便,应在原有水准点之间每 100~150m 增设临时施工水准点。精度要求根据工程性质和有关规范规定。

4. 槽口放线

槽口放线的任务是根据设计要求埋深和土质情况、管径大小等计算出开槽宽度,并在地面上定出槽边线位置,作为开槽边界的依据。

(1) 当地面平坦时,如图 11-4(a)所示,槽口宽度 B 的计算方法为
$$B=b+2mh \qquad (11-1)$$

(2) 当地面坡度较大,管槽深在 2.5m 以内时中线两侧槽口宽度不相等,如图 11-4(b)所示。
$$B_1=b/2+m \cdot h_1 \qquad (11-2)$$
$$B_2=b/2+m \cdot h_2$$

(3) 当槽深在 2.5m 以上时,如图 11-4(c)所示。
$$B_1=b/2+m_1h_1+m_3h_3+C \qquad (11-3)$$
$$B_2=b/2+m_2h_2+m_3h_3+C$$

以上三式中　b——管槽开挖宽度;

m_i——槽壁坡度系数(由设计或规范给定);

h_i——管槽左或右侧开挖深度;

B_i——中线左或右侧槽开挖宽度;

C——槽肩宽度。

图 11-4　槽口放线

二、施工过程中的测量工作

管道施工过程中的测量工作,主要是控制管道中线和高程。一般采用坡度板法和平行轴腰桩法。

(一)坡度板法

1. 埋设坡度板

坡度板应根据工程进度要求及时埋设,其间距一般为 10~15m,如遇检查井、支线等构筑物时应增设坡度板。当槽深在 2.5m 以上时,应待挖至距槽底 2.0m 左右时,再在槽内埋设坡度板。坡度板要埋设牢固,不得露出地面,应使其顶面近于水平。用机械开挖时,坡度板应在机械挖完土方后及时埋设,如图 11-5 所示。

2. 埋设中线钉

坡度板埋好后,将经纬仪安置在中线控制桩上将管道中心线投测在坡度板上并钉中线钉,中线钉的连线即为管道中线,挂垂线可将中线投测到槽底定出管道平面的位置。

图 11-5 坡度板法

3. 测设坡度钉

为了控制管道符合设计要求,在各坡度板上中线钉的一侧钉一坡度立板,在坡度立板侧面钉一个无头钉或扁头钉,称为坡度钉,使各坡度钉的连线平行管道设计坡度线,并距管底设计高程为一整分米数,称为下返数。利用这条线来控制管道的坡度、高程和管槽深度。

为此按下式计算出每一坡度板顶向上或向下量的调整数,使下返数为预先确定的一个整数。

调整数＝预先确定的下返数－(板顶高程－管底设计高程)

调整数为负值时,坡度板顶向下量;反之则向上量。

例如,根据水准点,用水准仪测得 0＋000 坡度板中心线处的板顶高程为 45.437m,管底的设计高程为 42.800m,那么,从板顶往下量 45.437－42.800＝2.637m,即为管底高程,如图 11-5 所示。现根据各坡底板的板顶高程和管底高程情况,选定一个统一的整分米数 2.5m 作为下返数,见表 11-1,只要从板顶向下量 0.137m,并用小钉在坡度立板上标明这一点的位置,则由这一点向下量 2.5m 即为管底高程。坡度钉钉好后,应该对坡度钉高程进行检测。

坡度钉测设手簿　　　　　　　　表 11-1

板号	距离	坡度	管底高程	板顶高程	板－管高差	下返数	调整数	坡度钉高程
1	2	3	4	5	6	7	8	9
K0＋000			42.800	45.437	2.637		－0.137	45.300
	10							
K0＋010			42.770	45.383	2.613		－0.113	45.270
	10							
K0＋020		－3‰	42.740	45.364	2.624	2.500	－0.124	45.240
	10							
K0＋030			42.710	45.315	2.605		－0.105	45.210
	10							
K0＋040			42.680	45.310	2.630		－0.130	45.180
	10							
K0＋050			42.650	45.246	2.596		－0.096	45.150

用同样方法在这一段管线的其他各坡度板上也定出下返数为 2.5m 的高程点，这些点的连线则与管底的坡度线平行。

（二）平行轴腰桩法

对精度要求较低或现场不便采用坡度板法时可用平行轴腰桩法测设施工控制标志。

开工之前，在管道中线一侧或两侧设置一排或两排平行于管道中线的轴线桩，桩位应落在开挖槽边线以外，如图 11-6 所示。平行轴线离管道中心线为 a，各桩间距以 15～20m 为宜，在检查井处的轴线桩应与井位相对应。

为了控制管底高程，在槽沟坡上（距槽底约 1m 左右），测设一排与平行轴线桩相对应的桩，这排桩称为腰桩（又称水平桩），作为挖槽深度，修平槽底和打基础垫层的依据，如图 11-7 所示。在腰桩上钉一小钉，使小钉的连线平行管道设计坡度线，并距管底设计高程为一整分米数，即为下返数。

图 11-6

图 11-7 平行轴腰桩法
1—平行轴线桩；2—腰桩；3—管中线；
a—管中线到平行轴线桩距离；h—下返数

三、架空管道的施工测量

（一）管架基础施工测量

架空管道基础各工序的施工测量方法与桥梁明挖基础相同，不同点主要是架空管道有支架（或立杆）及其相应基础的测量工作。管架基础控制桩应根据中心桩测定。

管线上每个支架的中心桩在开挖基础时将被挖掉，需将其位置引测到互相垂直的四个控制桩上，如图 11-8 所示。引测时，将经纬仪安置在主点上，在ⅠⅡ方向上钉出 a、b 两控制桩，然后将经纬仪安置在支架中心点 1，在垂直于管线方向上标定 c、d 两控制桩。根据控制桩可恢复支架中心 1 的位置及确定开挖边线，进行基础施工。

（二）支架安装测量

架空管道系安装在钢筋混凝土支架或钢支架上。安装管道支架时，应配合

图 11-8 管架基础测量

施工进行柱子垂直校正等测量工作,其测量方法、精度要求均与厂房柱子安装测量相同。管道安装前,应在支架上测设中心线和标高。中心线投点和标高测量容许误差均不得超过±3mm。

第五节 顶管施工测量

在管道穿越铁路、公路、河流或建筑物时,由于不能或不允许开槽施工,常采用顶管施工方法。另外,为了克服雨期和严冬对施工的影响,减轻劳动强度和改善劳动条件等也常采用顶管方法施工。顶管施工技术随着机械化程度的提高而不断广泛采用,是管道施工中的一项新技术。

顶管施工时,应在放顶管的两端先挖好工作坑,在工作坑内安装导轨(铁轨或方木),并将管材放置在导轨上,用顶镐将管材沿管线方向顶进土中,然后将管内土方挖出来。顶管施工测量的主要任务是控制好顶管中线方向、高程和坡度。

在顶进施工中,要求顶进管道自始至终都要在测量工作的严格控制之下进行。测量工作大致包括顶进前的准备阶段测量、顶进过程中的测量、工程竣工测量和地面变形测量四个方面。

一、顶管测量的准备工作

具体包括工作井的方位、高程、标定管道中心线和设立临时水准点等。对于确定管道顶进方向,是控制顶管施工的关键。特别是第一根顶进的管道,它是正确定向的起点。

对于顶管工作井必须测量确定好后靠墙平面位置,定出顶进管道轴线,并打桩定向。通过测量,敷设好工作井中平面导轨,是顶进管道正确定向的基准。导管的中心线应与顶管的轴线相重合。

1. 中线桩的测设

中线桩是工作坑放线和测设坡度板中线钉的依据。测设时应根据设计图纸的要求,根据管道中线控制桩,用经纬仪将顶管中线桩分别引测到工作坑的前后,并钉以大铁钉或木桩,以标定顶管的中线位置(图 11-9)。中线桩钉好后,即可根据它定出工作坑的开挖边界,工作坑的底部尺寸一般为 4m×6m。

图 11-9 中线桩测设

2. 临时水准点的测设

为了控制管道按设计高程和坡度顶进，应在工作坑内设置临时水准点。一般在坑内顶进起点的一侧钉设一大木桩，使桩顶或桩一侧的小钉的高程与顶管起点管内底设计高程相同。

3. 导轨的安装

导轨一般安装在土基础或混凝土基础上。基础面的高程及纵坡都应当符合设计要求（中线处高程应稍低，以利于排水和防止摩擦管壁）。根据导轨宽度安装导轨，根据顶管中线桩及临时水准点检查中心线及高程，检查无误后，将导轨固定。

二、顶进过程中的测量工作

1. 中线测量

如图 11-10 所示，通过顶管的两个中线桩拉一条细线，并在细线上挂两个垂球，然后贴靠两垂球线再拉紧一水平细线，这根水平细线即标明了顶管的中线方向。为了保证中线测量的精度，两垂球间的距离尽可能远些。这时在管内前端放一水平尺，其上有刻划和中心钉，尺寸等于或略小于管径。顶管时用水准器将尺找平。通过拉入管内的小线与水平尺上的中心钉比较，可知管中心是否有偏差，尺上中心钉偏向哪一侧，就说明管道也偏向哪个方向。为了及时发现顶进时中线是否有偏差，中线测量以每顶进 0.5～1.0m 量一次为宜。其偏差值可直接在水平尺上读出，若左右偏差超过 1.5cm，则需要进行中线校正。

图 11-10 中线测量

这种方法在短距离顶管是可行的，当距离超过 50m 时，可采用激光经纬仪和激光水准仪进行导向，从而可保证施工质量，加快施工进度，如图 11-11 所示。

图 11-11 激光测量

1—激光经纬仪；2—激光束；3—激光接收靶；4—刃角；5—管节

2. 高程测量

如图 11-12 所示，将水准仪安置在工作坑内，后视临时水准点，前视顶管内待测点，在管内使用一根小于管径的标尺，即可测得待测点的高程。将测得的管底高程与管底设计高程进行比较，即可知道校正顶管坡度的数值了。但为了工作方便，一般以工作坑内水准点为依据，按设计纵坡用比高法检验。例如管道的设计坡度为 5‰，每顶进 1.0m，高程就应升高 5mm，该点的水准尺上读数就应减小 5mm。

图 11-12 高程测量

表 11-2 是顶管施工测量记录格式，反映了顶进过程中的中线与高程情况，是分析施工质量的重要依据。根据规范规定施工时应达到以下几点要求：

高程偏差：高不得超过设计高程 10mm，低不得超过设计高程 20mm。

中线偏差：左右不得超过设计中线 30mm。

顶管施工测量记录　　　　　　　　　表 11-2

井号	里程	中心偏差 (m)	水准点尺 上读数 (m)	该点尺上 应读数 (m)	该点尺上 实读数 (m)	高程误差 (m)	备注
#8	K0+180.0	0.000	0.742	0.736	0.735	−0.001	水准点高程为：12.558m $i=+5‰$ K0+管底高程为：12.564m
	K0+180.5	左 0.004	0.864	0.856	0.853	−0.003	
	K0+181.0	右 0.005	0.796	0.758	0.760	+0.002	
	……	……	……	……	……	……	
	K0+200.0	右 0.006	0.814	0.869	0.863	−0.006	

管子错口：一般不得超过 10mm，对顶时不得超过 30mm。

测量工作应及时、准确，当第一节管就位于导轨上以后即进行校测，符合要求后开始进行顶进。一般在工具管刚进入土层时，应加密测量次数。常规做法每顶进 100cm 测量不少于 1 次，每次测量都应以测量管子的前端位置为准。

第六节　管道竣工测量

管道工程竣工后，为了反映施工成果应及时进行竣工测量，整理并编绘全面的竣工资料和竣工图。竣工图是管道建成后进行管理、维修和扩建时不可缺少的依据。

管道竣工图有两个内容：一是管道竣工平面图；二是管道竣工断面图。

竣工平面图应能全面地反映管道及其附属构筑物的平面位置。测绘的主要内容有：管道的主点、检查井位置以及附属构筑物施工后的实际平面位置和高程。图上还应标有：检查井编号、井口顶高程和管底高程，以及井间的距离、管径等。对于给水管道中的闸门、消火栓、排气装置等，应用符号标明。如图11-13是管道竣工平面图示例。

图 11-13 竣工平面图

管道竣工平面图的测绘，可利用施工控制网测绘竣工平面图。当已有实测详细的平面图时，可以利用已测定的永久性的建筑物来测绘管道及其构筑物的位置。

管道竣工纵断面应能全面地反映管道及其附属构筑物的高程。一定要在回填土以前测定检查井口和管顶的高程。管底高程由管顶高程和管径、管壁厚度计算求得，井间距离用钢尺丈量。如果管道互相穿越，在断面图上应表示出管道的相互位置，并注明尺寸。图11-14是管道竣工断面图示例。

图 11-14 竣工断面图

思考题与习题

1. 管道工程测量的主要内容有哪些？
2. 管道有哪三主点？主点的测设方法有哪两种？
3. 管道施工测量采用坡度板法如何控制管道中线和高程？
4. 见表11-3中数据，计算出各坡度板处的管底设计高程，再根据选定的下返数计算出各坡度板顶高程调整数。

坡度钉测设手簿　　　　　　　　　表11-3

板号	距离	坡度	管底高程	板顶高程	板一管高差	下返数	调整数	坡度钉高程
1	2	3	4	5	6	7	8	9
K0+000			32.680	34.969				
K0+020				34.756				
K0+040		$i=-10‰$		34.564		2.100		
K0+060				34.059				
K0+080				34.148				
K0+100				33.655				

5. 顶管施工测量如何控制顶管中线方向、高程和坡度？

第十二章 桥梁工程测量

学习要求：

通过本章学习，要求掌握测量仪器在桥梁工程施工中的具体应用方法；掌握桥梁施工控制测量、墩台中心与纵横轴线的测设、桥梁施工中基本的测设程序及工作方法。

第一节 概 述

桥梁工程测量主要包括桥梁施工控制测量，桥梁墩台中心与纵、横轴线的测设，基础施工测量，墩台身施工测量，墩台顶部施工测量，上部结构安装测量，桥梁变形观测及桥梁竣工测量等工作。

桥梁按其轴线长度一般分为特大桥（>500m）、大桥（100～500m）、中桥（30～100m）和小桥（<30m）四类。桥梁施工测量的方法及精度要求随桥梁轴线长度、桥梁结构而定。

第二节 桥梁工程控制测量

桥梁工程控制的主要任务是布设平面控制网、布设施工临时水准点网、控制桥轴线按照规定精度求出桥轴线的长度。根据桥梁的大小、桥址地形和河流水流情况，桥轴线桩的控制方法有直接丈量法和间接丈量法两种。

一、平面控制测量

（一）直接丈量法

当桥跨较小、河流浅水时，可采用直接丈量法测定桥梁轴线长度。如图 12-1 所示，A、B 为桥梁墩台的控制桩。直接丈量可用测距仪或经过检定的钢尺按精密量距法进行。首先，用经纬仪定线，把尺段点标定在地面上，设立点位桩并在点位桩的中心钉一小钉。丈量桥位间的距离时，需往返丈量两次以上，并对尺长、温度、倾斜和拉力进行计算。桥轴线丈量的精度要求应不低于表 12-1 的规定。

桥轴线丈量精度要求 表 12-1

桥轴线长度(m)	<200	200～500	>500
精度不应低于	1/5000	1/10000	1/20000

上述丈量精度按下式计算

$$\left. \begin{array}{l} E = \dfrac{M}{D} \\ M = \sqrt{\dfrac{\Sigma V^2}{n(n-1)}} \end{array} \right\} \tag{12-1}$$

式中　D——丈量全长的算术平均值；

　　　M——算术平均值中误差；

　　　ΣV^2——各次丈量值与算术平均值差的平方和；

　　　n——丈量次数。

【例 12-1】　某桥桥位放样，采用直接丈量，丈量总长度时，第一次丈量 $L_1=233.556$m，第二次丈量 $L_2=233.538$m，问丈量是否满足精度要求？

【解】
$$D=\frac{233.556+233.538}{2}=233.547\text{m}$$

$$\Sigma V^2=(233.556-233.547)^2+(233.538-233.547)^2=0.000162$$

$$M=\sqrt{\frac{0.000162}{2(2-1)}}=0.009$$

精度 $E=\dfrac{M}{D}=\dfrac{0.009}{233.547}=0.00004=\dfrac{1}{25000}<\dfrac{1}{10000}$

满足精度要求。

（二）间接丈量法

当桥跨较大、水深流急而无法直接丈量时，可采用三角网法间接丈量桥轴线长。

1. 桥梁三角网布设要求

（1）各三角点应在相互通视、不受施工干扰和易于永久保存处，如图 12-1 所示。

（2）基线不少于 2 条，基线一端应与桥轴线连接，并尽量近于垂直，其长度宜为桥轴线长度的 0.7~1.0 倍。

（3）三角网中所有角度应布设在 30°~120°之间。

图 12-1　桥梁三角网

2. 桥梁三角网的测量方法

用检定过的钢尺按精密量距法丈量基线 AC 和 AD 长度，并使其满足丈量基线精度要求，用经纬仪精确测出两三角的内角 α_1、α_2、β_1、β_2、γ_1、γ_2，并调整闭合差，以调整后的角度与基线用正弦定理按下式算得 AB。

$$S_{1AB}=\frac{AC \cdot \sin\alpha_1}{\sin\beta_1}$$

$$S_{2AB}=\frac{AD \cdot \sin\alpha_2}{\sin\beta_2}$$

精度：
$$K=\frac{\Delta S}{S_{AB}}=\frac{S_{1AB}-S_{2AB}}{\dfrac{S_{1AB}+S_{2AB}}{2}} \tag{12-2}$$

平均值：
$$S_{AB}=\frac{S_{1AB}+S_{2AB}}{2} \tag{12-3}$$

【例 12-2】　如图 12-1 所示之三角网，基线边长 $AC=143.217$m，$AD=$

156.102m，观测角值列于表12-2中，试计算桥位控制桩AB之距离。

【解】 （1）角度闭合差的计算与调整方法见表12-2。

角度闭合差调度表　　　　　　　　　　　　　　　　　　表12-2

三角形内角	观测值	改正值	调整值	三角形内角	观测值	改正值	调整值
α_1	52°33′08″	+2″	52°33′10″	α_2	48°23′23″	−3″	48°23′20″
β_1	40°55′34″	+1″	40°55′35″	β_2	42°15′07″	−2″	42°15′05″
γ_1	86°31′12″	+3″	86°31′15″	γ_2	89°21′38″	−3″	89°21′35″
Σ	179°59′54″	+6″	180°00′00″	Σ	180°00′08″	−8″	180°00′00″

（2）计算AB距离，根据正弦定理可得

$$S_{1AB}=\frac{AC \cdot \sin\alpha_1}{\sin\beta_1}=\frac{143.217 \times \sin52°33′10″}{\sin40°55′35″}=173.567\text{m}$$

$$S_{2AB}=\frac{AD \cdot \sin\alpha_2}{\sin\beta_2}=\frac{156.102 \times \sin48°23′20″}{\sin42°15′05″}=173.580\text{m}$$

$$\Delta S=|S_{1AB}-S_{2AB}|=0.013\text{m}$$

精度：$K=\dfrac{\Delta S}{S_{AB}}=\dfrac{\Delta S}{\dfrac{S_{1AB}+S_{2AB}}{2}}=\dfrac{0.013}{173.574}=\dfrac{1}{13300}<\dfrac{1}{10000}$（合格）

平均值：$S_{AB}=\dfrac{1}{2}(S_{1AB}+S_{2AB})=173.574\text{m}$

（3）桥梁三角网测量技术要求。

基线丈量精度、仪器型号、测回数和内角容许最大闭合差见表12-3。

桥轴线丈量精度要求　　　　　　　　　　　　　　　　　表12-3

项次	桥梁长度(m)	测回数			基线丈量精度	容许最大闭合差
		DJ_6	DJ_2	DJ_1		
1	<200	3	1		1/10000	30″
2	200～500	6	2		1/25000	15″
3	>500		6	4	1/50000	9″

二、高程控制测量

桥梁施工需在两岸布设若干个水准点，桥长在200m以上时，每岸至少设两个；桥长在200m以下时每岸至少一个；小桥可只设一个。水准点应设在地基稳固、使用方便、不受水淹且不易破坏处，根据地形条件、使用期限和精度要求，可分别埋设混凝土标石、钢管标石、管柱标石或钻孔标石。并尽可能接近施工场地，以便只安置一次仪器就可将高程传递到所需要的部位上去。

布设水准点可由国家水准点引入，经复测后使用。其容许误差不得超过$\pm20\sqrt{K}$（mm）；对跨径大于40m的T形刚构、连续梁和斜张桥等不得超过$\pm10\sqrt{K}$（mm）。式中K为两水准点间距离，以km计。其施测精度一般采用四等水准测量精度。

第三节 桥梁墩台中心与纵、横轴线的测设

一、桥梁墩台中心测设

桥梁墩台中心测设是根据桥梁设计里程桩号以桥位控制桩为基准进行的。方法有直接丈量法、方向交会法和全站仪测设法。

(一)直接丈量法

当桥梁墩台位于无水河滩上,或水面较窄可用钢尺直接丈量。根据桥轴线控制桩及其与墩台之间的设计长度,用测距仪或经检定过的钢尺精密测设出各墩台的中心位置并桩钉出点位,在桩顶钉一小钉精确标志其点位。然后在墩台的中心位置安置经纬仪,以桥梁主轴线为基准放出墩台的纵、横轴线。并测设出桥台和桥墩控制桩位,每侧要有两个控制桩,以便在桥梁施工中恢复其墩台中心位置,如图 12-2 所示。为保证每一跨都满足精度要求,测设墩台顺序应从一端到另一端,并在终端与桥轴线的控制桩进行校核,也可以从中间向两端测设。

图 12-2 直接丈量法

(二)方向交会法

对于大中型桥的水中桥墩及其基础的中心位置测设,采用方向交会法。这是由于水中桥墩基础一般采用浮运法施工,目标处于浮动中的不稳定状态,在其上无法使测量仪器稳定。可根据已建立的桥梁三角网,在三个三角点上(其中一个为桥轴线控制点)安置经纬仪,以三个方向交会定出,如图 12-3(a)所示。

交会角 α_2 和 α_2' 的数值,可用三角公式计算。经 2 号墩中心 $2^\#$ 向基线 AC 作垂线 $2^\# n$,则

$$\alpha_2 = \arctan\left(\frac{d_2 \cdot \sin\gamma}{S - d_2 \cdot \cos\gamma}\right)$$

$$\alpha_2' = \arctan\left(\frac{d_2 \cdot \sin\gamma'}{S' - d_2 \cdot \cos\gamma'}\right)$$

【例 12-3】 如图 12-3(a)所示,若已知 $d_2 = 32.021$m,$\gamma = 87°31'08''$,$\gamma' = 89°41'34''$,$S = 48.638$m,$S' = 52.310$m,试计算交会角 α_2 和 α_2'。

【解】 $\alpha_2 = \arctan\left(\dfrac{d_2 \cdot \sin\gamma}{S - d_2 \cdot \cos\gamma}\right)$

$= \arctan\dfrac{32.021 \times \sin 87°31'08''}{48.638 - 32.021 \times \cos 87°31'08''}$

$$= \arctan \frac{31.991}{48.638-1.386} = 34°5'57''$$

$$\alpha_2' = \arctan\left(\frac{d_2 \cdot \sin\gamma'}{s'-d_2 \cdot \cos\gamma'}\right)$$

$$= \arctan \frac{32.021 \times \sin 89°41'34''}{52.310 - 32.021 \times \cos 89°41'34''}$$

$$= \arctan\left(\frac{32.020}{52.310-0.172}\right) = 31°33'21''$$

为校核 α_2、α_2' 计算结果，同上法可计算出 β_2 和 β_2' 为

$$\beta_2 = \arctan\left(\frac{s-d_2 \cdot \cos\gamma}{d_2 \cdot \sin\gamma}\right)$$

$$\beta_2' = \arctan\left(\frac{s-d_2 \cdot \cos\gamma'}{d_2 \cdot \sin\gamma'}\right)$$

则检核式为

图 12-3
(a)方向交会法；(b)误差三角形

$$\alpha_2 + \beta_2 + \gamma = 180°$$
$$\alpha_2' + \beta_2' + \gamma' = 180°$$

测设时，将一台经纬仪安置在 A 点瞄准 B 点，另两台经纬仪分别安置在 C、D 点，分别拨 α、α' 角及标定桥轴线方向得三方向并交会成一误差三角形 $E_1E_2E_3$，其交会误差为 E_2E_3。放样时，墩底误差不超过 2.5cm；墩顶误差不超过 1.5cm，可由 E_1 点向桥轴线作垂线交于轴线上的 E 点，则 E 点即为桥墩的中心位置，如图 12-3(b)所示。

在桥墩施工中，随着桥墩施工的逐渐筑高，中心的放样工作需要重复进行，且要求迅速准确。为此，在第一次测得正确的桥墩中心位置以后，将交会线延长到对岸，设立固定的瞄准标志 C' 和 D'，如图 12-4 所示。以后恢复中心位置只需将经纬仪安置于 C 和 D，瞄准 C' 和 D' 即可。

(三) 全站仪测设法

若用全站仪放样桥墩中心位置，则更为精确和方便。如图 12-5 所示，在控制点 M 或 N 安置仪器，测设 β_A、S_A 或 β_B、S_B，可确定墩中心 A 和 B 的位置。A 和 B 位置确定后，可量测两墩间中心距 S_{AB}，与设计值比较。也可以将仪器安置于桥轴线点 A 或 B 上，瞄准另一轴线点作为定向，然后指挥棱镜安置在该方向上测设桥墩中心位置。

图 12-4　方向桩　　　　图 12-5　极坐标法定位桥墩中心

二、桥梁墩台纵、横轴线的测设

在设出墩、台中心位置后，尚需测设墩、台的纵横轴线，作为放样墩、台细部的依据。所谓墩、台的纵轴线，是指过墩、台中心，垂直于路线方向的轴线；墩台的横轴线，是指过墩、台中心与路线方向相一致的轴线。

1. 直线桥墩台纵、横轴线的测设

在直线桥上，墩、台的横轴线与桥轴线相重合，且各墩、台一致，因而就利用桥轴线两端的控制桩来标志横轴线的方向，一般不再另行测设。

墩、台的纵轴线与横轴线垂直，在测设纵轴线时，在墩、台中心点上安置经纬仪，以桥轴线方向为准测设 90°角，即为纵轴线方向。由于在施工过程中经常需要恢复墩、台的纵、横轴线的位置，因此需要用标志桩将其准确标定在地面上，这些标志桩称为护桩。

为了消除仪器轴系误差的影响，应该用盘左、盘右测设两次而取其平均位置。在设出的轴线方向上，应于桥轴线两侧各设置 2~3 个护桩。这样在个别护桩丢失、损坏后也能及时恢复，并在墩、台施工到一定高度影响到两侧护桩通视，也能利用同一侧的护桩恢复轴线。护桩的位置应选在离开施工场地一定距离，通视良好，地质稳定的地方。标志桩视具体情况可采用木桩、混凝土桩。

位于水中的桥墩，由于不能安置仪器，也不能设护桩，可在初步定出的墩位处筑岛或建围堰，然后用交会或其他方法精确测设墩位并设置轴线。如果是在深水大河上修建桥墩，一般采用沉井、围图管柱基础，采用前方交会或全站仪进行定位。

2. 曲线桥墩台纵、横轴线的测设

在曲线桥上，墩、台的纵轴线位于相邻墩、台工作线的分角线上，而横轴线与纵轴线垂直如图 12-6 所示。

图 12-6 曲线桥墩、台的纵、横轴线

测设时,将仪器安置在墩、台的中心点上,自相邻的墩、台中心方向测设 $\frac{1}{2}(180°-\alpha)$ 角(α 为该墩、台的工作线偏角),即得纵轴线方向。自纵轴线方向测设 90° 角即得横轴线方向。在每一条轴线方向上,在墩、台两侧同样应各设 2~3 个护桩。由于曲线桥上各墩、台的轴线护桩容易发生混淆,应在护桩上标明墩、台的编号,以防施工时用错。如果墩、台的纵、横轴线有一条恰位于水中,无法设护桩,也可只设置一条。

第四节 桥梁施工测量

桥梁施工测量就是将图纸上的结构物尺寸和高测设到实地上。其内容包括基础施工测量,墩、台身施工测量,墩、台顶部施工测量和上部结构安装测量。现以中小型桥梁为例介绍如下。

一、基础施工测量

1. 明挖基础

根据桥台和桥墩的中心点及纵、横轴线按设计的平面形状设出基础轮廓线的控制点。如图 12-7 所示,如果基础形状为方形或矩形,基础轮廓线的控制点则为四个角点及四条边与纵、横轴线的交点;如果是圆形基础,则为基础轮廓线与纵、横轴线的交点,必要时尚可加设轮廓线与纵、横轴线成 45°线的交点。控制点距墩中心或纵、横轴线的距离应略大于基础设计的底面尺寸,一般可大 0.3~0.5m,以保证正确安装基础模板为原则。基坑上口尺寸应根据挖深、坡度、土质情况及施工方法而定。

图 12-7 明挖基础轮廓线的测设

施测方法与路堑放线基本相同。当基坑开挖到一定深度后,应根据水准点高程在坑壁上测设距基底设计面为一定高差(如 1m)的水平桩,作为控制挖深及基础施工中掌握高程的依据。当基坑开挖到设计标高以后,应进行基底平整或基底处理,再在基底上放出墩台中心及其纵横轴线,作为安装模板、浇筑混凝土基础的依据。

基础完工后,应根据桥位控制桩和墩台控制桩用经纬仪在基础面上测设出桥台、桥墩中心线,并弹墨线作为砌筑桥台、桥墩的依据。

基础或承台模板中心偏离墩台中心不得大于±2cm,墩身模板中心偏离不得大于±1cm;墩台模板限差为±2cm,模板上同一高程的限差为±1cm。

2. 桩基础

桩基础测量工作有测设桩基础的纵横轴线,测设各桩的中心位置,测定桩的倾斜度和深度,以及承台模板的放样等。

桩基础纵横轴线可按前面所述的方法测设。各桩中心位置的放样是以基础的纵横轴线为坐标轴,用支距法或极坐标法测设,其限差为±2cm,如图12-8、图12-9所示。如果全桥采用统一的大地坐标系计算出每个桩中心的大地坐标,在桥位控制桩上安置全站仪,按直角坐标法或极坐标法放样出每个桩的中心位置。放出的桩位经复核后方可进行基础施工。

图 12-8 用支距法测设桩基础的桩位　　图 12-9 用极坐标法测设桩基础的桩位

每个钻孔桩或挖孔桩的深度用不小于4kg的重锤及测绳测定,打入桩的打入深度根据桩的长度推算。在钻孔过程中测定钻孔导杆的倾斜度,用以测定孔的倾斜度。

在各桩的中心位置测设出后,应对其进行检核,与设计的中心位置偏差不能大于限差要求。在钻(挖)孔桩浇筑完成后,修筑承台以前,应对各桩的中心位置再进行一次测定,作为竣工资料使用。

桩顶上做承台按控制的标高进行,先在桩顶面上弹出轴线作为支承台模板的依据,安装模板时,使模板中心线与轴线重合。

二、墩、台身施工测量

(一)墩、台身轴线和外轮廓的放样

基础部分砌完后,墩中心点应再利用控制点交会设出,然后在墩中心点设置经纬仪放出纵横轴线,并将放出纵横轴线投影到固定的附属结构物上,以减少交会放样次数。同时根据岸上水准基点检查基础顶面的高程,其精度应符合四等水准要求。根据纵横轴线即可放样承台、墩身砌筑的外轮廓线。

圆头墩身平面位置的放样方法如图 12-10 所示，欲放样墩身某断面尺寸为长 12m，宽 3m，圆头半径为 1.5m 的圆头桥墩时，在墩位上已设出桥墩中心 O 及其纵横轴线 XX'、YY'。则以 O 点为准，沿纵线 XX' 方向用钢尺各放出 1.5m 得 I、K 两点。再以 O 点为准，沿横轴 YY' 方向放出 4.5m，得圆心 J 点。然后再分别以 I、J 及 K、J 点用距离交会出 P、Q 点，并以 J 点为圆心，以 $JP=1.5$m 为半径，作圆弧得弧上相应各点。用同样方法可放出桥墩另一端。

(二)柱式桥墩柱身施工支模垂直度校正与标高测量

1. 垂直度校正

为了保证墩、台身的垂直度以及轴线的正确传递，可利用基础面上的纵、横轴线用线锤法或经纬仪投测到墩、台身上。

(1)吊线法校正

施工制作模板时，在四面模板外侧的下端和上端都标出中线。安装过程是先将模板下端的四条中线分别与基础顶面的四条中心对齐。模板立稳后，一人在模板上端用重球线对齐中线坠向下端中线重合，表示模板在这个方向垂直，如图 12-11 所示，同法再校正另一个方向，当纵横两个方向同时垂直，柱截面为矩形(两对角线长度相同时，模板就校正好了)。当有风或砌筑高度较大时，使用吊锤线法满足不了投测精度要求，应用经纬仪投测。

图 12-10 圆头墩身放样　　图 12-11 吊线法校正模板

(2)经纬仪校正

1)投线法

如图 12-12 所示，仪器自墩柱的距离应大于投点高度。先用经纬仪照准模板下端中线，然后仰起望远镜，观测模板上端中线，如果中线偏离视线，要校正上端模板，使中线与视线重合。需注意的是在校正横轴方向时，要检查已校正好的纵轴方向是否又发生倾斜。用经纬仪投线要特别注意经纬仪本身的横轴和视准轴要严格垂直，为防止两轴不严格垂直而产生的投线误差，一般用正倒镜方法各投一次。

对于斜坡墩台可用规板控制其位置。

2)平行线法

如图 12-13 所示墩柱 3，先作墩柱中线的平行线，平行线自中线的距离，一般可取 1m，作一木尺，在尺上用墨线标出 1m 标志，由一人在模板端持木尺，把尺的零端对齐中线，水平地伸向观测方向。仪器置于 B 点照准 B' 点。然后抬高望远镜看木尺，若视线正照准尺上 1m 标志，表示模板在这个方向垂直。如果尺上 1m 标志偏离视线，要校正上端模板，使尺上标志与视线重合。

图 12-12　经纬仪投线法校正模板　　　　图 12-13　平行线法

2. 标高测量

（1）模板标高测量

墩柱身模板垂直度校正好后，在模板外侧测设一标高线作为量测柱顶标高等各种标高的依据。标高线一般比地面高 0.5m，每根墩柱不少于两点，点位要选择便于测量、不易移动、标记明显的位置，并注明标高数值。

（2）墩柱拆模后的抄平放线

墩柱拆模后要把中线和标高线抄测在柱表面上，供下一道工序使用。

1）投测中线

根据基础表面的墩柱中线，在下端立面上标出中线位置，然后用吊线法和经纬仪投点法把中线投测到柱上端的立面上。

2）高程传递

a. 利用钢尺直接丈量

在每个柱立面上，测设 0.5m 的标高线，利用钢尺沿 0.5m 标高处起向上直接丈量，将高程传递上去。

b. 悬吊钢尺法（水准仪高程传递法）

高墩墩顶的精度要求往往较高，特别是支座垫石标高要求更高，因此，要正确地将地面的水准高程引测到墩顶。

如图 12-14 所示，靠近墩边，用一个稳定支架，将钢尺垂挂至距地面约 1m 左右，在钢尺下端悬挂一个与鉴定钢尺时拉力相等的重锤，钢尺的零端读数放在下面，然后在地面上的 P_1 点和墩顶上的 P_2 点安置同精度的水准仪各一台，按水准测量的方法同时进

图 12-14　高墩高程传递

行观测得 $a_下$、$b_下$ 和 $b_上$、$a_上$，则墩顶 C 点的高程 H_C 为
$$H_C = H_A + a_下 - b_下 + b_上 - a_上$$

（三）墩帽的放样

桥墩台本身砌筑至离顶帽底约 30cm 时，再测出墩台中心及纵横轴线，据以竖立墩帽模板、安装锚栓孔、安扎钢筋等。在立好模板浇筑墩帽前，必须复核墩台的中线、高程。

（四）墩台锥坡放样

锥形护坡的放样与施工，都是桥台完工后进行。先将坡脚椭圆形曲线放出，然后在锥坡顶的交点处，用木桩钉上铁钉固定，系上一组麻线或 22 号钢丝，使其与椭圆形曲线上的各点相联系，并拉紧。浆砌或干砌锥坡石料时，沿拉紧的各斜线，自下向上，层层砌筑。

锥坡施工放样先根据锥体的高度 H，桥头道路边坡率 M 和桥台河坡边坡率 N，计算出锥坡底面椭圆的长轴 A 和短轴 B，以此作为锥坡底椭圆曲线的平面坐标轴。

1. 图解法（双圆垂直投影）

当桥头锥坡处无堆积物，可用图解法作出椭圆曲线。

A 和 B 作半径，画出同心四分之一圆，如图 12-15 所示，将圆周分成若干等分点（等分愈多，连成的曲线愈精确），由等分点 1、2、3、4……分别和圆心相连，得到若干条径向直线。从各条径向线与两个圆周的交点互作垂线交于点 Ⅰ、Ⅱ、Ⅲ……，即为椭圆上的点，连接起来成椭圆曲线。

2. 直角坐标法

设 P 点的坐标为 x、y，长半轴为 A，短半轴为 B，根据图 12-16 的几何条件可得
$$SQ = \sqrt{OS^2 - OQ^2} = \sqrt{A^2 - (nA)^2} = A\sqrt{1-n^2}$$
$$\triangle OSQ \sim \triangle ORT$$
$$\frac{SQ}{A} = \frac{y}{B}$$
$$y = \frac{B}{A}SQ = B\sqrt{1-n^2}$$

图 12-15　双圆垂直投影图解法

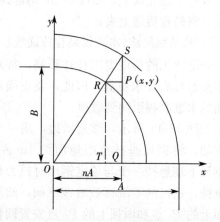

图 12-16　直角坐标法

当锥坡内侧堆有弃土,量距有困难时,可在椭圆形曲线外侧,按直角坐标值量距定点,其数值见表12-4。

直角坐标系　　　　　　　　　　　　表 12-4

n	0.1	0.2	0.3	0.4	0.5	0.6	0.7	0.8	0.9	0.95	1.0
x	$0.1A$	$0.2A$	$0.3A$	$0.4A$	$0.5A$	$0.6A$	$0.7A$	$0.8A$	$0.9A$	$0.95A$	A
y	$0.995B$	$0.980B$	$0.954B$	$0.917B$	$0.866B$	$0.800B$	$0.714B$	$0.600B$	$0.436B$	$0.312B$	0
y'	$0.005B$	$0.020B$	$0.046B$	$0.083B$	$0.134B$	$0.200B$	$0.286B$	$0.400B$	$0.564B$	$0.688B$	B

式中

$$n=\frac{x}{A}$$

令 $n=0.1, 0.2, \cdots, 0.9, 0.95, 1.0$,代入上式,即可得到纵坐标 y_1, y_2,……(表 12-4)。

3. 斜桥锥坡放样

斜桥锥坡放样仍可采用直角坐标法,但需将表 12-4 所列的横坐标值根据桥梁与河道的交角大小予以修正,修正后的长半轴长 $OF=A\sec\alpha$,所以横坐标值 x 也应乘以 $\sec\alpha$。纵坐标值则与表 12-4 中的数值相同(图 12-17)。

图 12-17　斜桥锥坡底曲线(桥的右上角锥坡)

三、墩、台顶部的施工测量

桥墩、桥台砌筑至一定高度时,应根据水准点在墩、台身每侧测设一条距顶部为一定高差(1m)的水平线,以控制砌筑高度。墩帽、台帽施工时,应根据水准点用水准仪控制其高程(误差应在-10mm以内),再依中线桩用经纬仪控制两个方向的中线位置(偏差应在±10mm以内),墩台间距要用钢尺检查,精度应高于1/5000。

图 12-18 支座钢垫板

根据定出并校核后的墩、台中心线，在墩台上定出 T 形梁支座钢垫板的位置，如图 12-18 所示。测设时，先根据桥墩中心线 $②_1$、$②_4$ 定出两排钢垫板中心线 $B'B''$、$C'C''$，再根据路中心线 F_2F_3 和 $B'B''$、$C'C''$，定出路中线上的两块钢垫板的中心位置 B_1 和 C_1。然后根据设计图纸上的相应尺寸用钢尺分别自 B_1 和 C_1 沿 $B'B''$ 和 $C'C''$ 方向量出 T 形梁间距，即可得到 B_2、B_3、B_4、B_5 和 C_2、C_3、C_4、C_5 等垫板中心位置，桥台的钢垫板位置可按同法定出，最后用钢尺校对钢垫板的间距，其偏差应在 ±2mm 以内。

钢垫板的高程应用水准仪校测，其偏差应在 −5mm 以内（钢垫板略低于设计高程，安装 T 形梁时可加垫薄钢板找平）。上述工作校测完后，即可浇筑墩、台顶面的混凝土。

四、上部结构安装的测量

架梁是桥梁施工的最后一道工序。桥梁梁部结构较复杂，要求对墩台方向、距离和高程用较高的精度测定，作为架梁的依据。

墩台施工时是以各个墩台为单元进行的。架梁需要将相邻墩台联系起来，要求中心点间的方向距离和高差符合设计要求。因此在上部结构安装前应对墩、台上支座钢垫板的位置、对梁的全长和支座间距进行检测。

梁体就位时，其支座中心线应对准钢垫板中心线，初步就位后，用水准仪检查梁两端的高程，偏差应在 ±5mm 以内。

大跨度钢桁架或连续梁采用悬臂安装架设。拼装前应在横梁顶部和底部分中点作出标志，用以测量架梁时钢梁中心线与桥梁中心线的偏差值。如果梁的拼装自两端悬臂、跨中合拢，则应重点测量两端悬臂的相对关系，如中心线方向偏差、最近节点距离和高程差是否符合设计和施工要求。

对于预制安装的箱梁、板梁、T 形梁等，测量的主要工作是控制平面位置；对于支架现浇的梁体结构，测量的主要工作是控制高程，测得弹性变形，消除塑性变形，同时根据设计保留一定的预拱度；对于悬臂挂篮施工的梁体结构，测量的主要工作是控制高程和预拱度。

梁体和护栏全部安装完成后，即可用水准仪在护栏上测设出桥面中心高程线，作为铺设桥面铺装层起拱的依据。

第五节 桥梁竣工测量

桥梁竣工后，需进行竣工测量。通过竣工测量，一方面可以检查施工是否满足设计要求，起到检查施工质量的作用；另一方面，在桥梁投入运营后，为保证桥梁的行车安全和使用寿命，需要定期地进行变形观测，由于变形观测的资料是通过与竣工资料的对比来分析变形的，因此，对变形观测而言，竣工资料也是必不可少的。

桥梁竣工测量，主要是对施工后的平面位置、高程和尺寸数据进行复核检查测量，必须满足规定的精度要求。

一、基础竣工测量

桥梁竣工测量的主要内容是检测基础中心的实际位置。检测时实测桩基的施工坐标 x_i'、y_i'，与设计值 x_i、y_i 比较后算出其偏差值 $D=\sqrt{\Delta x^2+\Delta y^2}$。

基础竣工测量还应将基坑位置、坑底高程、土质情况等如实地反映并附绘基坑略图标注相应的检测数据等。

二、墩台竣工测量

1. 墩台中心间距测量

墩台中心间距可根据墩台中心点测定。如果间距较小，可用钢尺采用精密方法直接测量；当间距较大不便直接测量时，可用全站仪施测。墩台中心间距 D'，与设计墩台中心间距 D 比较，由差值 $\Delta=D'-D$，计算墩台中心间距的竣工中误差为

$$m=\pm\sqrt{\frac{[\Delta\Delta]}{n}}$$

式中 m 是衡量墩台施工质量的重要指标之一。

2. 墩台标高的检测

检测时布设成附合水准线路，即自桥梁一端的永久水准点开始，逐墩测量，最后附合至另一端的永久水准点上，其高差闭合差限差应为

$$f_{h限}\leqslant\pm 4\sqrt{n}\text{mm}(n\text{ 为测站数})$$

在进行此项水准测量时，应联测各墩顶水准点和各垫板的标高以及墩顶其他各点的标高。

3. 墩顶细部的丈量

墩顶细部尺寸的丈量，应依据其纵横轴线进行，主要是测量各垫板的位置、尺寸和墩顶的长与宽，这些尺寸对于设计数据的偏差应小于 2cm。

在以上各项目完成后，应根据所取得的资料，编绘墩台竣工图、墩台中心间距表和墩台水准点成果表，作为桥梁上部结构安装的依据。

三、跨越构件的测量

跨越构件其结构一般有钢筋混凝土预应力梁、钢结构的实腹梁、桁梁等几种形式。在现场吊装前、后应进行的竣工测量项目如下：

（1）构件的跨度。

（2）构件的直线度。一般要求直线度偏差不得超过跨度的 $\frac{1}{5000}$。

（3）构件的预留拱度。预留拱度是指钢架铆接好后，钢梁及各弦杆呈一微上凸的平滑线，略显拱形，称为构件预留拱度曲线。其中部高出于两端的最大高差，

称为预留拱度。设计预留拱度通常约为跨度的 $\frac{1}{1000}$。

第六节 涵洞施工测量

涵洞施工测量的主要任务是控制涵洞的中心位置及涵底的高程与坡度。其测设内容有涵洞中心桩及中心线的测设、施工控制桩的测设和涵洞坡度钉的测设。

一、涵洞中心桩和中心线的测设

涵洞中心桩一般均根据设计给定的涵洞位置(桩号),以其邻近的里程桩为准测设。

在直线上设置涵洞,是用经纬仪标定路中线方向,根据涵洞与其邻近的里程桩的关系,用钢尺测设相应的距离,即可钉出涵洞中心桩。将经纬仪安置在涵洞中心桩上,以路中线为后视方向。测设 90°角(斜涵应按设计角度测设),即得涵洞的中线方向。

在曲线上设置的涵洞,其中线应垂直于曲线(即通过圆心)。测设方法与曲线上定横断面相同,当精度要求较高时,应用经纬仪施测。

二、施工控制桩的测设

如图 12-19(a)所示,涵洞中心桩 K1+507 和中线 C_1C_2 定出后,即可依涵洞长度(如 18m)定涵洞两端点 C_1、C_2(墙外皮中心),为了在基础开挖后控制端墙位置,还应加钉施工控制桩①$_1$①$_2$ 和②$_1$②$_2$;①$_1$①$_2$、②$_1$②$_2$ 均垂直于 C_1C_2,其相距可为 1 整米数,以控制端墙施工;其他各翼墙控制桩则均照图钉出。

图 12-19 施工控制桩
(a)中心桩;(b)坡度钉

三、涵洞坡度钉的测设

如图 12-19(b)所示,基槽开挖后,为控制开挖深度、基础厚度及涵洞的高程与坡度，需要在涵洞中线桩 C_1 及 C_2 上测设涵洞坡度钉，使两钉的连线恰与涵洞流水面的设计位置一致。

测设方法一般是在钉中线桩 C_1、C_2 时，使 $C_1c_1 = C_2c_2 =$ 整米数（如 4m），在木桩侧面钉出坡度钉。坡度钉的高程根据涵洞两端设计高程与涵洞坡度推算得到。两坡度钉的连线即为涵洞流水面的设计坡度及高程。

为控制端墙基础高程及开挖深度，在①$_1$①$_2$ 和②$_1$②$_2$ 等端墙控制桩上，应测设端墙基础高程钉，即离开基础高程为一整分米数，以便于检查及控制挖土深度。

四、涵洞施工测量

涵洞基础及基坑的边线根据涵洞的轴线测设。由于在施工开挖基坑时轴线桩要被挖掉，所以在坑边 2~4m 处测设轴线控制桩（又称引桩），也可在基坑开挖边界线以外 1.5~2m 处钉设龙门板，将基础轴线用经纬仪或用线绳、垂球引测到控制桩或龙门板上，并钉小钉作标志（称为中心钉），作为挖坑后各阶段施工恢复轴线的依据。

在基础砌筑完毕，安装管节或砌筑涵洞身及端墙时，各个细部的放样均以涵洞的轴线作为放样依据。

涵洞细部的高程放样可根据附近水准点用水准仪测设。

思考题与习题

1. 桥梁施工测量有哪些内容？
2. 桥梁施工控制测量有哪些？如何进行？
3. 桥梁墩台中心测设方法有几种？如何施测？
4. 桥梁变形观测有哪些内容？如何进行？
5. 墩台锥坡施工放样方法有几种？如何进行？
6. 桥梁墩台与桥梁架设竣工测量有哪些内容？
7. 涵洞施工测量的主要任务是什么？其测设内容有哪些？
8. 图 12-20 所示为桥梁施工控制网，外业观测数据如下：

$d_1 = 222.605$m $d_2 = 224.571$m
$\angle 1 = 55°16'13''$ $\angle 4 = 33°28'17''$
$\angle 2 = 35°18'23''$ $\angle 5 = 51°01'45''$
$\angle 3 = 89°25'12''$ $\angle 6 = 95°30'5''$

求：(1) 桥轴线 AB 的长度。

(2) 桥轴线端点 A 至 2 号桥墩距离为 105.87m，求测设 2 号桥墩所需的测设数据。

图 12-20 桥梁施工控制网

9. 已知临时水准线高程为 3.672m，后视水准尺读数为 1.864m，桥墩顶部钢垫板高程为 4.015m，求钢垫板前视水准尺上的读数。

第十三章 工程变形监测

学习要求：

通过本章学习，熟悉基坑监测、建筑物的变形监测、桥梁变形监测的方法。了解GPS定位技术在工程监测中的应用。

第一节 工程变形监测概述

一、工程变形监测的定义及任务

所谓工程变形监测，就是利用测量仪器及专用特制设备采用一定的监测方法对桥梁、隧道、高层建筑物、地下建筑物等的变形现象进行监视观测的一种工作，并通过这种工作确定变形体空间位置随时间变化而变化的特征，变形监测又称变形测量或变形观测。

工程变形监测的任务是确定在各种荷载和外力作用下，各工程变形体的形状、大小及其位置变化的空间状态和时间特性。从一定意义上来讲，变形监测工作是保证工程项目正常实施和安全营运的必要手段。变形监测为变形分析和安全预报提供基础数据，对于工程建设的安全来说：监测是基础，分析是手段，预报是目的。

二、工程变形监测的内容

工程变形监测的内容主要包括对各工程变形体进行的水平位移、垂直位移的监测。对变形体进行偏移、倾斜、挠度、弯曲、扭转、裂缝等的测量，主要是指对所描述的变形体自身形变和位移的几何量的监测。水平位移是监测点在平面上的变动，一般可分解到某一特定方向；垂直位移是监测点在铅直面或大地水准面法线方向上的变动。偏移、倾斜、挠度等也可归结为监测点（或变形体）的水平或者垂直位移变化。偏移和挠度可以看做是变形点在某一特定方向的水平位移；倾斜可以换算成水平或垂直位移，也可以通过水平或垂直位移测量和距离测量得到。

普通的工业与民用建筑物，其监测内容主要包括基础的沉陷观测和建筑物本身变形的观测。基础的沉陷是指建筑物基础的均匀沉陷与非均匀沉陷；建筑物本身变形是指观测建筑物的倾斜与裂缝；对于高层及高耸建筑物，还必须进行动态变形观测；对于各种工业设备、工艺设施、导轨等，主要进行水平位移和垂直位移观测。

对于基坑，主要是进行围护墙顶部水平位移、立柱竖向位移、支撑轴力、坑底隆起（回弹）、围护墙侧向土压力、孔隙水压力、地下水位、周边建筑物沉降以及周边管线等观测。

对桥梁而言，其观测内容主要有桥墩沉陷观测、桥墩水平位移观测、桥墩倾斜观测、桥表沉陷观测、大型公路桥梁挠度观测以及桥体裂缝观测等。

除此之外，还应对工程项目的地面影响区域进行地表沉降观测，以掌握其沉降与回升的规律，进而可采取有针对性的防护措施。因为在工程建设的影响范围内，若发生较严重的地表沉降现象，可能会造成地下管线的破坏，甚至危及工程项目的安全。

三、工程变形监测的特点、目的和意义

变形监测的最大特点是需进行周期性观测。所谓周期性观测就是多次地重复观测，第一次称初期观测或零周期观测。每一周期的观测内容及实施过程如监测网形、监测仪器、监测的作业方法以及观测的人员等都要求一致。

工程变形监测的首要目的是要掌握工程变形体的实际性状，为判断其是否安全提供必要的信息。这是因为保证工程建设项目安全是一个十分重要且很现实的问题。

工程建（构）筑物在施工和运营期间，由于受多种主观和客观因素的影响，会产生变形，变形如若超出了允许的限度，就会影响建（构）筑物的正常使用，严重时还会危及工程主体的安全，并带来巨大的经济损失。从实用上来看，变形监测工作可以保障工程安全，监测各种工程建筑物、机器设备以及与工程建设有关的地质构造的变形，及时发现异常变化，并对监测对象的稳定性、安全度作出判断，以便采取相应的处理措施，防止事故发生。所以，为了防止和减小变形对工程建设造成损失，必须进行工程变形监测，同时为进一步进行变形分析和工程安全预报提供基础数据。

第二节 基坑监测

一、概述

为保证工程安全顺利地进行，在基坑开挖及结构构筑期间必须进行严密的施工监测，因为监测数据可以称为工程的"体温表"，不论是安全还是隐患状态都会在数据上有所反映。从某种意义上施工监测也可以说是一次1∶1的岩土工程原型试验，所取得的数据是基坑支护结构和周围地层在施工过程中的真实反映，是各种复杂因素影响下的综合体现。"开挖深度超过5m、或开挖深度未超过5m但现场地质情况和周围环境较复杂的基坑工程均应实施基坑工程监测"。

（一）监测目的

基坑工程监测的主要目的是：

（1）使参建各方能够完全客观真实地把握工程质量。

（2）监测基坑工程的变化，确保基坑工程和相邻建筑物的安全。

（3）做好信息化施工。

（4）信息反馈优化设计，指导基坑开挖和支护结构的施工。

（5）用反分析法修正计算参数和理论公式，指导设计。

（二）监测原则

基坑工程监测是一项涉及多门学科的工作，其技术要求较高，基本原则如下：

（1）监测数据必须是可靠真实的，数据的可靠性由测试元件安装或埋设的可靠性、监测仪器的精度以及监测人员的素质来保证。监测数据的真实性要求所有数据必须以原始记录为依据，任何人不得篡改、删除原始记录。

（2）监测数据必须是及时的，监测数据需在现场及时计算处理。发现有问题时可及时复测，做到当天测、当天反馈。

（3）埋设于土层或结构中的监测元件应尽量减少对结构正常受力的影响，埋设监测元件时应注意与岩土介质的匹配。

（4）对所有监测项目，应按照工程具体情况预先设定预警值和报警制度，预警体系包括变形或内力累积值及其变化速率。

（5）监测应整理完整监测记录表、数据报表、形象的图表和曲线，监测结束后整理出监测报告。

（6）监测结束，监测单位应向建设方提供以下资料，并按档案管理规定，组卷归档：

①基坑工程监测方案；②测点布设、验收记录、阶段性监测报告；③监测总结报告。

（三）监测方案

监测方案一般包括工程概况、工程设计要点、地质条件、周边环境概况、监测目的、编制依据、监测项目、测点布置、监测人员配置、监测方法及精度、数据整理方法、监测频率、报警值、主要仪器设备、拟提供的监测成果以及监测结果反馈制度、费用预算等。

（四）监测项目

基坑监测的内容分为两大部分，即基坑本体监测和周边环境监测。基坑本体中包括围护桩墙、支撑、锚杆、土钉、坑内立柱、坑内土层、地下水等；周边环境中包括周围地层、地下管线、周边建筑物、周边道路等。基坑工程的监测项目应与基坑工程设计、施工方案相匹配。应针对监测对象的关键部位，做到重点观测、项目配套并形成有效的、完整的监测系统。

根据国家标准《建筑基坑工程监测技术规范》GB 50497—2009，基坑工程监测项目应根据表 13-1 进行选择。

建筑基坑工程仪器监测项目表（《建筑基坑工程监测技术规范》GB 50497—2009）

表 13-1

监测项目 \ 基坑类别	一级	二级	三级
围护墙（边坡）顶部水平位移	应测	应测	应测
围护墙（边坡）顶部竖向位移	应测	应测	应测
深层水平位移	应测	应测	宜测
立柱竖向位移	应测	宜测	宜测
围护墙内力	宜测	可测	可测
支撑内力	应测	宜测	可测

续表

监测项目 \ 基坑类别	一级	二级	三级
立柱内力	可测	可测	可测
锚杆内力	应测	宜测	可测
土钉内力	宜测	可测	可测
坑底隆起(回弹)	宜测	可测	可测
围护墙侧向土压力	宜测	可测	可测
孔隙水压力	宜测	可测	可测
地下水位	应测	应测	应测
土体分层竖向位移	宜测	可测	可测
周边地表竖向位移	应测	应测	宜测
周边建筑 竖向位移	应测	应测	应测
周边建筑 倾斜	应测	宜测	可测
周边建筑 水平位移	应测	宜测	可测
周边建筑、地表裂缝	应测	应测	应测
周边管线变形	应测	应测	应测

注：基坑类别的划分按照现行国家标准《建筑地基基础工程施工质量验收规范》GB 50202—2002 执行。

（五）监测频率

基坑工程监测频率的确定应能满足系统反映监测对象所测项目的重要变化过程而又不遗漏其变化时刻的要求。监测工作应从基坑工程施工前开始，直至地下工程完成为止，贯穿于基坑工程和地下工程施工全过程。对有特殊要求的基坑周边环境的监测应根据需要延续至变形趋于稳定后结束。

基坑工程的监测频率不是一成不变的，应根据基坑开挖及地下工程的施工进程、施工工况以及其他外部环境影响因素的变化及时地作出调整。一般在基坑开挖期间，地基土处于卸荷阶段，支护体系处于逐渐加荷状态，应适当加密监测；当基坑开挖完后一段时间，监测值相对稳定时，可适当降低监测频率。当出现异常现象和数据，或临近报警状态时应提高监测频率甚至连续监测。监测项目的监测频率应综合基坑类别、基坑及地下工程的不同施工阶段以及周边环境、自然条件的变化和当地经验而确定。对于应测项目，在无数据异常和事故征兆的情况下，开挖后现场仪器监测频率可按表 13-2 确定。

现场仪器监测的监测频率（《建筑基坑工程监测技术规范》GB 50497—2009） 表 13-2

基坑类别	施工进程		基坑设计深度(m)			
			≤5	5~10	10~15	>15
一级	开挖深度(m)	≤5	1次/1d	1次/2d	1次/2d	1次/2d
		5~10	—	1次/1d	1次/1d	1次/1d
		>10	—	—	2次/1d	2次/1d

续表

基坑类别	施工进程		基坑设计深度(m)			
			≤5	5~10	10~15	>15
一级	底板浇筑后时间(d)	≤7	1次/1d	1次/1d	2次/1d	2次/1d
		7~14	1次/3d	1次/2d	1次/1d	1次/1d
		14~28	1次/5d	1次/3d	1次/2d	1次/1d
		>28	1次/7d	1次/5d	1次/3d	1次/3d
二级	开挖深度(m)	≤5	1次/2d	1次/2d	—	—
		5~10	—	1次/1d	—	—
	底板浇筑后时间(d)	≤7	1次/2d	1次/2d	—	—
		7~14	1次/3d	1次/3d	—	—
		14~28	1次/7d	1次/5d	—	—
		>28	1次/10d	1次/10d	—	—

注：1. 有支撑的支护结构各道支撑开始拆除到拆除完成后3d内监测频率应为1次/1d；
   2. 基坑工程施工至开挖前的监测频率视具体情况确定；
   3. 当基坑类别为三级时，监测频率可视具体情况适当阶低；
   4. 宜测、可测项目的仪器监测频率可视具体情况适当降低。

（六）监测步骤

监测单位工作的程序，应按下列步骤进行：

（1）接受委托；

（2）现场踏勘，收集资料；

（3）制订监测方案，并报委托方及相关单位认可；

（4）展开前期准备工作，设置监测点、校验设备、仪器；

（5）设备、仪器、元件和监测点验收；

（6）现场监测；

（7）监测数据的计算、整理、分析及信息反馈；

（8）提交阶段性监测结果和报告；

（9）现场监测工作结束后，提交完整的监测资料。

（七）现象观测

经验表明，基坑工程每天进行肉眼巡视观察是不可或缺的，与其他监测技术同等重要。巡视内容包括支护桩墙、支撑梁、冠梁、腰梁结构及邻近地面、道路、建筑物的裂缝、沉陷发生和发展情况。主要观测项目有：

（1）支护结构成型质量；

（2）冠梁、围檩、支撑有无裂缝出现；

（3）支撑、立柱有无较大变形；

（4）止水帷幕有无开裂、渗漏；

（5）墙后土体有无裂缝、沉陷及滑移；

（6）基坑有无涌土、流砂、管涌；

（7）周边管道有无破损、泄漏情况；

(8) 周边建筑有无新增裂缝出现;

(9) 周边道路(地面)有无裂缝、沉陷;

(10) 邻近基坑及建筑的施工变化情况;

(11) 开挖后暴露的土质情况与岩土勘察报告有无差异;

(12) 基坑开挖分段长度、分层厚度及支锚设置是否与设计要求一致;

(13) 场地地表水、地下水排放状况是否正常,基坑降水、回灌设施是否运转正常;

(14) 基坑周边地面有无超载。

二、监测方法

(一) 墙顶位移(桩顶位移、坡顶位移)

墙顶水平位移和竖向位移是基坑工程中最直接的监测内容,通过监测墙顶位移,对反馈施工工序,并决定是否采用辅助措施以确保支护结构和周围环境安全具有重要意义。同时,墙顶位移也是墙体测斜数据计算的起始依据。

对于围护墙顶水平位移,测特定方向上时可采用视准线法、小角度法、投点法等;测定监测点任意方向的水平位移时,可视监测点的分布情况,采用前方交会法、后方交会法、极坐标法等;当测点与基准点无法通视或距离较远时,可采用 GPS 测量法或三角、三边、边角测量与基准线法相结合的综合测量方法。墙顶竖向位移监测可采用几何水准或液体静力水准等方法,各监测点与水准基准点或工作基点应组成闭合环路或附合水准路线。

墙顶位移监测基准点的埋设应符合国家现行标准《建筑变形测量规范》JGJ 8—2007 的有关规定,设置有强制对中的观测墩,并采用精密的光学对中装置,对中误差不大于 0.5mm。观测点应设置在基坑边坡混凝土护顶或围护墙顶(冠梁)上,安装时采用铆钉枪打入铝钉,亦可钻孔埋设膨胀螺栓,涂上红漆或用环氧树脂胶粘作为标记,有利于观测点的保护和提高观测精度。

墙顶位移监测点应沿基坑周边布置,监测点水平同距每隔 10~15m 布设一点。一般基坑每边的中部、阳角处变形较大,所以中部、阳角处宜设测点。为便于监测,水平位移观测点宜同时作为垂直位移的观测点(图 13-1)。测站点宜布置在基坑围护结构的直角上。

图 13-1 墙顶位移点的布设

在架设支撑或锚杆之前,位移变化较快,在结构底板浇筑之后,位移趋于稳定。支护结构顶部发生水平位移过大时,主要是由于超挖和支撑不及时导致的,严重者将导致支护结构顶部位移过大，坑外地表数十米范围将会开裂，影响周围环境的安全。

图 13-2 视准线法测墙顶位移

采用视准线法测量时，常沿欲测量的基坑边线设置一条视准线（图 13-2），在该线的两端设置工作基点 A、B。在基线上沿基坑边线按照需要设置若干测点，基坑有支撑时，测点宜设置在两端支撑的跨中。

围护墙顶水平位移监测贯穿基坑开挖到主体结构施工到 $\pm 0.000 \text{m}$ 标高的全过程，监测频率为：

(1) 从基坑开始开挖到浇筑完主体结构底板，每天监测 1 次；

(2) 浇筑完主体结构底板到主体结构施工到 $\pm 0.000 \text{m}$ 标高，每周监测 2～3 次；

(3) 各道支撑拆除后的 3 天至一周，每天监测 1 次。

(二) 围护 (土体) 水平位移

围护桩墙或周围土体深层水平位移的监测是确定基坑围护体系变形和受力的最重要的观测手段，通常采用测斜仪观测。

测斜的工作原理是利用重力摆锤始终保持铅直方向的性质，测得仪器中轴线与摆锤垂直线的倾角，倾角的变化导致电信号变化，经转化输出并在仪器上显示，从而可以知道被测构筑物的位移变化值（图 13-3）。

图 13-3 测斜原理图

测斜仪由测斜管、测斜探头、数字式测读仪三部分组成。

水平位移可由测得的倾角 θ 用下式表示

$$\delta_i = L_i \sin \theta_i$$

式中 δ_i ——第 i 量测段的水平偏差值，mm；

L_i ——第 i 量测段的长度，通常取为 0.5m、1.0m 的整数倍，m；

θ_i ——第 i 量测段的倾角值，°。

1. 测斜管埋设

(1) 测斜管埋设方式主要有钻孔埋设、绑扎埋设两种，如图 13-4 所示。一般测围护桩墙挠曲时采用绑扎埋设和预制埋设，测土体深层位移时采用钻孔埋设。测斜管埋好后应停留一段时间，使测斜管与土体或结构固连为一整体。

图 13-4 测斜管埋设示意

(2) 测斜仪宜采用能连续进行多点测量的滑动式仪器。

(3) 测斜监测点一般布置在基坑平面上挠曲计算值最大的位置，监测点水平间距为 20~50m，每边监测点数目不应少于 1 个。为了真实地反映围护墙的挠曲状况和地层位移情况，应保证测斜管的埋设深度：设置在围护墙内的测斜管深度不宜小于围护墙的入土深度；设置在土体内的测斜管深度不宜小于基坑开挖深度的 1.5 倍，并大于围护墙入土深度。

(4) 将测斜管吊入孔或槽内时，应使十字形槽口对准观测的水平位移方向。连接测斜管时应对准导槽，使之保持在一直线上。管底端应装底盖，每个接头及底盖处应密封。

2. 围护（土体）水平位移监测

(1) 量测时，将测斜仪插入测斜管内，并沿管内导槽缓慢下滑，按取定的间距 L 逐段测定各位置处管道与铅直线的相对倾角，假设桩墙（土体）与测斜管挠曲协调，就能得到被测体的深层水平位移，只要配备足够多的量测点（通常间隔 0.5m），所绘制的曲线几乎是连续光滑的。

(2) 基坑开挖期间应 2~3d 观测一次，位移速率或位移量大时应每天 1~2 次。

(3) 当基坑壁的位移速率或位移量迅速增大或出现其他异常时，应在做好观测本身安全的同时，增加次数。

3. 基坑壁侧向位移观测应提交的图表

(1) 基坑壁位移观测点布置图；

(2) 基坑壁位移观测成果表；

(3) 基坑壁位移曲线图。

(三) 立柱竖向位移

在软土地区或对周围环境要求比较高的基坑大部分采用内支撑，支撑跨度较大时，一般都架设立柱桩。立柱的竖向位移(沉降或隆起)对支撑轴力的影响很大，有工程实践表明，立柱竖向位移2～3cm，支撑轴力会变化约1倍。因为立柱竖向位移的不均匀会引起支撑体系各点在垂直面上与平面上的差异位移，最终引起支撑产生较大的次应力(这部分力在支撑结构设计时一般没有考虑)。若立柱间或立柱与围护墙间有较大的沉降差，就会导致支撑体系偏心受压甚至失稳，从而引发工程事故，如图13-5所示。立柱竖向位移的监测特别重要，因此对于支撑体系应加强立柱的位移监测。

图13-5 立柱竖向位移危害示意

立柱监测点应布置在立柱受力、变形较大和容易发生差异沉降的部位，例如基坑中部、多根支撑交汇处、地质条件复杂处，如图13-6所示。逆作法施工时，承担上部结构的立柱应加强监测。立柱监测点不应少于立柱总根数的5%，逆作法施工的基坑不应少于10%，且均不应少于3根。

图13-6 立柱监测示意

在影响立柱竖向位移的所有因素中，基坑坑底隆起与竖向荷载是最主要的两个方面。基坑内土方开挖的直接作用引起土层的隆起变形，坑底隆起引起立柱桩的上浮；而竖向荷载主要引起立柱桩的下沉。有时设计虽已考虑竖向荷载的作用，但立柱桩仍有向上位移，原因是施工过程中基坑的情况比较复杂，所采用的竖向荷载值及地质土层情况的实际变异性较大。当基坑开挖后，坑底应力释放，坑内土体回弹，桩身上部承受向上的摩擦力作用，立柱桩被抬升；而基坑深层土体阻止桩的上抬,对桩产生向下的摩阻力阻止桩上抬。桩的上抬也促使桩端土体应力释放,桩端土体也产生隆起,桩也随之上抬,但上部结构的不断加荷以及变异性较大的施工荷载会引起立柱的沉降,可见立柱竖向位移的机理比较复杂。因此,要通过数值计算预测立柱桩最终是抬升还是沉降都比较困难,至于定量计算最终位移就更加困难了,只能通过监测实时控制与调整。

为了减少立柱竖向位移带来的危害,建议使立柱与支撑之间以及支撑与基坑围护结构之间形成刚性较大的整体,共同协调不均匀变形;同时桩土界面的摩阻力会直接影响立柱桩的抬升,因此可通过降低立柱桩上部的摩阻力来减小基坑开挖对立柱抬升的影响。

(四)支撑轴力

基坑外侧的侧向水土压力由围护墙及支撑体系所承担,当实际支撑轴力与支撑在平衡状态下应能承担的轴力(设计计算轴力)不一致时,将可能引起围护体系失稳。支撑内力的监测多根据支撑杆件采用的不同材料,选择不同的监测方法和监测传感器。对于混凝土支撑杆件,目前主要采用钢筋应力计或混凝土应变计(参见围护内力监测);对于钢支撑杆件,多采用轴力计(也称反力计)或表面应变计。

图 13-7 所示是支撑轴力计安装示意图,轴力监测点布置应遵循以下原则:

图 13-7 钢支撑轴力计安装示意图

(1)监测点宜设置在支撑内力较大或在整个支撑系统中起控制作用的杆件上;

(2)每层支撑的内力监测点不应少于 3 个,各层支撑的监测点位置宜在竖向上保持一致;

(3)钢支撑的监测截面宜选择在两支点间 1/3 部位或支撑的端头;

(4)每个监测点截面内传感器的设置数量及布置应满足不同传感器的测试要求。

支撑的内力不仅与监测计放置的截面位置有关,而且与所监测截面内监测计的布置有关。其监测结果通常以"轴力"(kN)的形式表达,即把支撑杆监测截面内的测点应力平均后与支撑杆截面的乘积。显然,这与结构力学的轴力概念有所不同,它反映的仅是所监测截面的平均应力。

支撑系统的受力极其复杂,支撑杆的截面弯矩方向可随开挖工况的进行而改变,而一般现场布置的监测截面和监测点数量较少。因此,只依据实测的"支撑轴力"有时不易判别清楚支撑系统的真实受力情况,甚至会导致相反的判断结果。

建议的方法是选择代表性的支撑杆，既监测其截面应力，又监测支撑杆在立柱处和内力监测截面处等若干点的竖向位移，由此可以根据监测到的截面应力和竖向位移值由结构力学的方法对支撑系统的受力情况作出更加合理的综合判断。同时，有必要对施工过程中围护墙、支撑杆及立柱之间的耦合作用进行深入研究。

钢支撑轴力的监测期限从支撑施工到全部支撑拆除实现换撑，每天监测1次。

（五）坑底隆起（回弹）

基坑开挖时会产生隆起，隆起分正常隆起和非正常隆起。一般由于基坑开挖卸载，会造成基坑隆起，该隆起既有弹性部分，也有塑性部分，属于正常隆起。而如果坑底存在承压水层，并且上覆隔水层重量不能抵抗承水水头压力时，会出现坑底过大隆起，一般中部隆起最大；如果围护结构插入深度不足，也会造成坑底隆起，这两种隆起是基坑失稳的前兆，是非正常隆起，是施工中应该避免的。

基坑回弹观测，应测定深埋大型基础在基坑开挖后，由于卸除地基土自重而引起的基坑内外影响范围内相对于开挖前的回弹量。

1. 回弹观测点位的布设

回弹观测点位的布设，应根据基坑形状、大小、深度及地质条件确定，用适当的点数测出所需纵横断面的回弹量。可利用回弹变形的近似对称特性，按下列规定布点。

（1）对于矩形基坑，应在基坑中央及纵（长边）横（短边）轴线上布设，纵向每8～10m布一点，横向每3～4m布一点。对其他形状不规则的基坑，可与设计人员商定。

（2）对基坑外的观测点，应埋设常用的普通水准点标石。观测点应在所选坑内方向线的延长线上距基坑深度1.5～2.0倍距离内布置。当所选点位遇到地下管道或其他物体时，可将观测点移至与之对应方向线的空位置上。

（3）应在基坑外相对稳定且不受施工影响的地点选设工作基点及为寻找标志用的定位点。

2. 回弹标志的埋设

回弹监测标埋设方法如下：

（1）钻孔至基坑设计标高以下20cm，将回弹标旋入钻杆下端，顺着钻孔深深放至孔底，并压入孔底土中40～50cm，即将回弹标尾部压入土中。旋开钻杆，使回弹标脱离钻杆，提起钻杆。

（2）放入辅助测杆，用辅助测杆上的测头进行水准测量，确定回弹标顶面标高。

（3）监测完毕后，将辅助测杆、保护管（套管）提出地面，用砂或素土将钻孔回填。

3. 回弹观测

（1）回弹观测精度可按相关规定以给定或预估的最大回弹量为变形允许值进行估算后确定。但最弱观测点相对邻近工作基点的高差中误差，不应大于±1.0mm。

（2）回弹观测不应少于三次，具体安排是：第一次在基坑开挖之前测读出初读数，第二次在基坑挖到设计标高后再测读一次，第三次在浇灌基础底板混凝土之前再监测一次。当需要测定分段卸荷回弹时，应按分段卸荷时间增加观测次数。当基坑挖完至基础施工的间隔时间较长时，亦应适当增加观测次数。

（3）基坑开挖前的回弹观测，可采用水准测量配以铅垂钢尺读数的钢尺法；较浅基坑的观测亦可采用水准测量配辅助杆垫高水准尺读数的辅助杆法。

依据这些监测点绘出的隆起（回弹）断面图可以基本反映出坑底的变形变化规律。坑底隆起的测量原理及典型隆起曲线分别如图13-8和图13-9所示。

图13-8 坑底隆起测量示意图

图13-9 坑底隆起曲线

（六）围护墙侧向土压力

侧向水土压力是直接作用在基坑支护体系上的荷载，是支护结构的设计依据，现场量测能够真实地反映各种因素对水土压力的综合影响，因此在工程界都很重视现场实测水土压力数据的收集和分析。

由于土压力计的结构形式和埋设部位不同，埋设方法很多，例如挂布法、顶入法、弹入法、插入法、钻孔法等。土压力计埋设在围护墙构筑期间或完成后均可进行。若在围护墙完成后进行，由于土压力计无法紧贴围护墙埋设，因而所测数据与围护墙上实际作用的土压力有一定差别。若土压力计埋设与围护墙构筑同期进行，则须解决好土压力计在围护墙迎土面上的安装问题。在水下浇筑混凝土过程中，要防止混凝土将面向土层的土压力计表面钢膜包裹，使其无法感应土压力作用，造成埋设失败。另外，还要保持土压力计的承压面与土的应力方向垂直。图13-10、图13-11分别为顶入法和弹入法土压力传感器设置原理图。图13-12为钻孔法进行土压力测量时的仪器布置图。

图 13-10　顶入法进行土压力传感器设置　　图 13-11　弹入法进行土压力传感器设置

图 13-12　钻孔法进行土压力测量

围护墙侧向土压力监测点的布置应选择在受力、土质条件变化较大的部位，在平面上宜与深层水平位移监测点、围护墙内力监测点位置等匹配，这样监测数据之间可以相互验证，便于对监测项目的综合分析。在竖直方向（监测断面）上监测点应考虑土压力的计算图形、土层的分布以及与围护墙内力监测点位置的匹配。

（七）孔隙水压力

孔隙水压力探头通常采用钻孔埋设。在埋设点采用钻机钻孔，达到要求的深度或标高后，先在孔底填入部分干净的砂，然后将探头放入，再在探头周围填砂，最后采用膨胀性黏土或干燥黏土球将钻孔上部封好，使得探头测得的是该标高土层的孔隙水压为。图 13-13 为孔隙水压力探头在土中的埋设情况，其技术关键在于保证探头周围垫砂渗水流畅，其次是断绝钻孔上部的向下渗漏。原则上一个钻孔只能埋设一个探头，但为了节省钻孔费用，也有在同一钻孔中埋设多个位于不同标高处的孔隙水压力探头的，在这种情况下，需要采用干土球或膨胀性黏土将各个探头进行严格的相互隔离，否则达不到测定各土层孔隙水压力变化的作用。

图 13-13 孔隙水压力探头及埋设示意图

孔隙水压力监测点宜布置在基坑受力、变形较大或有代表性的部位。竖向布置上监测点宜在水压力变化影响深度范围内按土层分布情况布设,竖向间距宜为 2~5m,数量不宜少于 3 个。

坑外水位在基坑开挖过程中变化不大,水位下降对孔隙水压力下降的影响不大,孔隙水压力的减小主要是由于侧向应力的减小引起的;而坑内(开挖面)的水位随着开挖深度的不断增加逐渐降低,同时坑内大量的土体卸载逐渐减小,二者共同作用下使得开挖面孔隙水压力不断减小。

(八)地下水位

基坑工程地下水位监测包含坑内、坑外水位监测。通过水位观测可以控制基坑工程施工过程中周围地下水位下降的影响范围和程度,防止基坑周边的水土流失。另外,可以检验降水井的降水效果,观测降水对周边环境的影响。地下水位监测点的布置应符合下列要求:

(1)基坑内地下水位当采用深井降水时,水位监测点宜布置在基坑中央和两相邻降水井的中间部位;当采用轻型井点、喷射井点降水时,水位监测点宜布置在基坑中央和周边拐角处,监测点数量应视具体情况确定。

(2)基坑外地下水位监测点应沿基坑、被保护对象的周边或在基坑与被保护对象之间布置,监测点间距宜为 20~50m。相邻建筑、重要的管线或管线密集处应布置水位监测点;当有止水帷幕时,宜布置在止水帷幕的外侧约 2m 处。

(3)水位观测管的管底埋置深度应在最低设计水位或最低允许地下水位之下 3~5m。承压水水位监测管的滤管应埋置在所测的承压含水层中。

(4)回灌井点观测井应设置在回灌井点与被保护对象之间。

(5)承压水的观测孔埋设深度应保证能反映承压水水位的变化,一般承压降水井可以兼作水位观测井。

水位监测布置示意图如图 13-14 和图 13-15 所示。

图 13-14　潜水水位监测示意图　　图 13-15　承压水水位监测示意图

随着基坑开挖的加深，地下水位逐渐变深，这与基坑侧壁在开挖过程中有少量渗漏有一定的关系，地下水位最终稳定在 4m 左右。基坑工程采用"按需降水"的原则，在不同开挖深度的工况阶段，合理控制承压水头。在土方开挖之前，基坑内外侧开始降水，基坑开挖期间，随着开挖深度的增加，地下水位也逐渐下降，但一直维持在基坑开挖面以下 1～2m，防止水头过大降低，这将使降水对周边环境的影响减少到最低限度。

地下水位监测可采用钢尺或钢尺水位计。对于地下水位比较高的水位观测井，可用干的钢尺直接插入水位观测管，记录湿迹与管顶的距离，根据管顶高程即可计算地下水位的高程。钢尺水位计是在已埋设好的水管中放入水位计测头，当测头接触到水位时，即启动讯响器，此时，读取测量钢尺与管顶的距离，根据管顶高程计算地下水位的高程。

地下水位监测的期限是整个降水期间，或从基坑开挖到浇筑完成主体结构底板，每天监测一次。当围护结构有渗水、漏水现象时，要加强监测。

（九）地下管线监测变形

深基坑开挖引起周围地层移动，埋设于地下的管线亦随之移动。如果管线的变位过大或不均，将使管线挠曲变形而产生附加的变形及应力，若在允许范围内，则保持正常使用，否则将导致泄漏、通信中断、管道断裂等恶性事故。为安全起见，在施工过程中，应根据地层条件和既有管线种类、形式及其使用年限，制定合理的控制标准，以保证施工影响范围内既有管线的安全和正常使用。

对于有检查井的地下管线，可通过检查井在管线上埋设监测点。对于没有检查井的直埋地下管线，应通过开挖揭密出地下管线，并在其上边埋设监测点。

管线的观测分为直接法和间接法。当采用直接法时，常用的测点设置方法有包箍式和套筒式（图 13-16）。

间接法就是不直接观测管线本身，而是通过观测管线周边的土体，分析管线的变形。此法观测精度较低。当采用间接法时，常用的测点设置方法有以下几种。

图 13-16 直接法测管线变形

1) 底面观测

将测点设在靠近管线底面的土体中，观测底面的土体位移。此法常用于分析管道纵向弯曲受力状态或跟踪注浆、调整管道差异沉降。

2) 顶面观测

将测点设在与管线轴线相对应的地表或管线的窨井盖上观测。由于测点与管线本身存在介质，因而观测精度较差，但可避免破土开挖，只有在设防标准较低的场合采用，一般情况下不宜采用。

间接法监测管线布置方法如图 13-17 所示。

图 13-17 间接法监测管线变形

管线监测点的布置应符合下列要求：

（1）应根据管线修建年份、类型、材料、尺寸及现状等情况，确定监测点设置；

（2）监测点宜布置在管线的节点、转角点和变形曲率较大的部位，监测点平面间距宜为 15～25m，并宜延伸至基坑边缘以外 1～3 倍基坑开挖深度范围内的管线；

（3）供水、煤气、暖气等压力管线宜设置直接监测点，在无法埋设直接监测点的部位，可设置间接监测点。

管线的破坏模式一般有两种情况：一是管段在附加拉应力作用下出现裂缝，甚至发生破裂而丧失工作能力；二是管段完好，但管段接头转角过大，接头不能保持封闭状态而发生渗漏。地下管线应按柔性管和刚性管分别进行考虑。

相邻地下管线需要监测时，从围护桩墙施工到主体结构做到±0.000m 标高这段期限都需进行监测,周围环境的沉降和水平位移需每天监测 1 次。

1. 刚性管道

对于采用焊接或机械连接的煤气管、上水管以及钢筋混凝土管保护的重要通信电缆,有一定的刚度,一般均属刚性管道。当土体移动不大时,它们可以正常使用,但土体移动幅度超过一定极限时就发生断裂破坏。

按弹性地基梁的方法计算分析,因施工中引起管道地基沉陷而发生纵向弯曲应力 σ,如沉降超过预计幅度,管道中弯曲拉应力 $\sigma >$ 允许值 $[\sigma]$ 时,管道材料发生抗拉破坏。

计算时将管道视为弹性地基上的梁,如图 13-18 所示。

图 13-18 管道弹性地基梁计算模型

假定管道的允许应力为 $[\sigma_p]$,则管道的允许曲率半径为:

$$[R_p] = \frac{E_p d}{2[\sigma_p]} \tag{13-1}$$

2. 柔性管道

一般设有接头的管道的接头构造,均设有可适应一定接缝张开度的接缝填料。对于这类管道在地层下沉时的受力变形研究,可从管节接缝张开值、管节纵向受弯曲及横向受力等方面分析每节管道可能承受的管道地基差异沉降值,或沉降曲线的曲率。

(1) 按管节接缝张开值 Δ 确定管线允许曲率半径

如图 13-19 所示,管线地基沉降曲率半径 R,管道管节长度 l_p,管道外径 D_p,根据几何关系,按接缝张开值确定允许曲率半径为:

图 13-19 管节接缝张开值 Δ 与管线曲率半径的几何关系

$$[R_p^\Delta] = \frac{l_p D_p}{[\Delta]} \tag{13-2}$$

(2) 按管道纵向受弯应力 $[\sigma_p]$ 确定允许曲率半径

接管材允许应力确定的允许曲率半径:

$$[R_p^Z] = \frac{KD_p l_p^4}{384[\sigma_p]W_p} \tag{13-3}$$

式中 K——地基弹簧刚度;

W_p——管道抗弯截面模量;

$[\sigma_p]$——管道的允许应力,定义同上。

(3) 按管道横向受压时管壁允许应力 $[\sigma]$ 确定管线允许曲率半径

允许的曲率半径为:

$$[R_p^H] > \frac{1.5KD_p^2 \cdot l_p^2}{64t^2[\sigma]m} \tag{13-4}$$

式中 K——地基弹簧刚度;

m——管龄系数,一般小于 0.3;

t——管道厚度。

综上,无论是刚性管道,还是柔性管道,我们都可以利用其允许曲率半径来判断管线的安全性。对刚性管道,按式(13-1)确定其允许曲率半径 $[R_p]$;对于柔性管道,分别按管节接缝张开值及管道纵横向允许应力确定管线允许曲率半径,取其大者作为管线的允许曲率半径,即 $[R_p] = \max\{R_p^\Delta, R_p^Z, R_p^H\}$。

(十) 建筑物的沉降观测

建筑物沉降观测是根据水准基点同期性测定建筑物上的沉降观测点的高程计算沉降量的工作。通常对建筑物的观测应能反映出 1~2mm 的沉降量。

1. 水准点和观测点的布设

(1) 水准点的布设

水准点是沉降观测的基准,所以水准点一定要有足够的稳定性。水准点的形式和埋设要求与永久性水准点相同。

在布设水准点时应满足下列要求:

1) 为了对水准点进行互相校核,防止由于水准点的高程产生变化造成差错,水准点的数目应不少于 3 个,以组成水准网。

2) 水准点应埋设在建(构)筑物基础压力影响范围及受振动影响范围以外,不受施工影响的安全地点。

3) 水准点应接近观测点,其距离不应大于 100m,以保证沉降观测的精度。

4) 离开铁路、公路、地下管线和滑坡地带至少 5m。

5) 为防止冰冻影响,水准点埋设深度至少要在冰冻线以下 0.5m。

6) 设在墙上的水准点应埋在永久性建筑物上,且离地面的高度约为 0.5m。

(2) 观测点的布设

进行沉降观测的建筑物上应埋设沉降观测点。观测点的数量和位置应能全面反映建筑物的沉降情况,这与建筑物或设备基础的结构、大小、荷载和地质条件有关。这项工作应由设计单位或施工技术部门负责确定。在民用建筑中,一般沿着建筑物的四周每隔 10~12m 布置一个观测点,新、旧建筑物或高、低建筑物交接处的两侧,在房屋转角、沉降缝、防震缝或伸缩缝的两侧、基础形式改变处及地质条件改变处也应布设。当房屋宽度大于 15m 时,还应在房屋内部纵轴线上和楼梯间布设观测点。一般民用建筑沉降观测点设置在外墙勒脚处。工业厂房的观测点应布设在承重墙、厂房转角、柱子、伸缩缝两侧、设备基础。高大圆形的烟囱、水塔、电视塔、高炉、油罐等构筑物,可在其基础的对称轴线上布设观测点。

观测点的埋设形式如图13-20和图13-21所示。图13-20(a)、图13-20(b)分别为承重墙和钢筋混凝土柱上的观测点;图13-21为设备基础上的观测点。

图13-20 墙体沉降观测点的埋设　　　　图13-21 设备基础沉降观测点的埋设

2. 沉降观测方法

(1) 观测周期

沉降观测的时间和次数,应根据工程性质、工程进度、地基土质情况及基础荷重增加情况等决定。

一般待观测点埋设稳固后即应进行第一次观测,施工期间在增加较大荷载之后(如浇灌基础、回填土、建筑物每升高一层、安装柱子和屋架、屋面铺设、设备安装、设备运转、烟囱每增加15m左右等)均应观测。如果施工期间中途停工时间较长,应在停工时和复工前进行观测。当基础附近地面荷载突然增加,周围大量积水或暴雨后,或周围大量挖方等,也应观测。在发生大量沉降、不均匀沉降或裂缝时,应立即进行逐日或几天一次的连续观测。竣工后,应根据沉降量的大小及速度进行观测。开始时每隔1~2个月观测一次,以每次沉降量在5~10mm为限,以后随沉降速度的减缓,可延长到2~3个月观测一次,直到沉降量稳定在每100d不超过1mm时,即认为沉降稳定,方可停止观测。

高层建筑沉降观测的时间和次数,应根据高层建筑的打桩数量和深度、地基土质情况、工程进度等决定。高层建筑的沉降观测应从基础施工开始一直进行。一般打桩期间每天观测一次。基础施工由于采用井点降水和挖土的影响,施工地区及四周的地面会产生下沉,邻近建筑物受其影响同时下沉,将影响邻近建筑物的不正常使用。为此,要在邻近建筑物上埋设沉降观测点等。竣工后沉降观测第一年应每月一次,第二年每两个月一次,第三年每半年一次,第四年开始每年观测一次,直至稳定为止。如在软土层地基上建造高层建筑,应进行长期观测。

(2) 观测方法

对于高层建筑物的沉降观测,应采用DS_1精密水准仪用Ⅱ等水准测量方法往返观测,其误差不应超过$\pm 1\sqrt{n}$(mm)(n为测站数),或$\pm 4\sqrt{L}$(mm)(L为公里数)。观测应在成像清晰、稳定的时候进行。沉降观测点首次观测的高程值是以后各次观测用以比较的依据,如初测精度不够或存在错误,不仅无法补测,而且会造成沉降工作中的矛盾现象,因此必须提高初测精度。每个沉降观测点的首次高程,应在同期进行两次观测后决定。为了保证观测精度,观测时视线长度一般不应超过 50m,前后视距离要尽量相等,可用皮尺丈量。观测时先后视水准点,再依次前视各观测点,最后应再次后视水准点,前后两个后视读数之差不应超过 ±1mm。

对一般厂房的基础和多层建筑物的沉降观测,水准点往返观测的高差不应超过 $\pm 2\sqrt{n}$(mm),前后两个同一后视点的读数之差不得超过±2mm。

沉降观测是一项较长期的连续观测工作,为了保证观测成果的正确性,应尽可能做到"四定":

1) 固定观测人员;
2) 使用固定的水准仪和水准尺(前、后视用同一根水准尺);
3) 使用固定的水准点;
4) 按规定的日期、方法及既定的路线、测站进行观测。

建筑物沉降监测,监测点本次高程减前次高程的差值为本次沉降量,本次高程减初始高程的差值为累计沉降量。

周围建筑物沉降历时曲线可以分为四个阶段:围护施工阶段(占总变形的10%~20%)、开挖阶段(占总沉降量的80%)、回筑阶段和后期沉降(占沉降量的5%~10%),在结构封顶后,沉降基本稳定。所以注重开挖阶段的变形控制是减少周围建筑物沉降的一个重要因素,如图 13-22 所示。

图 13-22 基坑开挖引起建筑物沉降典型曲线

3. 沉降观测的成果整理

(1) 整理原始记录

每次观测结束后,应检查记录中的数据和计算是否正确,精度是否合格,如果误差超限应重新观测。然后调整闭合差,推算各观测点的高程,列入成果表中。

(2) 计算沉降量

根据各观测点本次所观测高程与上次所观测高程之差,计算各观测点本次沉降量和累计沉降量,并将观测日期和荷载情况记入观测成果表中(表 13-3)。

沉降观测记录表

表 13-3

观测日期 (年 月 日)	荷重 (t/m²)	观测点 1 高程(m)	1 本次下沉(mm)	1 累计下沉(mm)	2 高程(m)	2 本次下沉(mm)	2 累计下沉(mm)	3 高程(m)	3 本次下沉(mm)	3 累计下沉(mm)	4 高程(m)	4 本次下沉(mm)	4 累计下沉(mm)	5 高程(m)	5 本次下沉(mm)	5 累计下沉(mm)	6 高程(m)	6 本次下沉(mm)	6 累计下沉(mm)	工程施工进展情况	荷载情况(t/m²)
1997.4.20	4.5	50.157	±0	±0	50.154	±0	±0	50.155	±0	±0	50.155	±0	±0	50.156	±0	±0	50.154	±0	±0		
5.5	5.5	50.155	−2	−2	50.153	−1	−1	50.153	−2	−2	50.154	−1	−1	50.155	−1	−1	50.142	−2	−2		
5.20	7.0	50.152	−3	−5	50.150	−3	−4	50.151	−2	−4	50.153	−1	−2	50.151	−4	−5	50.148	−4	−6		
6.5	9.5	50.148	−4	−9	50.148	−2	−6	50.147	−4	−8	50.150	−3	−5	50.148	−3	−8	50.146	−2	−8		
6.20	10.5	50.145	−3	−12	50.146	−2	−8	50.143	−4	−12	50.148	−2	−7	50.146	−2	−10	50.144	−2	−10		
7.20	10.5	50.143	−2	−14	50.145	−1	−9	50.141	−2	−14	50.147	−1	−8	50.145	−1	−11	50.142	−2	−12		
8.20	10.5	50.142	−1	−15	50.144	−1	−10	50.140	−1	−15	50.145	−2	−10	50.144	−1	−12	50.140	−2	−14		
9.20	10.5	50.140	−2	−17	50.142	−2	−12	50.138	−2	−17	50.143	−2	−12	50.142	−2	−14	50.139	−1	−15		
10.20	10.5	50.139	−1	−18	50.140	−2	−14	50.137	−1	−18	50.142	−1	−13	50.140	−2	−16	50.137	−2	−17		
1998.1.20	10.5	50.137	−2	−20	50.139	−1	−15	50.137	±0	−18	50.141	−1	−13	50.139	−1	−17	50.136	−1	−18		
4.20	10.5	50.136	−1	−21	50.139	±0	−15	50.136	−1	−19	50.140	−1	−14	50.138	−1	−18	50.136	±0	−18		
7.20	10.5	50.135	−1	−22	50.138	−1	−16	50.135	−1	−20	50.140	±0	−15	50.137	−1	−19	50.136	±0	−18		
10.20	10.5	50.135	±0	−22	50.138	±0	−16	50.134	−1	−21	50.140	±0	−15	50.136	−1	−20	50.136	±0	−18		
1999.1.20	10.5	50.135	±0	−22	50.138	±0	−16	50.134	±0	−21	50.140	±0	−15	50.136	±0	−20	50.136	±0	−18		

（3）绘制沉降曲线

为了更清楚地表示沉降量、荷载、时间三者之间的关系，还要画出各观测点的时间与沉降量关系曲线图以及时间与荷载关系曲线图，如图13-23所示。

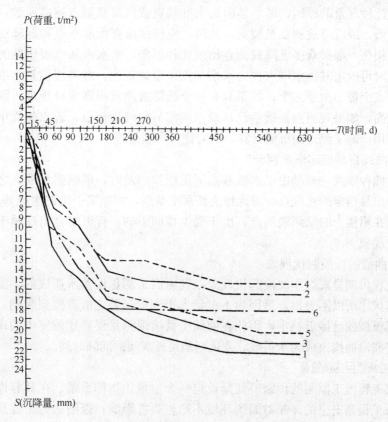

图13-23　建筑物的沉降、荷重、时间关系曲线图

时间与沉降量的关系曲线是以沉降量 S 为纵轴，时间 T 为横轴，根据每次观测日期和相应的沉降量按比例画出各点位置，然后将各点依次连接起来，并在曲线一端注明观测点号码。

时间与荷载的关系曲线是以荷载重量 P 为纵轴，时间 T 为横轴，根据每次观测日期和相应的荷载画出各点，然后将各点依次连接起来。

（4）沉降观测应提交的资料

1）沉降观测（水准测量）记录手簿；

2）沉降观测成果表；

3）观测点位置图；

4）沉降量、地基荷载与延续时间三者的关系曲线图；

5）编写沉降观测分析报告。

4. 沉降观测中常遇到的问题及其处理

（1）曲线在首次观测后即发生回升现象

在第二次观测时即发现曲线上升，至第三次后，曲线又逐渐下降。发生此种现象，一般都是由于首次观测成果存在较大误差所引起的。此时，应将第一次观测成果作废，而采用第二次观测成果作为首测成果。

（2）曲线在中间某点突然回升

发生此种现象的原因，多半是因为水准基点或沉降观测点被碰所致，如水准基点被压低，或沉降观测点被撬高，此时，应仔细检查水准基点和沉降观测点的外形有无损伤。如果众多沉降观测点出现此种现象，则水准基点被压低的可能性很大，此时可改用其他水准点作为水准基点来继续观测，并再埋设新水准点，以保证水准点个数不少于三个；如果只有一个沉降观测点出现此种现象，则多半是该点被撬高，如果观测点被撬后已活动，则需另行埋设新点，若点位尚牢固，则可继续使用，对于该点的沉降计算，则应进行合理处理。

（3）曲线自某点起渐渐回升

产生此种现象一般是由于水准基点下沉所致。此时，应根据水准点之间的高差来判断出最稳定的水准点，以此作为新水准基点，将原来下沉的水准基点废除。另外，埋在裙楼上的沉降观测点，由于受主楼的影响，有可能会出现属于正常的渐渐回升现象。

（4）曲线的波浪起伏现象

曲线在后期呈现微小波浪起伏现象，其原因是测量误差所造成的。曲线在前期波浪起伏之所以不突出，是因为下沉量大于测量误差之故；但到后期，由于建筑物下沉极微或已接近稳定，因此在曲线上就出现测量误差比较突出的现象。此时，可将波浪曲线改成为水平线，并适当地延长观测的间隔时间。

三、监测项目的预警值

基坑工程施工监测的预警值就是设定一个定量化指标系统，在其容许的范围之内认为工程是安全的，并对周围环境不产生有害影响，否则认为工程是非稳定或危险的，并将对周围环境产生有害影响。建立合理的基坑工程监测的预警值是一项十分复杂的研究课题，工程的重要性越高，其预警值的建立越困难。预警值的确定应根据下列原则：

（1）满足现行的相关规范、规程的要求，大多是位移或变形控制值；

（2）对于围护结构和支撑内力、锚杆拉力等，不超过设计计算预估值；

（3）根据各保护对象的主管部门提出的要求来确定；

（4）在满足监测和环境安全的前提下，综合考虑工程质量、施工进度、技术措施和经济等因素。

确定预警值时还要综合考虑基坑的规模、工程地质和水文地质条件、周围环境的重要性程度以及基坑的施工方案等因素。确定预警值主要参照现行的相关规范和规程的规定值、经验类比值以及设计预估值这三个方面的数据。随着基坑工程经验的积累和增多，各地区的工程管理部门陆续以地区规范、规程等形式对基坑工程预警值作了规定，其中大多是最大允许位移或变形值。确定变形控制标准时，应考虑变形的时空效应，并控制监测值的变化速率，一级工程宜控制在2mm/d之内。当变化速率突然增加或连续保持高速率时，应及时分析原因，以采取相应对策。

相邻房屋的安全与正常商业变遍准则应参照国家或地区的房屋监测标准确定。地下管线的允许沉降和水平位移量值由管线主管单位根据管线的性质和使用情况确定。

基坑和周围环境的位移和变化值是为了基坑安全和对周围环境不产生有害影响需要在设计和监测时严格控制的，而围护结构和支撑的内力、锚杆拉力等，则是在满足以上基坑和周围环境的位移和变形控制值的前提下由设计计算得到的，因此，围护结构和支撑内力、锚杆拉力等应以设计预估值为确定预警值的依据，一般将预警值确定为设计允许最大值的80%。

经验类比值是根据大量工程实际经验积累而确定的预警值，如下一些经验预警值可以作为参考：

(1) 燃气管道的沉降和水平位移均不得超过1.0mm，每天发展不得超过2mm；

(2) 自来水管道沉降和水平位移均不得超过30mm，每天发展不得超过5mm；

(3) 基坑内降水或基坑开挖引起的基坑外水位下降不得超过1000mm，每天发展不得超过500mm；

(4) 基坑开挖中引起的立柱桩隆起或沉降不得超过10mm，每天发展不得超过2mm。

位移—时间曲线也是判断基坑工程稳定性的重要依据，施工监测得到的位移—时间曲线可能呈现出三种形态。对于基坑工程施工中测得的位移—时间曲线，如果始终保持变形加速度小于0，则该工程是稳定的；如果位移曲线随即出现变形加速度等于0的情况，亦即变形速度不再继续下降，则说明工程进入"定常蠕变"状态，须发出警告，并采取措施及时补强围护和支撑系统；一旦位移出现变形加速度大于0的情况，则表示已进入危险状态，须立即停工，进行加固。此外，对于围护墙侧向位移曲线和弯矩曲线上发生明显转折点或突变点，也应引起足够的重视。

在施工险情预报中，应同时考虑各项监测内容的量值和变化速度，及其相应的实际变化曲线，结合观察到的结构、地层和周围环境状况等综合因素作出预报。从理论上说，设计合理的、可靠的基坑工程，在每一工况的挖土结束后，应该是一切表征基坑工程结构、地层和周围环境力学形态的物流量随时间变化而渐趋稳定；反之，如果测得表征基坑工程结构、地层和周围环境力学形态特点的某一种或某几种物理量随时间变化不是渐趋稳定，则可以断言该工程不稳定，必须修改设计参数、调整施工工艺。

第三节 建筑场地滑坡观测

滑坡是指场地由于地层结构、河流冲刷、地下水活动、人工切坡及各种振动等因素的影响，致使部分或全部土地在重力作用下，沿着地层软弱面整体向下滑动的不良地质现象。

一、建筑场地滑坡观测的目的

滑坡观测的目的是测绘滑体的周界、定期测量滑动量、主滑动线的方向和速度以为监视建筑物的安全提供资料。

二、建筑场地滑坡观测的内容

建筑场地滑坡观测，应测定滑坡的周界、面积、滑动量、滑移方向、主滑线以及滑动速度，并视需要进行滑坡预报。

三、建筑场地滑坡观测点位的布设

1. 滑坡观测点位的布置

(1) 滑坡面上的观测点应均匀布设；滑动量较大和滑动速度较快的部位，应适当多布点。

(2) 滑坡周界外稳定的部位和周界内比较稳定的部位，均应布设观测点。

(3) 当需要选设测定滑坡深度的点位时，应注意到滑坡体上的局部滑动和可能具有的多层滑动面。

(4) 控制网可按沉降观测和水平位移观测的有关规定布设。有条件时也可建立三维控制网，但各种控制点均应选设在滑坡体以外的稳定位置。

2. 滑坡观测点位的标石、标志及其埋设

(1) 土体上的观测点，可埋设预制混凝土标石；根据观测精度要求，顶部的标志可采用具有强制对中装置的活动标志或嵌入加工成半球状的钢筋标志；标石埋深不宜小于1m，在冻土地区，应埋至标准冻土线以下0.5m；标石顶部须露出地面20~30cm。

(2) 岩体上的观测点，可采用砂浆现场浇固的钢筋标志；凿孔深度不宜小于10cm，埋好后，标志顶部须露出岩体面约5cm。

(3) 必要的临时性或过渡性观测点以及观测周期不长、次数不多的小型滑坡观测点，可埋设硬质大木桩，但顶部须安置照准标志，底部须埋至标准冻土线以下。

(4) 控制点的标石、标志，应符合国家规范的有关规定；对于建立三级平面控制网点的小测区，可采用混凝土标石或岩层标石。

四、建筑场地滑坡观测点的位移观测方法

(1) 当建筑物较多、地形复杂时，宜采用以三方向交会为主的测角前方交会法，交会角宜在50°~110°之间，长短边不宜悬殊；也可采用测边交会法、边角法以及极坐标法。

(2) 对视野开阔的场地，当面积不大时，可采用放射线观测网法，从两个测站点上按放射状布设交会角在30°~150°之间的若干条观测线，两条观测线的交点即为观测点；每次观测时，以解析法或图解法测出观测点偏离两测线交点的位移量。当场地面积较大时，采用任意方格网法，其布设与观测方法与放射线观测网相同，但需增加测站点与定向点。

(3) 对带状滑坡，当通视较好时，可采用测线支距法，在与滑动轴线的垂直方向，布设若干条测线，沿测线选定测站点、定向点与观测点；每次观测时，按支距法测出观测点的位移量与位移方向；当滑坡体窄而长时，可采用十字交叉观测网法。

(4) 对于抗滑墙(桩)和要求较高的单独测线，可选用基准线法。

(5) 对于可能有较大滑动的滑坡，除采用测角前方交会等方法外，亦可采用多摄站近景摄影测量方法同时测定观测点的水平和垂直位移。

(6) 滑坡体内测点的位移观测，可采用测斜仪观测法。

五、建筑场地滑坡观测点的高程测量方法

滑坡观测点的高程测量，可采用几何水准测量法，困难点位可采用三角高程测量法。各种观测路线，均应组成闭合或附合网形。

六、建筑场地滑坡观测的精度

滑坡观测点的施测精度，除有特殊要求另行确定者外，高精度滑坡监测，可按二级精度指标施测，其他的可按三级精度指标施测。

七、建筑场地滑坡观测的周期

滑坡观测的周期，应视滑坡的活跃程度及季节变化等情况而定。在雨期每半月或一月测一次，干旱季节可每季度测一次。如发现滑速增快，或遇暴雨、地震、解冻等情况时，应及时增加观测次数。在发现有大滑动可能时，应立即缩短观测周期，必要时，每天观测一次或两次。

八、建筑场地滑坡预报

滑坡预报应采用现场严密监视和资料综合分析相结合的方法进行。每次观测后，应及时整理绘制出各观测点的滑动曲线。当利用回归方程发现有异常观测值，或利用位移对数和时间关系曲线判断有拐点时，应在加强观测的同时，密切注意观察滑前征兆，并结合工程地质、水文地质、地震和气象等方面资料，全面分析，作出滑坡预报，及时报警以采取应急措施。

九、提交成果

(1) 滑坡观测系统点位布置图；
(2) 观测成果表；
(3) 观测点位移与沉降综合曲线图(图 13-24)。

图 13-24　某滑坡观测点位移与沉降综合曲线图

注：观测点平面位置比例尺为 1∶500，位移与沉降矢量比例尺为 1∶10。

第四节 桥梁变形监测

桥梁工程在施工和使用过程中,由于各种内在因素和外界条件的影响,墩、台会产生一定的沉降、倾斜及位移。如桥梁的自重对基础产生压力,引起基础、墩台的均匀沉降或不均匀沉降,从而使墩柱倾斜或产生裂缝;梁体在动荷载的作用下产生挠曲;高塔柱在日照和温度的影响下会产生周期性的扭转或摆动等。为了保证工程施工质量和运营安全,验证工程设计的效果,需要对桥梁工程定期进行变形观测。观测方法与建筑物的变形观测相似。

一般应根据桥梁变形的特点、变形量的大小、变形的速率等合理选用。现阶段所采用的桥梁变形观测方法主要有以下四种:

(1) 大地控制测量方法,又称常规地面测量方法,它是变形观测的主要方法。其优点在于能够提供桥墩台和桥的跨越结构的变形情况,并且能够以网的形式进行监测,可以对监测数据结果进行精度评定。

(2) 特殊方法,主要包括倾斜观测和激光准直观测。

(3) 地面立体近景摄影测量方法。

(4) GPS 动态监测方法。

后三种方法与第一种方法相比较,具有外业工作量少,容易实现连续监测和自动化监测的优点。

桥梁变形监测工作,应从施工开始,并延续至运营阶段。其监测周期及监测频率的确定,通常要求监测次数既能反映出桥梁变形的变化过程,又小遗漏变化的时刻。一般来说,在施工建造的初期,变形速率比较快,其监测频率要大一些;经过一段时间的施工后,变形将逐步稳定,则监测次数可逐步减少;在掌握了一定的规律或变形稳定后,可固定其监测周期;但在桥梁遇到特殊情况时,如遇到洪水、船只碰撞时,应及时进行监测。

在进行桥梁的变形监测工作中,应合理布设监测点。通常情况下,作为变形监测的基准点应布设于桥梁承压范围之外,且被视为稳定不动的点;工作基点应全部设置于承压区之内,用以直接测定变形监测点的变形;变形监测点一般布设在桥梁墩台选定的位置上,通过监测其在垂直方向和水平方向上的位置变化值,即可得出桥梁的变形情况。

对桥梁进行变形监测,可获得大量的监测数据,然后对其进行变形数据分析处理,从中即可归纳出桥梁变形的过程、变形的规律和变形幅度,并分析变形的形成原因,判断变形是否正常,得出安全预报结论。变形如属异常,则及时向工程技术人员提出,并采取措施,防止事故发生,并改善运营方式,以保证安全。同时,桥梁的变形监测可以对桥梁的设计与施工方法进行验证,并为以后进行类似桥梁的设计、施工、运营管理提供可借鉴的资料。

一、沉降观测

沉降观测是根据水准点定期测定桥梁墩台上所设观测点的高程,计算沉降量的工作。具体内容是水准点及观测点的布设、观测方法和成果整理。

1. 水准点及观测点的布设

水准点埋设要稳定、可靠，必须埋设在基础上；最好每岸各埋设三个且布设在一个圆弧上，在观测时仪器安置在圆弧的圆心处。水准点离观测点距离不要超过 100m。

观测点预埋在基础和墩身、台身上，埋设固定可靠，观测点其顶端做成球形。基础上的观测点可对称地设在襟边的四角，墩身、台身上的观测点设在两侧与基础观测点相对应的部位，其高度在普通低水位之上。

2. 观测方法

在施工期间，待埋设的观测点稳固后，即进行首次观测；以后每增加一次大荷载要进行沉降观测，其观测周期在施工初期应该短些，当变形逐渐稳定以后则可以长些。工程投入使用后还需要观测，观测时间的间隔可按沉降量大小及速度而定，直到沉降稳定为止。

为保证观测成果的精度，沉降观测应采用精密水准测量，所用的仪器为精密水准仪，所用的水准尺为因瓦水准尺。

沉降观测是一项较长期的系统观测工作，为了保证观测成果的正确性要做到五定：水准点固定、水准仪与水准尺固定、水准路线固定、观测人员固定和观测方法固定。

沉降观测应遵守的规定：

（1）观测应在成像清晰、稳定时进行；

（2）观测视线长度不要超过 50m，前后视距离应尽量相等；

（3）前、后视观测最好用同一根水准尺；

（4）沉降观测点首次观测的高程值是以后各次观测用以进行比较的依据，必须提高初测精度，应在同期进行两次观测后决定；

（5）前视各点观测完毕以后，应回视后视点，要求两次后视读数之差不得超过 1mm；

（6）每次观测结束后，应检查记录和计算是否正确，精度是否合格。

将每次观测求得的各观测点的高程与第一次观测的数值相比较，即得该次所求得的观测点的垂直位移量（沉降量）。

3. 成果整理

根据历次沉降观测各观测点的高程和观测日期填入沉降观测成果表。计算相邻两次观测之间的沉降量和累计沉降量，以便比较。为了直观地表示沉降与时间之间的关系，可绘制成沉降点的沉降量——时间关系曲线图，供分析用。绘制沉降量图时，以时间为横坐标，以沉降量为纵坐标，把观测数据展绘到图上，并将相邻点相连绘制成一条光滑的曲线，这条曲线称为沉降位移过程线，如图 13-25 所示。

图 13-25　沉降位移曲线图

如果沉降位移量小且趋势日渐稳定，则说明桥梁墩台是正常的；如果沉降位移量大且有日益增长趋势，则应及时采取工程补救措施。

如果每个桥墩的上下游观测点沉降量不同，则说明桥墩发生倾斜，此时必须采取相应措施加以解决。

二、水平位移观测

水平位移主要产生自水流方向，这是由于桥墩长期受水流尤其是洪水的冲击；其他原因如列车的运行，也会产生沿桥轴线方向位移，所以水平位移观测分为纵向（桥轴线方向）位移和横向（垂直于桥轴线方向）位移。

1. 纵向位移观测

对于小跨度的桥梁可用钢尺、因瓦线尺直接丈量各墩中心的距离，大跨度的桥梁应采用全站仪施测。每次观测所得观测点至测站点的距离与第一次观测距离之差，即为墩台沿桥轴线方向的位移值。

2. 横向位移观测

如图 13-26 所示，A、B 为视准线两端的测站点，C 为墩上的观测点。观测时在 A 点安置经纬仪，在 B、C 点安置棱镜，观测 $\angle BAC$ 的值后，按下式计算出观测点 C 偏离 AB 的距离 d。

图 13-26 横向位移

$$d = \frac{l \Delta a''}{\rho''}$$

每次观测所求得的 d 值与第一次 d 值之差即为该点的位移量。

三、倾斜观测

倾斜观测主要是对高桥墩和斜拉桥的塔柱进行铅垂线方向的倾斜观测，这些构筑物倾斜与基础的不均匀沉降有关。

在桥墩立面上设置上下两个观测标志，上下标志应位于同一垂直面内，它们的高差为 h。用经纬仪将上标志中心采用正倒镜法投影到下标志附近，量取它与下标志中心的水平距离 ΔD，则两标志的倾斜度为

$$i = \frac{\Delta D}{h}$$

高层工程的倾斜观测，必须分别在互成垂直的两个方向上进行。倾斜度为

$$i = \frac{m}{h} = \frac{\sqrt{a^2 + b^2}}{h}$$

四、挠度观测

挠度观测是对梁在静荷载和动荷载的作用下产生挠曲和振动的观测。

如图 13-27 所示，在梁体两端及中间设置 A、B、C 三个沉降观测点，进行沉降观测，测得某时间段内这三点的沉降量分别为 h_a、h_b 和 h_c，则此构件的挠度为

$$f = \frac{h_a + h_c - 2h_b}{2D_{AC}}$$

图 13-27 挠度曲线

利用多点观测值可以画出梁的挠度曲线。

五、裂缝观测

裂缝观测是对混凝土的桥台、桥墩和梁体上产生的裂缝的现状和发展过程的观测。

裂缝观测时在裂缝两侧设置观测标志(石膏板标志、白铁片标志、金属棒标志),用直尺、游标卡尺或其他量具定期测量两侧标志间的距离、裂缝长度,并记录测量的日期。

第五节　GPS定位技术在工程监测中的应用

一、GPS定位技术在工程监测中的应用概述

工程变形监测的对象主要是桥梁、水库大坝、公路、边坡、高层建(构)筑物等。工程变形监测的内容主要是各工程实体基础沉陷、基坑位移以及工程建(构)筑物主体的沉降、水平位移、倾斜及裂缝、工程构件的挠度等。工程变形监测工作的特点是被监测体的几何尺寸巨大,监测环境复杂,监测精度及所采用的监测技术方法要求高。常规的地面监测技术主要是应用精密水准测量的方法来进行沉降观测;应用三角测量、导线测量、角度交会测量等方法来进行水平位移、倾斜、挠度及裂缝等观测。

常规的地面变形监测方法,虽然具有测量精度高、资料可靠等优点,但由于相应的监测工作量大,受外界环境等的影响大,且要求变形监测点与监测基准点相互通视,因而监测的效率相对较低,监测费用相对较高,这一切均使得传统的监测方法在工程监测中的应用存在一定的局限性,加之现今各种大型建筑物的兴建,高标准、高要求的水利大坝工程的纷纷上马,在对这些大型的工程实体进行快速、实时监测方面,传统的变形测量方法已显得越来越力不从心。随着科学技术的进步和对变形监测的要求的不断提高,变形监测技术得以不断地向前发展。全球定位系统(Global Positioning System,GPS)作为20世纪的一项高新技术,由于具有高效、定位速度快、全天候、自动化、测站之间无须通视、可同时测定点的三维坐标及精度高等特点,对经典大地测量以及地球动力学研究的诸多方面产生了极其深刻的影响,在工程变形监测中的应用也已成为可能。

工程变形监测通常要求达到毫米级乃至亚毫水级精度。随着高采样率GPS接

收系统的不断出现，以及 GPS 数据处理方法的改进和完善，后处理软件性能的不断提高，GPS 已可用于工程变形监测。目前，GPS 技术已大量应用于大坝变形监测、滑坡监测、桥梁监测、高层建筑物的变形和基坑沉陷监测中。

二、GPS 在滑坡外观变形监测中的应用

（一）滑坡外观变形 GPS 监测网的实施

GPS 用于滑坡外观变形监测，其监测控制网应采用二级布网方式。测区的首级控制网用 GPS 控制网进行布设，以建立监测的基准网，其二级网为滑坡体的监测单体网——变形监测点。下面是滑坡外观变形 GPS 监测的建网要求。

1. GPS 基准网的建立

GPS 基准网布设应根据滑坡体的具体地形、地质情况而定。GPS 基准点宜布设在滑坡体周围（与监测点的距离最好在 3km 以内）地质条件良好、稳定，且易于长期保存的地方。每一个监测滑坡体应布设 2~3 个基准点，相邻的滑坡体间布设的基准点可以共用，某一地段的基准点应连成一体，构成基准网点。整个监测区可按地段测设几个 GPS 基准网点，但它们应能与就近的高等级 GPS 点（A、B 级控制网点）联测，以利于分析基准网点的可靠性及稳定性等情况。就基准网点基线向量的中误差而言，当基线长度 $D<3km$ 时，基线分量绝对精度小于等于 3mm。

2. 监测单体网——监测点的布设

视每一滑坡体的地质条件、特征及稳定状态，在 1~2 条监测剖面线上，布设 4~8 个监测点，由于 GPS 观测无须监测点间相互通视，所以监测点位完全可按监测滑坡的需要选定（但应满足 GPS 观测的基本条件）。观测时，每个监测点都应与其周围基准点（2~3 个）直接联测。

（二）滑坡外观变形 GPS 监测方法

1. 全天候实时监测方法

对于建在滑坡体上的城区、厂房，为了实时了解其变化状态，以便及时采取措施，保证人民生命与财产的安全，可采用全天候实时监测方法——GPS 自动化监测系统。

（1）GPS 自动化监测系统组成

滑坡实时监测系统由两个基点、若干个监测点组成，基准点至监测点的距离在 3km 左右，最好在 2km 范围以内。在基准点与监测点上都安置 GPS 接收机和数据传输设备，实时把观测数据传至控制中心（控制中心可设在测区某一楼房内，也可以设在某一城市），在控制中心计算机上，可实时了解这些监测点的三维变形。

（2）系统的精度

实时监测系统的精度可按设计及监测要求设定，最高监测精度可达亚毫米级。

（3）系统响应速度

从控制中心敲计算机键盘开始，10 分钟内可以了解 5~10 个监测点的实时变化情况。

2. 定期监测方法

定期监测方法是最常用的方法，按监测对象及要求不同可分为静态测量法、

快速静态测量法和动态测量法三种。

(1) 静态测量法

静态测量法，就是将超过三台以上的 GPS 接收机同时安置在观测点上，同步观测一定时段，一般为 1~2h 不等，用边连接方法构网，然后利用 GPS 后处理软件解算基线，经严密平差计算求定各观测点的三维坐标。

GPS 基准网，应采用静态测量方法，这种方法定位精度高，适用于长边观测，其测边相对精度可达 10^{-9} m，也可用于滑坡体监测点的观测。

(2) 快速静态测量法

这种方法尤其适用于对变形监测点的观测。其工作原理是把两台 GPS 接收机安置在基准点上，固定不动以进行连续观测，另 1~4 台 GPS 接收机在各监测点上移动，每次观测 5~10 分钟（采样间隔为 2s），整体观测完后用 GPS 后处理软件进行数据处理，解算出各监测点的三维坐标，然后根据各次观测解算出的三维坐标变化来分析监测点变形。要求基准点至各监测点的距离均应在 3km 范围之内，其监测精度为水平位移 $±(3~5)$mm，垂直位移 $±(5~8)$mm。若距离大于 3km，水平精度为 $5+D×10^{-6}$(mm)，垂直精度为 $8+D×10^{-6}$(mm)。

(3) 动态测量法

1) 动态测量法。把一台 GPS 接收机安置在一个基准点上，另一台 GPS 接收机先在另一基准点建站并且保证观测 5 分钟（采样时间间隔为 1s），然后在保持对所接收卫星连续跟踪而不失锁的情况下，对监测滑坡体的各监测点轮流建站观测，每站需停留观测 2~10 分钟。最后用 GPS 后处理软件进行数据处理，解算出各监测点的三维坐标，其观测精度可达 1~3cm。

2) 实时动态测量法。实时动态测量法又叫 RTK 法（Real Time Kinematic），是以载波相位观测为基础的实时差分 GPS 测量技术。其原理是在基准站上安置一台 GPS 接收机，对所有可见 GPS 卫星进行连续观测，并将观测数据通过无线电传输设备，实时地发送给在各监测点上进行移动观测(1~3s)的 GPS 接收机，移动 GPS 接收机在接收 GPS 信号的同时，通过无线电接收设备接收基准站的观测数据，再根据差分定位原理，实时计算出监测点的三维坐标及精度，精度可过 2~5cm。如果距离近，基准点与监测点有 5 颗以上共视 GPS 卫星，精度可达 1~2cm。

(三) GPS 滑坡监测的数据处理

滑坡监测的 GPS 基线较短，精度要求较高，因此，需在监测点埋设具有强制对中设备的混凝土观测墩，利用双频 GPS 接收机选择良好的观测时段进行周期性观测。在观测过程中应充分利用有效时间，观测采样以 10s 为一历元，通常应延长观测时间，每一观测时段的观测时间都应在 1h 以上。为了使观测结果更合理，可考虑在不同的时日进行重复观测，最好用不同的卫星。

GPS 高精度变形监测网的基线解算和平差计算，目前一般是采用瑞士 Bernese 大学研制开发的 Bernese 软件或美国麻省理工学院研制开发的 GAMIT/GLOBK 软件和 IGS 精密星历。国内目前较有影响的 GPS 平差软件有原武汉测绘科技大学研制的 GPSADJ 系列平差处理软件和同济大学的 TGPPS 静态定位后处理软件。这两种软件主要用于完成经过商用 GPS 基线处理软件处理以后的二维和三维 GPS 网的平差。

在 GPS 滑坡监测中,为了得到监测网中每一时段的精确基线解,根据滑坡监测作业的特点,在进行 GPS 监测数据后处理时,主要应考虑以下因素:

(1) 卫星钟差的模型改正使用广播星历中的钟差参数。

(2) 根据由伪距观测值计算出的接收机钟差进行钟差的模型改正。

(3) 电离层折射影响用模型改正,并通过双差观测值来削弱。

(4) 对流层折射根据标准大气模型用 Saastamoinen 模型改正,其偏差采用随机过程来模拟。

(5) 卫星截止高度角为 15°,数据采样率均为 10s。

(6) 周跳的修复。为了能正确修复周跳,根据滑坡区短基线的特点,采用 L1、L2 双差拟合方法自动修正周跳。解算的成果质量证明,此方法能较好地修复周跳。对未修复的周跳,通过附加参数进行处理。

(7) 基准点坐标的确定。为避免起始点坐标偏差的影响,在每期基线解算中,起始点的坐标均取相同值。GPS 监测网各期观测,基线解算所用起算点的坐标一般应选择基准设计中起算点的坐标,起算点最好是具有高精度的 WCS—1984 年坐标,以提高基线解算精度。值得注意的是基线解算时选择了起算点的坐标后,首先应当解算与已知起算点相连的同步时段的各条基线,然后依次解算与此相连的另一同步时段的各基线。也就是说,整个 GPS 网基线解算统一在同一基准之下,然后进行 GPS 网观测质量的检核,各闭合环合乎限差规定后,进行下一步的数据处理,即 GPS 网平差。

三、GPS 用于大桥位移的实时监测

目前,监测大型结构位移的仪器主要有经纬仪、位移传感器、加速度传感器和激光铅直仪等,而利用这些常规仪器监测结构位移存在诸多缺陷,这主要是因为采用此类仪器进行监测工作大都难以监测结构位移的实时变化情况。

采用 GPS 卫星定位技术实时监测大桥在荷载作用下的连续位移,可以为大桥的安全性施工和运行提供依据,并可以评价桥梁结构的力学特性和在设计荷载作用下的工作性能,其对检验桥梁结构承载力是十分必要的。此种监测技术是利用 GPS 载波相位实时差分即 RTK 技术来监视大桥的位移的,具有如下特点:

(1) 大桥上各点只要能接收到 5 颗以上卫星及基准站传来的 GPS 差分信号,即可进行 RTK GPS 差分定位。由于各监测站不需相互通视,因而其观测值是独立观测值。

(2) GPS 测定位移自动化程度高。该技术的监测过程及数据处理均可以由仪器和相应的监控中心自动完成。可以全天候 24h 测量到大桥各测点的三维位移变化情况,通过计算机处理、分析、积累有关数据,进一步找出大桥三维位移的特性规律,为大桥的安全营运、维修养护提供重要参数和指导作用。

(3) GPS 定位受外界大气影响小,几乎可以在任何气候条件下进行监测。

(4) RTK GPS 定位速度快、精度高。

虎门大桥的监测便是采用的 GPS(RTK)实时位移自动化监测系统。虎门大桥处于热带风暴多发区。为了监测到台风、地震、车载及温度变化对桥梁位移产生

的影响，了解、掌握大桥的安全特性，广东虎门大桥有限公司采用 GPS 实时动态测量技术，通过 7 台 GPS 接收机测量悬索桥关键点的三维位移。

该系统可以实时监测各个观测点 3 个方向的位移，同时还可以得到大桥的扭角，并能对各点的监测数据进行记录回放，可以及时反映大桥的安全性。

大量的实践证明，采用 GPS 技术获得的监测位移值是可以用于桥梁的安全分析的。随着 GPS 技术、计算机技术和网络技术的发展，未来大型桥梁动态监测系统将是一个集 GPS 技术、数据库技术、可视化技术和网络技术为一体的综合性监测技术系统。

思考题与习题

1. 简述工程变形监测的定义及任务。
2. 基坑监测的目的、原则与步骤是什么？
3. 围护墙顶的水平位移及墙顶竖向位移监测分别采用什么方法？
4. 基坑围护墙顶水平位移监测频率如何？
5. 试述基坑回弹观测的方法。
6. 试述建筑物的滑坡观测方法。
7. 试述桥梁水平位移观测方法。

主要参考文献

[1] 中华人民共和国国家标准. 工程测量规范(GB 50026—2007) [S]. 北京：中国计划出版社，2001.

[2] 中华人民共和国国家标准. 城市测量规范(CJJ/T 8—2011) [S]. 北京：中国标准出版社，1999.

[3] 国家标准局. 地形图图式 1∶500、1∶1000、1∶2000 [S]. 北京：测绘出版社，1988.

[4] 吴来端. 建筑施工测量手册 [M]. 北京：中国建筑工业出版社，1997.

[5] 王云江. 建筑工程测量 [M]. 第 2 版. 北京：中国建筑工业出版社，2009.

[6] 王云江. 市政工程测量 [M]. 北京：中国建筑工业出版社，2007.

[7] 周建郑. 建筑工程测量 [M]. 第 2 版. 北京：中国建筑工业出版社，2008.

[8] 刘国彬，王卫东. 基坑工程手册 [M]. 第 2 版. 北京：中国建筑工业出版社，2009.

[9] 聂让，付涛. 公路施工测量手册 [M]. 第 2 版. 北京：人民交通出版社，2008.

[10] 胡伍生，潘庆林，黄腾. 土木工程施工测量手册 [M]. 第 2 版. 北京：人民交通出版社，2010.